大数据及人工智能产教融合系列丛书

Python 网络爬虫从入门到实践

庄培杰 编著

电子工业出版社
Publishing House of Electronics Industry
北京·BEIJING

内 容 简 介

本书讲解了如何使用 Python 编写网络爬虫，涵盖爬虫的概念、Web 基础、Chrome、Charles 和 Packet Capture 抓包、urllib、Requests 请求库、lxml、Beautiful Soup、正则表达式解析数据、CSV、Excel、MySQL、Redis、MongoDB 保存数据、反爬虫策略应对、爬虫框架 Scrapy 的使用与部署，以及应用案例。

本书结构清晰、内容精练，代码示例典型实用，附带实践过程中遇到问题的解决方案，非常适合 Python 初学者和进阶读者阅读。

未经许可，不得以任何方式复制或抄袭本书之部分或全部内容。
版权所有，侵权必究。

图书在版编目（CIP）数据

Python 网络爬虫从入门到实践 / 庄培杰编著. —北京：电子工业出版社，2019.8
（大数据及人工智能产教融合系列丛书）
ISBN 978-7-121-37105-9

Ⅰ. ①P… Ⅱ. ①庄… Ⅲ. ①软件工具—程序设计 Ⅳ. ①TP311.561

中国版本图书馆 CIP 数据核字（2019）第 144186 号

责任编辑：李 冰　　特约编辑：王 纲
印　　刷：北京盛通数码印刷有限公司
装　　订：北京盛通数码印刷有限公司
出版发行：电子工业出版社
　　　　　北京市海淀区万寿路 173 信箱　邮编 100036
开　　本：787×1 092　1/16　印张：19.5　字数：499 千字
版　　次：2019 年 8 月第 1 版
印　　次：2024 年 6 月第 13 次印刷
定　　价：79.00 元

凡所购买电子工业出版社图书有缺损问题，请向购买书店调换。若书店售缺，请与本社发行部联系，联系及邮购电话：（010）88254888，88258888。
质量投诉请发邮件至 zlts@phei.com.cn，盗版侵权举报请发邮件至 dbqq@phei.com.cn。
本书咨询联系方式：libing@phei.com.cn。

前　言

笔者是一名 Android 开发工程师，在接触 Python 之前，每天的工作流程基本上都是接到新版本的需求→写新页面→修改接口和业务逻辑，非常乏味。

持续性的重复劳动，让笔者意识到一个问题：如果只会 Android 开发，能做的事情非常有限！例如，自己写一个 App，如果没有可供调用的 API，那么只能得到一个单机的 App。因为自己对后台相关的技术一窍不通，平时根本不用去了解这方面的知识，只要给后台发出请求，然后解析数据，显示到页面上就好。

笔者开始琢磨花点时间去学习后台开发的知识，候选方案有 Java、Kotlin、Python、PHP 和 Go。因为之前接触过 Python，加上笔者只是想写一个给自己的 App 调用的 API，所以最后选择了 Python 这门对初学者非常友好的编程语言。

笔者花了一周多的时间把 Python 的基本语法研究了一遍，发现 Python 语法简单、代码简洁。正当笔者准备去看 Flask 这个轻量级 Python Web 框架的文档时，问题来了：没有数据源。数据源都没有，写什么 API？于是，笔者把学习重心转移到 Python 爬虫编写上。

这仿佛打开了新的大门，简单的几行代码就完成了站点模拟请求、页面解析，还把图片下载到了本地。接下来，笔者又开始研究如何提高爬取效率、解析效率，以及采用多样化的数据存储形式。后来发现有些站点有反爬虫的策略，得不到数据，于是笔者又对此进行研究。爬虫学得差不多了，笔者又开始研究数据分析，分析爬取的结果，得出一些有用的结论，如分析招聘网站上某个工作岗位的行情等。

笔者相信掌握 Python 爬虫，会为你的工作、生活带来一些意想不到的便利。因笔者能力和成书时间所限，书中难免会有纰漏，相关代码也不是尽善尽美，希望读者批评指正，笔者将感激不尽。

本书特色

（1）清晰的学习路线，让读者少走弯路。
（2）精练的知识点讲解，只学重要的、核心的内容，不拖泥带水。
（3）简单而经典的实战案例讲解，让读者快速上手，举一反三。
（4）代码注释详尽，适时解答常见问题。

本书内容及体系结构

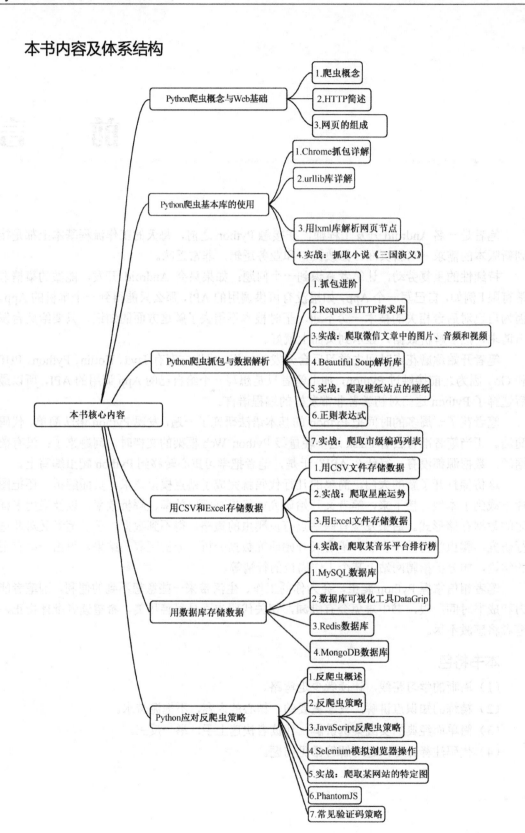

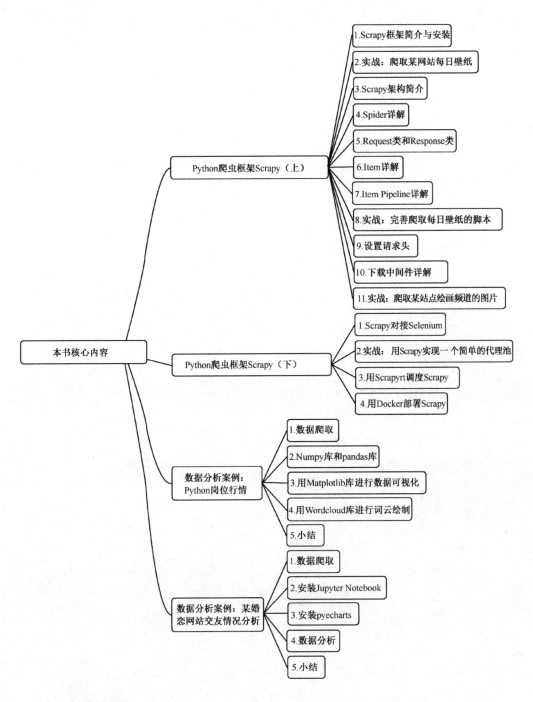

本书读者对象

- 想要学习 Python 编程的人员。
- 有 Python 编程基础、想进阶的人员。
- 各计算机、软件专业的在校学生。
- 其他对 Python 爬虫感兴趣的读者。

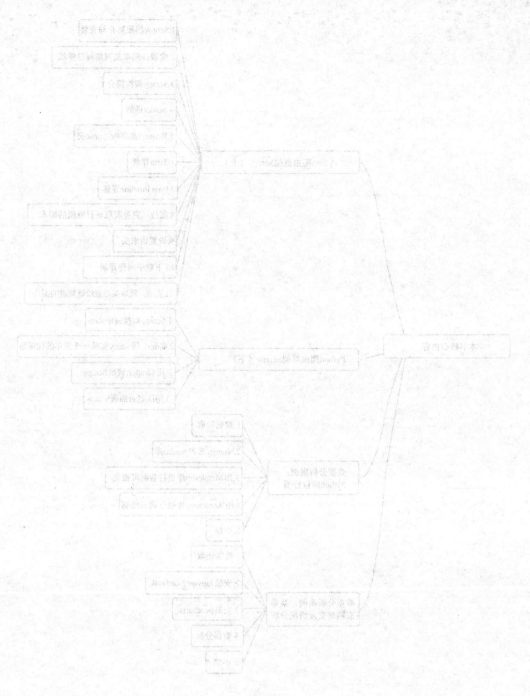

目　录

第1章　Python 爬虫概念与 Web 基础 ·· 1

1.1　爬虫概念 ·· 1
1.1.1　什么是爬虫 ·· 1
1.1.2　爬虫使用场景的引入 ·· 2
1.1.3　爬虫的组成部分 ··· 3
1.1.4　模拟请求 ·· 3
1.1.5　数据解析 ·· 4
1.1.6　数据保存 ·· 5
1.1.7　爬虫的学习路线 ··· 5

1.2　HTTP 简述 ·· 6
1.2.1　简述一次网络请求过程 ·· 6
1.2.2　URI 和 URL ··· 7
1.2.3　HTTP 请求报文 ··· 8
1.2.4　HTTP 响应报文 ··· 10

1.3　网页的组成 ·· 13
1.3.1　HTML 简介 ·· 13
1.3.2　CSS 选择器简介 ·· 16
1.3.3　JavaScript 简介 ·· 17

第2章　Python 爬虫基本库的使用 ·· 18

2.1　Chrome 抓包详解 ··· 18
2.1.1　Controls ·· 20
2.1.2　Filter ·· 21
2.1.3　Request Table ·· 21

2.2 urllib 库详解 23
2.2.1 发送请求 23
2.2.2 抓取二进制文件 24
2.2.3 模拟 GET 和 POST 请求 25
2.2.4 修改请求头 26
2.2.5 设置连接超时 27
2.2.6 延迟提交数据 27
2.2.7 设置代理 27
2.2.8 Cookie 28
2.2.9 urllib.parse 模块 29
2.2.10 urllib.error 异常处理模块 31
2.2.11 urllib.robotparser 模块 32
2.3 用 lxml 库解析网页节点 34
2.3.1 安装库 34
2.3.2 XPath 语法速成 34
2.4 实战：爬取小说《三国演义》 36

第 3 章 Python 爬虫抓包与数据解析 41
3.1 抓包进阶 41
3.1.1 HTTPS 介绍 42
3.1.2 HTTPS 的工作流程 43
3.1.3 Charles 抓包 43
3.1.4 Packet Capture 抓包 49
3.2 Requests HTTP 请求库 52
3.2.1 Requests 库简介 53
3.2.2 Requests HTTP 基本请求 53
3.2.3 Requests 请求常用设置 54
3.2.4 Requests 处理返回结果 54
3.2.5 Requests 处理 Cookie 55
3.2.6 Requests 重定向与请求历史 55
3.2.7 Requests 错误与异常处理 55
3.2.8 Requests Session 会话对象 55
3.2.9 Requests SSL 证书验证 56
3.3 实战：爬取微信文章中的图片、音频和视频 56
3.3.1 爬取标题 56
3.3.2 爬取图片 57

目录

　　3.3.3　爬取音频 ········· 58
　　3.3.4　爬取视频 ········· 60
　　3.3.5　代码整理 ········· 64
3.4　Beautiful Soup 解析库 ········· 67
　　3.4.1　Beautiful Soup 简介 ········· 67
　　3.4.2　Beautiful Soup 对象实例化 ········· 67
　　3.4.3　Beautiful Soup 的四大对象 ········· 68
　　3.4.4　Beautiful Soup 的各种节点 ········· 69
　　3.4.5　Beautiful Soup 文档树搜索 ········· 69
　　3.4.6　Beautiful Soup 使用 CSS 选择器 ········· 70
3.5　实战：爬取壁纸站点的壁纸 ········· 70
3.6　正则表达式 ········· 74
　　3.6.1　re 模块 ········· 74
　　3.6.2　正则规则详解 ········· 75
　　3.6.3　正则练习 ········· 77
3.7　实战：爬取市级编码列表 ········· 79
　　3.7.1　获取所有市级的跳转链接列表 ········· 80
　　3.7.2　解析表格获得所有市级天气链接 ········· 81
　　3.7.3　提取市级编码 ········· 82
　　3.7.4　整合调整代码 ········· 83

第 4 章　用 CSV 和 Excel 存储数据 ········· 85

4.1　用 CSV 文件存储数据 ········· 85
　　4.1.1　CSV 写入 ········· 86
　　4.1.2　CSV 读取 ········· 87
4.2　实战：爬取星座运势 ········· 88
4.3　用 Excel 文件存储数据 ········· 89
　　4.3.1　Excel 写入 ········· 89
　　4.3.2　Excel 读取 ········· 90
4.4　实战：爬取某音乐平台排行榜 ········· 91

第 5 章　用数据库存储数据 ········· 99

5.1　MySQL 数据库 ········· 99
　　5.1.1　安装 MySQL ········· 100
　　5.1.2　在 Windows 环境下安装 MySQL ········· 100
　　5.1.3　在 Windows 环境下配置 MYSQL_HOME 环境变量 ········· 101

5.1.4 在 Windows 环境下设置 MySQL 登录密码 ································· 101
5.1.5 在 Windows 环境下启动或关闭 MySQL 服务 ····························· 102
5.1.6 Mac 环境 ··· 103
5.1.7 Ubuntu 环境 ·· 103
5.1.8 MySQL 的基本操作 ·· 104
5.1.9 MySQL 数据库语法速成 ··· 106
5.1.10 Python 连接 MySQL 数据库 ··· 110
5.1.11 MySQL 特殊符号和表情问题 ·· 114
5.1.12 实战：抓取某技术网站数据 ·· 115
5.2 数据库可视化工具 DataGrip ··· 122
5.2.1 建立数据库关联 ··· 122
5.2.2 编写 SQL 语句 ·· 123
5.2.3 常见问题：连接远程主机 ··· 124
5.3 Redis 数据库 ··· 125
5.3.1 安装 Redis ·· 126
5.3.2 redis-py 库的安装 ·· 130
5.3.3 redis-py 基本操作示例 ··· 130
5.3.4 实战：爬取视频弹幕并保存到 Redis ····································· 134
5.4 MongoDB 数据库 ··· 137
5.4.1 安装 MongoDB ·· 137
5.4.2 安装 PyMongo 库 ·· 140
5.4.3 PyMongo 基本操作示例 ·· 140
5.4.4 实战：爬取某电商网站关键字搜索结果并保存到 MongoDB ················ 144

第 6 章 Python 应对反爬虫策略 ·· 148

6.1 反爬虫概述 ·· 148
6.1.1 为什么会出现反爬虫 ··· 149
6.1.2 常见的爬虫与反爬虫大战 ··· 149
6.2 反爬虫策略 ·· 150
6.2.1 User-Agent 限制 ··· 150
6.2.2 302 重定向 ··· 151
6.2.3 IP 限制 ··· 151
6.2.4 什么是网络代理 ··· 151
6.2.5 如何获取代理 IP ··· 151
6.2.6 ADSL 拨号代理 ··· 152
6.2.7 Squid 配置代理缓存服务器 ··· 156

6.2.8　TinyProxy 配置代理缓存服务器 ················· 158
　　6.2.9　Cookie 限制 ················· 159
6.3　JavaScript 反爬虫策略 ················· 159
　　6.3.1　Ajax 动态加载数据 ················· 159
　　6.3.2　实战：爬取某素材网内容分析 ················· 159
　　6.3.3　数据请求分析 ················· 160
　　6.3.4　编写代码 ················· 163
6.4　Selenium 模拟浏览器操作 ················· 166
　　6.4.1　Selenium 简介 ················· 166
　　6.4.2　安装 Selenium ················· 167
　　6.4.3　Selenium 常用函数 ················· 168
6.5　实战：爬取某网站的特定图 ················· 172
6.6　PhantomJS ················· 175
　　6.6.1　在 Windows 上安装 PhantomJS ················· 175
　　6.6.2　在 Mac 上安装 PhantomJS ················· 175
　　6.6.3　在 Ubuntu 上安装 PhantomJS ················· 176
　　6.6.4　关于 PhantomJS 的重要说明 ················· 176
6.7　常见验证码策略 ················· 176
　　6.7.1　图片验证码 ················· 177
　　6.7.2　实战：实现图片验证码自动登录 ················· 178
　　6.7.3　实战：实现滑动验证码自动登录 ················· 185

第 7 章　Python 爬虫框架 Scrapy（上） ················· 196

7.1　Scrapy 框架简介与安装 ················· 197
　　7.1.1　Scrapy 相关信息 ················· 197
　　7.1.2　Scrapy 的安装 ················· 197
7.2　实战：爬取某网站每日壁纸 ················· 199
　　7.2.1　抓取目标分析 ················· 199
　　7.2.2　创建爬虫脚本 ················· 201
　　7.2.3　编写爬虫脚本 ················· 202
　　7.2.4　运行爬虫脚本 ················· 203
　　7.2.5　解析数据 ················· 203
7.3　Scrapy 架构简介 ················· 204
　　7.3.1　Scrapy 架构图 ················· 204
　　7.3.2　各个模块间的协作流程 ················· 205
　　7.3.3　协作流程拟人化对话版 ················· 206

7.4 Spider 详解 207
7.4.1 Spider 的主要属性和函数 207
7.4.2 Spider 运行流程 207
7.5 Request 类和 Response 类 209
7.5.1 Request 详解 209
7.5.2 Response 类常用参数、方法与子类 210
7.5.3 选择器 211
7.5.4 Scrapy Shell 212
7.6 Item 详解 213
7.7 Item Pipeline 详解 213
7.7.1 自定义 Item Pipeline 类 213
7.7.2 启用 Item Pipeline 214
7.8 实战：完善爬取每日壁纸的脚本 214
7.8.1 定义 BingItem 215
7.8.2 使用 ImagesPipeline 215
7.8.3 修改 Spider 代码 216
7.8.4 运行爬虫脚本 216
7.9 设置请求头 217
7.9.1 构造 Request 时传入 217
7.9.2 修改 settings.py 文件 217
7.9.3 为爬虫添加 custom_settings 字段 218
7.10 下载中间件详解 218
7.10.1 自定义 Downloader Middleware 类 218
7.10.2 启用自定义的代理下载中间件 219
7.11 实战：爬取某站点绘画频道的图片 219
7.11.1 分析爬取的站点 219
7.11.2 新建项目与明确爬取目标 221
7.11.3 创建爬虫爬取网页 221
7.11.4 设置代理 223
7.11.5 解析数据 223
7.11.6 存储数据 224
7.11.7 完善代码 226

第 8 章 Python 爬虫框架 Scrapy（下） 228
8.1 Scrapy 对接 Selenium 228
8.1.1 如何对接 228

    8.1.2　对接示例：爬取某网站首页文章 229
  8.2　实战：用 Scrapy 实现一个简单的代理池 232
    8.2.1　代理池的设计 232
    8.2.2　创建项目 232
    8.2.3　编写获取 IP 的爬虫 233
    8.2.4　编写检测 IP 的爬虫 238
    8.2.5　编写调度程序 240
    8.2.6　编写获取代理 IP 的接口 241
    8.2.7　使用代理 243
  8.3　用 Scrapyrt 调度 Scrapy 243
    8.3.1　相关文档与安装 Scrapyrt 243
    8.3.2　Scrapyrt GET 请求相关参数 244
    8.3.3　Scrapyrt POST 请求相关参数 246
  8.4　用 Docker 部署 Scrapy 246
    8.4.1　Docker 简介 246
    8.4.2　下载并安装 Docker 247
    8.4.3　创建 Dockerfile 249
    8.4.4　构建 Docker 镜像 250
    8.4.5　把生成的 Docker 镜像推送到 Docker Hub 251
    8.4.6　在云服务器上运行 Docker 镜像 253

第 9 章　数据分析案例：Python 岗位行情 254
  9.1　数据爬取 254
  9.2　NumPy 库和 pandas 库 258
    9.2.1　ndarray 数组 259
    9.2.2　ndarray 数组的常用操作 260
    9.2.3　pandas 库 263
  9.3　用 Matplotlib 实现数据可视化 268
    9.3.1　Matplotlib 中文乱码问题 269
    9.3.2　Matplotlib 绘制显示不全 270
    9.3.3　用 Matplotlib 生成图表并进行分析 271
  9.4　用 Wordcloud 库进行词云绘制 275
    9.4.1　Wordcloud 简介 275
    9.4.2　Wordcloud 构造函数与常用方法 276
    9.4.3　词云绘制 277
  9.5　小结 280

第 10 章 数据分析案例：某婚恋网站交友情况分析 ·············· 281

10.1 数据爬取 ·· 281
10.2 安装 Jupyter Notebook ··· 287
10.3 安装 pyecharts ·· 288
10.4 数据分析 ·· 289
10.4.1 读取 CSV 文件里的数据 ·· 289
10.4.2 分析身高 ·· 290
10.4.3 分析学历 ·· 292
10.4.4 分析年龄 ·· 292
10.4.5 分析城市 ·· 294
10.4.6 分析交友宣言 ·· 294
10.5 小结 ··· 296

第 1 章

Python 爬虫概念与 Web 基础

在开始学习如何编写 Python 爬虫之前，我们先学习一些和爬虫相关的概念和 Web 基础知识。

本章主要学习内容：
- 爬虫概念。
- HTTP 简述。
- 网页的组成（HTML，CSS，JavaScript）。

1.1 爬虫概念

本节将详细介绍与爬虫相关的一些概念，这将有助于我们后面的学习。

1.1.1 什么是爬虫

爬虫，即网络爬虫，又称网络蜘蛛（Web Spider），是一种按照一定规则，用来自动浏览或抓取万维网数据的程序。可以把爬虫程序看成一个机器人，它的功能就是模拟人的行为去访问各种站点，或者带回一些与站点相关的信息。它可以 24 小时不间断地做一些重复性的工作，还可以自动提取一些数据。

有一点要注意，本章标题虽然写明 Python 爬虫，但并不是只有 Python 才能编写爬虫程序。其他的编程语言也可以用来编写爬虫程序，如 PHP 有 phpspider 爬虫框架，Java 有 WebMagic 爬虫框架，C#有 DotnetSpider 爬虫框架等。

1.1.2 爬虫使用场景的引入

爬虫到底能干些什么呢？我们通过下面几个场景引入。

场景一：

大部分读者应该都有看网络小说的习惯，而去正版站点看小说一般是需要付费的，所以衍生了很多盗版小说站点。这种盗版小说站点一般通过挂广告的形式来盈利，在浏览器底部会嵌入各种类型的广告，用户单击这些广告会打开其对应的网址，盗版小说站点以此获利。

这些盗版小说站点的广告一般都是误导读者打开它。比如，广告上有个 X 按钮，读者通常以为单击 X 按钮可以关闭这个广告，殊不知是打开了广告，而且有些广告中含有不堪入目的内容。想一想，在拥挤的地铁里，旁边的人看到你打开了这样的网页，会有多尴尬。有没有办法既能看到小说又不用看这些烦人的广告呢？

答：通过爬虫可以解决这个问题，让爬虫只解析小说部分的内容并显示出来，甚至可以把整本小说的内容解析完，保存到本地，以便离线阅读。

场景二：

有些读者有一种类似于强迫症的行为，比如，快递预计今天会到，每隔一段时间你就会不由自主地输入单号看看快递到了没。有没有办法能摆脱这种频繁而又枯燥的工作呢？

答：对于这种轮询（每隔一段时间查询一次）的任务，我们可以编写一个定时爬虫，每隔一段时间自动去请求相应的站点，然后处理结果，判断其是否符合我们的预期，与人工刷新相比，爬虫的频率更快、效率更高。

场景三：

有一些站点，会通过签到或以做每日任务的形式来提高用户的活跃度，当坚持到一定天数后会发放一些小奖励。比如，坚持十五天就能获得一个小礼物。因为忙碌或其他原因，你中断了签到，使得之前的努力就都白费了。而且有些每日任务非常枯燥，但每天要为此花上好几分钟。有没有办法把这种任务交给程序来做，然后坐享其成呢？

答：可以把这些任务交给爬虫。对于签到这种操作，通过抓包获取签到所需的接口、参数和请求规则，接着让脚本每天定时执行即可。每日任务一般通过模拟单击的方式完成，通过 Selenium 自动化框架来模拟。对于 App 签到，则可以通过 Appium 移动端自动化测试框架来完成。

场景四：

如果你有志于从事 Python 开发相关的工作，想了解这个行业的一些情况，比如薪资、年限和相关要求等，而你身边又没有从事相关工作的朋友，怎样才能获取到这些信息呢？

答：可以编写爬虫爬取一些招聘网站，比如拉勾、前程无忧这类站点，把 Python 岗位相关的信息都抓取下来，然后通过数据分析基础三件套（NumPy、pandas、Matplotlib）进行基本的数据分析，以此获取和这个行业相关的一些信息。

1.1.3 爬虫的组成部分

相信在看完爬虫应用的四个场景后，读者对爬虫能做什么有了大致了解，接下来我们来了解爬虫由哪几部分组成。爬虫的三个组成部分如图1.1所示。

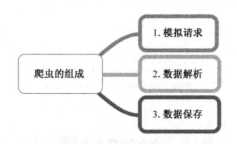

图1.1 爬虫的三个组成部分

1.1.4 模拟请求

模拟请求就是如何把我们的爬虫伪装得像一个人一样去访问互联网站点。

- 最简单的站点，什么都不处理，只要发送请求，就会给出相应的结果。
- 稍微复杂一点的站点，会判断请求头中的 User-Agent 是否为浏览器请求，Host 字段是否为正确的服务器域名，以及 Referer 字段的地址是否合法。
- 再复杂一点的站点，需要登录后才能访问。登录后会持有一个 Cookie 或 Session 会话，你需要带着这个东西才能执行一些请求，否则都会跳到登录页。
- 更复杂一点的站点，登录很复杂，需要五花八门的验证码、最简单的数字图片加噪点、滑动验证码、点触验证码。除此之外，还有一些其他特立独行的验证方式，如最经典的微博宫格验证码、极验验证码的行为验证等。
- 还有更复杂的站点，其链接和请求参数都是加密的，需要研究、破解加密规则才能够模拟访问。
- 除此之外，还有一些反爬虫套路，如限制IP访问频次、JavaScript 动态加载数据等。

在模拟请求之前，先要了解请求规则，一般通过抓包工具来完成。

（1）对最简单的浏览器请求（以 Chrome 谷歌浏览器为例），在网页空白处右键单击并选择检查，或者依次单击如图1.2所示的"更多工具"→"开发者工具"。在 Windows 中打开开发者工具的快捷键F12。

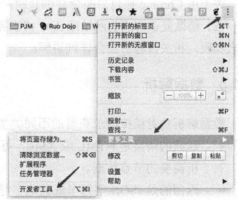

图1.2 打开 Chrome 开发者工具

打开后会看到如图1.3所示的页面,单击Network切换到抓包页面。

图1.3 单击Network切换到抓包页面

刷新页面,可以看到如图1.4所示的很多网络请求。单击对应的请求即可查看完整的请求信息。

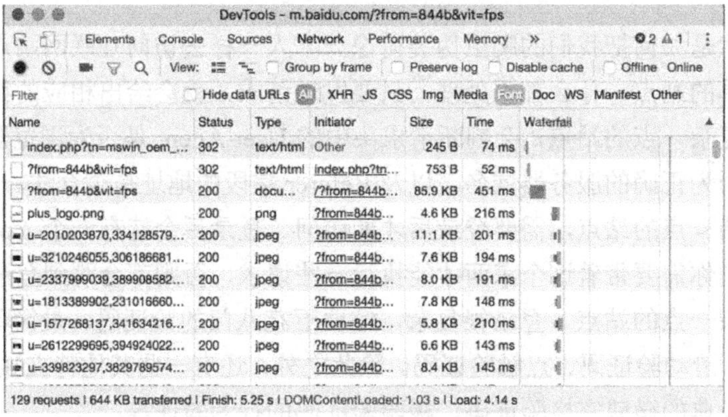

图1.4 Network中抓取到的网络请求

关于用Chrome抓包后面会详细介绍,这里先略过。

(2)稍微复杂一点的网站或App请求抓包,可以通过Charles、Fidder、Wireshark等工具来实现,相关内容后面会详细讲解。

1.1.5 数据解析

数据解析是对模拟请求获得的不同类型的信息进行解析。

- 返回的结果是HTML或XML,可利用Beautiful Soup、Xpath、PyQuery等模块解析需要的节点数据。
- 返回的是JSON字符串或其他字符串,可通过编写正则表达式提取所需信息。
- 返回的是加密后的数据,则需要解密后才能解析。

1.1.6 数据保存

数据保存是对解析后的数据进行保存。如果把采集到的数据放在内存里，一旦关闭程序，数据就丢失了，因此我们需要把爬取到的数据保存到本地。保存的形式有以下几种：

- 保存为文本文件。一些文字类型的信息，如小说内容，可保存成 TXT 文件。
- 保存为图片、音视频等二进制文件。如一些多媒体资源可保存为这种格式。
- 保存到 Excel 表格中。其好处是直观，而且方便不了解编程的读者使用。
- 保存到数据库中。数据库又分为关系型数据库和非关系型数据库。

1.1.7 爬虫的学习路线

如图 1.5 所示是笔者认为比较合理的学习路线，本书也是按照这样的顺序进行撰写的。

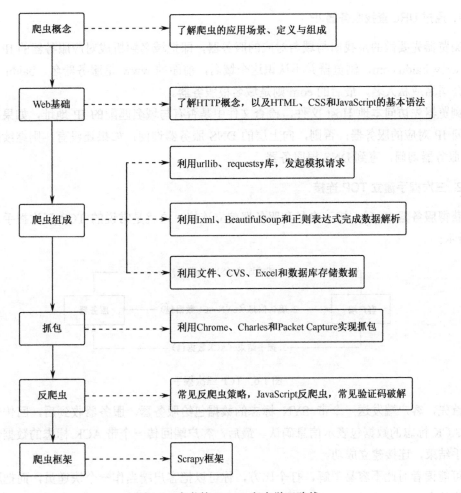

图 1.5 本书的 Python 爬虫学习路线

1.2 HTTP 简述

在开始学习编写爬虫之前，我们还要了解与 Web 基础相关的一些内容，如 HTTP。

1.2.1 简述一次网络请求过程

打开浏览器，输入一个网址，然后回车，等待网页加载结束，然后浏览网页。上述操作相信各位读者都习以为常了，可是你知道这个过程中都发生了什么事情吗？这里不去介绍 TCP/IP 这些枯燥的概念，笔者尽量以最简单的方式让读者了解这个过程。在浏览器中输入 http://www.baidu.com 这个域名，然后回车。

1. 通过 URL 查找服务器 IP

浏览器先要做的是找出与域名对应的服务器，即把域名解析成对应服务器的 IP 地址。对于 www.baidu.com，浏览器并不认识这个域名，前面的 www 是服务器名，baidu 可以理解为公司名或私人名，最后的 com 则是域名根服务器。

浏览器先访问本地 Host 文件，检查文件中是否有与域名匹配的 IP 地址，如果有则直接访问 IP 对应的服务器；否则，向上层的 DNS 服务器询问；如果还没有，则继续向上层 DNS 服务器询问，直到 DNS 根服务器。

2. 三次握手建立 TCP 连接

获得服务器 IP 后，接下来是和服务器建立连接，这就是常说的 TCP 三次握手，如图 1.6 所示。

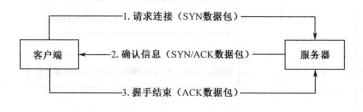

图 1.6 TCP 三次握手

首先，客户端发送一个带 SYN 标志的数据包给服务器。服务器收到后，回传一个带 SYN/ACK 标志的数据包表示信息确认。最后，客户端回传一个带 ACK 标志的数据包，表示握手结束，连接建立成功。

可能读者对此不容易理解，打个比方，你可以把客户端当作一个快递员，而把服务器当作收件人。

快递员（客户端）：兄弟，在家吗？有你的快递。
收件人（服务器）：嗯，在家，你在下午两点前送过来就行。
快递员（客户端）：行，我两点前给你送过去。

这就类似于三次握手建立 TCP 连接。

3. 发送 HTTP 请求

客户端和服务器建立连接后就可以开始发送 HTTP 请求了。浏览器发送请求行、请求头信息，还发送一个空行，代表请求头信息发送结束。如果是 Post 提交，还会提交请求体。

4. 服务器响应请求

Web 服务器解析用户请求并进行相关处理，最后把处理结果组装成响应报文，返回给客户端。

5. 浏览器解析 HTML

浏览器解析服务器返回的 HTML 代码，并请求 HTML 里用到的 CSS、JS、图片等资源。

6. 页面渲染后呈现给用户

渲染的顺序是从上到下，下载和渲染是同时进行的，页面加载完成显示在浏览器上。

以上就是用户在浏览器输入一个地址并回车后，直到浏览器经历的大致流程，如果想更加详尽地了解整个过程，可以访问 https://github.com/skyline75489/what-happens-when-zh_CN。

1.2.2 URI 和 URL

URI（Uniform Resource Identifier，统一资源标志符）标记一个网络资源，强调的是给资源命名；URL 用地址标记一个网络资源，强调的是给资源定位。

下面举个简单的例子帮读者区分。

比如，你在某个技术沙龙上认识了一位技术高手，他自称 XXX 公司的技术总监，这个头衔就是 URI，但是只有这个头衔的话，你没有那么容易找到他，你还需要知道他所在公司的地址。深圳市南山区科技园 X 栋 X 楼/XXX 公司/技术总监/X 某，通过上面这串地址你就可以找到这个人。这个完整的地址就是 URL。而通过这个 URL 也可以知道 X 某是 XXX 公司的技术总监，它既能当作标记使用，又能当作地址使用，所以 URL 是 URI 的子集。

URI 由下面三部分组成：

- 访问资源的命名机制；
- 存放资源的主机名；
- 资源本身的名称，用路径标识，着重强调资源。

URL 由下面三部分组成：

- 协议（或称服务方式）；

- 存有该资源的主机 IP 地址（有时也包含端口号）；
- 主机资源的具体地址（如目录、文件名等）。

一般习惯性地把我们说的网址称为 URL。

1.2.3 HTTP 请求报文

HTTP（Hyper Text Transfer Protocol，超文本传输协议）是万维网服务器将超文本传输到本地浏览器的传送协议，基于 TCP/IP 通信协议来传递数据。HTTP 是无状态的，以此限制每次连接只处理一个请求。服务器在处理完客户端请求，并接收到客户端的应答后，即断开连接，这种方式的好处是节省传输时间。

当然，如果想保持连接，可以在请求首部字段中添加请求头 Connection: keep-alive，表明使用持久连接，或者通过 Cookie 这类方式间接地保存用户之前的 HTTP 通信状态。

HTTP 请求报文由四部分组成，依次是请求行、请求头、空行和请求正文。下面依次对这四部分进行介绍。

1. 请求行

它由请求方法、URL 和 HTTP 版本三个字段组成，使用空格进行分隔。比如访问百度，请求行的内容为 GET/index.php HTTP/1.1。

HTTP/1.1 定义了八种请求方法，具体描述如表 1.1 所示。

表 1.1 八种请求方法

方法	描述
GET	请求指定页面，并返回页面内容
POST	一般用于提交表单或上传数据，数据被包含在请求体中
PUT	客户端向服务器发送数据，以取代指定文档内容
DELETE	请求服务器删除指定页面
CONNECT	HTTP/1.1 协议中预留给能够将连接改为管道方式的代理服务器
HEAD	类似于 GET 请求，只是返回的响应无具体内容，一般用于获取报头
OPTIONS	允许客户端查看服务器的性能
TRACE	回显服务器收到的请求，一般用于测试或诊断

在上述请求方法中，GET 和 POST 使用得最频繁。GET 请求无消息体，只能携带少量数据（最多只有 1024 字节），并将数据存放在 URL 地址中；而 POST 请求有消息体，可以携带大量数据，并将数据存放在消息体中。

URL 构成示例如图 1.7 所示。

http://coderpig.cn/login.html?username=jay&password=123

协议 Protocol　主机 Host　路径 Path　参数 Query String

图 1.7 URL 构成示例

HTTP版本的格式为"HTTP/主版本号.次版本号",常用的有HTTP/1.0和HTTP/1.1。

2. 请求头

它采用键值对的形式,关键字和值用英文冒号(:)进行分隔,常见的请求头如表1.2所示。

表1.2 常见的请求头

请求头	解释	示例
Accept	指定客户端能够接收的内容类型	Accept:text/plain, text/html
Accept-Charset	浏览器可以接收的字符编码集	Accept-Charset:iso-8859-5
Accept-Encoding	指定浏览器可以支持的Web服务器返回内容的压缩编码类型	Accept-Encoding:compress, gzip
Accept-Language	浏览器可接收的语言	Accept-Language:en,zh
Accept-Ranges	可以请求网页实体的一个或多个子范围字段	Accept-Ranges:bytes
Authorization	HTTP授权的授权证书	Authorization:BasicQWxhZGRpbjpvcGVuIHNlc2FtZQ==
Cache-Control	指定请求和响应遵循的缓存机制	Cache-Control:no-cache
Connection	表示是否需要持久连接(HTTP 1.1默认进行持久连接)	Connection:close
Cookie	HTTP请求发送时,会把保存在该请求域名下的所有Cookie值一起发送给Web服务器	Cookie:$Version=1; Skin=new;
Content-Length	请求的内容长度	Content-Length:348
Content-Type	请求的与实体对应的MIME信息	Content-Type:application/x-www-form-urlencoded
Date	请求发送的日期和时间	Date:Tue, 15 Nov 2010 08:12:31 GMT
Expect	请求的特定的服务器行为	Expect:100-continue
From	发出请求的用户的E-mail	From:user@email.com
Host	指定请求的服务器的域名和端口号	Host:www.zcmhi.com
If-Match	只有请求内容与实体相匹配才有效	If-Match: "737060cd8c284d8af7ad3082f209582d"
If-Modified-Since	如果请求的部分在指定时间之后被修改,则请求成功;否则,返回304代码	If-Modified-Since:Sat, 29 Oct 2010 19:43:31 GMT
If-None-Match	如果内容未改变,返回304代码,参数为服务器先前发送的Etag,通过与服务器回应的Etag比较判断是否改变	If-None-Match:"737060cd8c284d8af7ad3082f209582d"
If-Range	如果实体未改变,服务器发送客户端丢失的部分;否则,发送整个实体,参数也为Etag	If-Range:"737060cd8c284d8af7ad3082f209582d"
If-Unmodified-Since	只有实体在指定时间之后未被修改才请求成功	If-Unmodified-Since:Sat, 29 Oct 2010 19:43:31 GMT
Max-Forwards	限制信息通过代理和网关传送的时间	Max-Forwards:10
Pragma	用来包含实现特定的指令	Pragma:no-cache
Proxy-Authorization	连接到代理的授权证书	Proxy-Authorization:Basic QWxhZGRpbjpvcGVuIHNlc2FtZQ==

续表

请求头	解 释	示 例
Range	只请求实体的一部分，指定范围	Range:bytes=500-999
Referer	先前网页的地址，当前请求网页紧随其后，即来路	Referer:http://blog.csdn.net/coder_pig
TE	客户端愿意接收的传输编码，并通知服务器接收尾加头信息	TE:trailers,deflate;q=0.5
Upgrade	向服务器指定某种传输协议以便服务器进行转换（如果支持）	Upgrade:HTTP/2.0,SHTTP/1.3,IRC/6.9,RTA/x11
User-Agent	User-Agent 的内容包含发出请求的用户信息	User-Agent:Mozilla/5.0 (Linux;X11)
Via	通知中间网关或代理服务器地址，通信协议，标识一个请求经过的网关路由节点	Via:1.0 fred, 1.1 nowhere.com (Apache/1.1)
Warning	关于消息实体的警告信息	Warn:199 Miscellaneous warning

在实际开发过程中，请求头不限于上面这些内容，可以通过抓包的方式查看所用到的请求头，然后在编写爬虫时添加上。例如，Chrome 浏览器开发者工具下 www.baidu.com 的请求头如下：

```
Host: www.baidu.com
Connection: keep-alive
Upgrade-Insecure-Requests: 1
User-Agent: Mozilla/5.0 (Macintosh; Intel Mac OS X 10_13_6) AppleWebKit/537.36 (KHTML,
like Gecko) Chrome/67.0.3396.99 Safari/537.36
Accept:
text/html,application/xhtml+xml,application/xml;q=0.9,image/webp,image/apng,*/*;q=0.8
Accept-Encoding: gzip, deflate, br
Accept-Language: zh-CN,zh;q=0.9,en;q=0.8
Cookie:...
```

3. 空行

请求头的最后会有一个空行，表示请求头结束，接下来是请求正文，这个空行必不可少。

4. 请求正文

这一般是 POST 请求中提交的表单数据。另外，在请求头 Content-Type 中要使用正确的类型才能正常提交，如表单数据是 application/x-www-form-urlencoded、文件是 multipart/form-data、JSON 数据是 application/json、XML 数据是 text/xml，在抓包时可以获取。

1.2.4 HTTP 响应报文

HTTP 响应报文由四部分组成，依次是状态行、响应头、空行和响应正文。下面依次对这四部分进行讲解。

1. 状态行

它由协议版本、状态码、状态码描述三个字段组成，它们之间使用空格进行分隔。比如访问百度时，状态行的内容为 HTTP/1.1 200 OK。状态码分为下述五大类。

- 1xx：指示信息，表示请求已接收，继续处理。
- 2xx：成功，表示请求已被成功接收、理解。
- 3xx：重定向，表示要完成请求必须进行更进一步的操作。
- 4xx：客户端错误，表示请求有语法错误或请求无法实现。
- 5xx：服务器端错误，表示服务器未能实现合法的请求。

详细的状态码如表 1.3 所示，无须记忆，使用时查表即可。

表 1.3 状态码

状态码	简述	描述
100	继续	请求者应继续提出请求。服务器返回此代码表示已收到请求的一部分，正在等待其余部分
101	协议切换	请求者已要求服务器切换协议，服务器已确认并准备切换
200	成功	服务器已成功处理了请求
201	已创建	请求成功，并且服务器创建了新的资源
202	已接收	服务器已接收请求，但尚未处理
203	非授权信息	服务器已成功处理了请求，但返回的信息可能来自另一来源
204	无内容	服务器成功处理了请求，但没有返回任何内容
205	重置内容	服务器成功处理了请求，内容被重置
206	部分内容	服务器成功处理了部分请求
300	多种选择	针对请求，服务器可执行多种操作
301	永久移动	请求的网页已永久移动到新位置，永久重定向
302	临时移动	请求的网页暂时跳转到其他页面，暂时重定向
303	查看其他位置	请求对应的资源存在另一个 URI，应使用 GET 方法定向获取请求的资源
304	未修改	此次请求返回的网页未修改，继续使用上次的资源
305	使用代理	请求者应使用代理访问请求的网页
307	临时重定向	请求的资源临时从其他位置响应
400	错误请求	服务器无法解析该请求
401	未授权	请求要求身份验证或验证未通过
403	禁止访问	服务器拒绝请求
404	未找到	服务器找不到请求的网页
405	方法禁用	服务器禁用请求中指定的方法
406	不接收	无法使用请求的内容特性响应请求的网页
407	需要代理授权	请求者需要使用代理授权
408	请求超时	服务器等候请求时发生超时
409	冲突	服务器在完成请求时发生冲突

续表

状态码	简述	描述
410	已删除	请求的资源已永久删除
411	需要有效长度	服务器不接收不含有效内容长度标头字段的请求
412	未满足前提条件	服务器未满足请求者在请求中设置的其中一个前提条件
413	请求实体过大	请求实体过大,超出服务器的处理能力
414	请求的 URI 过长	请求的 URI（通常为网址）过长,服务器无法处理
415	不支持的媒体类型	请求的格式不被请求页面支持
416	请求范围不符合要求	页面无法提供请求的范围
417	未满足期望值	服务器未满足请求标头字段的要求
500	服务器内部错误	服务器遇到错误,无法完成请求
501	尚未实施	服务器不具备完成请求的功能
502	错误网关	服务器作为网关或代理从上游服务器收到无效响应
503	服务不可用	服务器目前无法使用（由于超载或停机维护）
504	网关超时	服务器作为网关或代理没有及时从上游服务器收到请求
505	HTTP 版本不受支持	服务器不支持请求中所用的 HTTP 版本

2. 响应头

它包含了服务器对请求的一些应答信息,常见响应头如表 1.4 所示。

表 1.4 常见响应头

响应头	解释	示例
Accept-Ranges	表明服务器是否支持指定范围请求及支持哪种类型的分段请求	Accept-Ranges:bytes
Age	从原始服务器到代理缓存形成的估算时间（以秒计,非负）	Age:12
Allow	对某网络资源的有效的请求行为,不允许则返回 405	Allow:GET, HEAD
Cache-Control	告诉所有的缓存机制是否可以缓存及缓存哪种类型	Cache-Control:no-cache
Content-Encoding	Web 服务器支持的返回内容压缩编码类型	Content-Encoding:gzip
Content-Language	响应正文的语言	Content-Language:en,zh
Content-Length	响应正文的长度	Content-Length:348
Content-Location	请求资源可替代的备用的另一地址	Content-Location:/index.htm
Content-MD5	返回资源的 MD5 校验值	Content-MD5:Q2hlY2sgSW50ZWdyaXR5IQ==
Content-Range	在整个返回体中本部分的字节位置	Content-Range:bytes 21010-47021/47022
Content-Type	返回内容的 MIME 类型	Content-Type:text/html; charset=utf-8
Date	原始服务器消息发出的时间	Date:Tue, 15 Nov 2010 08:12:31 GMT
ETag	请求变量的实体标签的当前值	ETag:"737060cd8c284d8af7ad3082f209582d"

续表

响应头	解释	示例
Expires	响应过期的日期和时间	Expires:Thu, 01 Dec 2010 16:00:00 GMT
Last-Modified	请求资源的最后修改时间	Last-Modified:Tue, 15 Nov 2010 12:45:26 GMT
Location	用来重定向接收方到非请求URL的位置以完成请求或标识新的资源	Location:http://blog.csdn.net/coder_pig
Pragma	包括实现特定的指令，它可应用到响应链上的任何接收方	Pragma: no-cache
Proxy-Authenticate	它指出认证方案和可应用到代理的该URL上的参数	Proxy-Authenticate:Basic

3. 空行

响应头的最后会有一个空行，表示响应头结束，接下来是响应正文。这个空行必不可少。

4. 响应正文

Content-Type 指定响应正文的 Mime 类型，比如 text/html 类型响应正文为 HTML 代码，image/png 类型响应正文为 PNG 图片的二进制数据。

1.3 网页的组成

一般的网络站点都由多个网页组成，而一个网页由 HTML、CSS 和 JavaScript 三部分组成，它们各司其职。
- HTML 决定网页的结构和内容。
- CSS 决定网页的样式。
- JavaScript 控制网页的行为。

如果把网页比作一扇门，HTML 就是门板，CSS 是门上的油漆或花纹，JavaScript 则是门的开关。接下来我们来了解这三部分。

1.3.1 HTML 简介

HTML（Hypertext Markup Languag，超文本标记语言）。我们来拆分这个名词，首先是超文本，文本一般指的是文字和符号，而在 HTML 中则可以是图片、音视频等其他媒体，远远超出了文本的范畴，所以称为超文本。其次是标记，在 HTML 中所有内容都叫作标记，用一个标记来包含一块内容，表示其作用，比如<p>标签用来标记一个文章段落。

1. HTML 标签语法

- HTML 标签是符号<>中的指令，分为单标签（<起始标签/>）和双标签（<起始标

签></结束标签>),比如\
和\<div>\</div>。

- 双标签可以嵌套,但是不能交叉,比如\<div>\<p>\</p>\</div>是正确的,\<div>\<p>\</div>\</p>则是错误的。
- 双标签中间可以添加标签的内容,比如\<h1>一级标题\</h1>。
- 标签还可以通过包含"属性"的方式来设置元素的其他特性,多个属性可以用空格隔开,比如\<a href="http://coderpig.cn/" target="_blank">小猪博客\</a>。

2. 其他的语法

(1) HTML 使用\<!-- 注释内容 -->进行注释,注释不会在浏览器中显示。

(2) 在 HTML 代码中直接输入一些特殊字符是没有效果的,需要用专有的代码标记,比如空格为 ,更多的特殊字符可到 https://www.jb51.net/onlineread/htmlchar.htm 查看。

一个简单的 HTML 页面示例如下:

```
<!DOCTYPE html>
<html>
<head>
<meta charset="utf-8">
<title>小猪博客</title>
</head>
<body>
<h1>博客介绍</h1>
<p>欢迎来到小猪的博客。</p>

</body>
</html>
```

可以把代码文件保存为 index.html,用浏览器打开查看效果,结果如图 1.8 所示。

图 1.8 HTML 运行结果

代码关键标签解析如下。

- \<!DOCTYPE html>:告诉浏览器要使用哪个 HTML 版本来对页面进行编写,这里声明使用 HTML 5。
- \<html>:HTML 页面的根元素。
- \<head>:包含了文档的元(meta)数据,如定义网页编码格式为 utf-8。
- \<title>:文档的标题。
- \<body>:具体页面内容。

HTML 的规则如上所述,本书并不介绍如何编写 HTML 网页,所以不会对每个标签及相关的属性进行讲解,有兴趣的读者可以访问 http://www.w3school.com.cn/html/ index.asp 进行学习。常见标签的简单介绍如表 1.5 所示,只需了解标签的作用即可,使用时可查询文档。

表 1.5 HTML 常见标签

标 签	描 述
\<h1>\<h2>\<h3>\<h4>\<h5>\<h6>	标题,h1 到 h6 为从大到小
\<p>	段落
\<a>	超链接
\<img>	图像
\<pre>	格式化文本
\<u>	下画线
\<i>	斜体字
\<cite>	引用,通常为斜体
\<em>	强调文本,通常为斜体
\<strong>	加重文本,通常为黑体
\<font>	设置字体、字体大小、颜色等
\<big>	字体变大
\<small>	字体变小
\<del>	加删除线
\<code>	程序码
\<kbd>	定义键盘文本
\<blockquote>	块引用,通常为缩进
\<address>	地址标签
\<sup>	上标
\<sub>	下标
\ 	换行
\<hr>	水平线
\<dl>\<dt>\<dd>	列表
\<ul>	无序列表
\<ol>	有序列表
\<li>	列表中的元素
\<table>\<tbody>\<tr>\<th>\<td>	表格相关
\<form>	表单标签
\<input>	用于输入的标签,默认为输入框
\<select>	下拉列表
\<iframe>	内联框架

1.3.2 CSS 选择器简介

CSS（Cascading Style Sheets，层叠样式表），层叠可以理解为利用 CSS 的选择器可以对 HTML 的元素堆叠很多样式。CSS 的作用就是为 HTML 元素添加样式，从而使页面更加漂亮。

读者可能有疑问：HTML 通过修改属性就可以实现丰富的页面效果，为什么还要引入 CSS？为了解决内容与表现分离的问题，通过修改一个简单的 CSS 文档，即可改变网页中对应的所有元素的布局和外观。可能读者还是不太理解，我们为上一节编写的简单的 HTML 页面添加一个内嵌样式 CSS，然后来看效果，修改后的代码如下：

```
<!DOCTYPE html>
<html>
<head>
<meta charset="utf-8">
<style type="text/css">
h1 {background-color:#6495ed;}
</style>
<title>小猪博客</title>
</head>
<body>

<h1>博客介绍</h1>
<p>欢迎来到小猪的博客。</p>

</body>
</html>
```

代码执行结果如图 1.9 所示（通过 CSS 为一级标题添加了一个蓝色背景）。

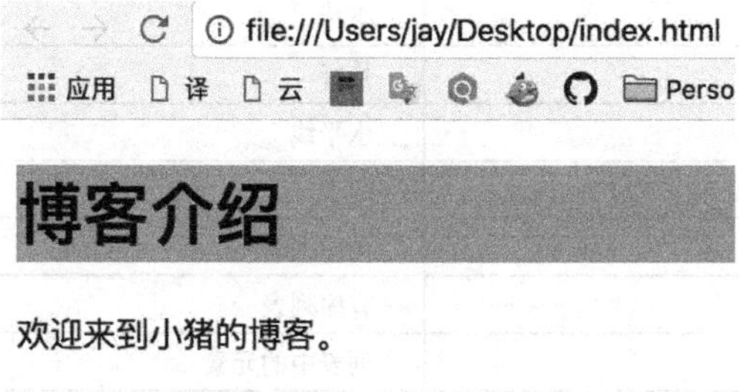

图 1.9 添加 CSS 样式后的 HTML 运行结果

插入 CSS 的四种方法如下。

（1）内联样式。只为单个元素指定 CSS 样式，即在 HTML 的标签中添加 style 属性，直接把样式写进去，比如：

`<p style="color:#FFFFFF;">内联样式</p>`

（2）内嵌样式。把 CSS 样式写入 HTML 文档，用<style>标签包含进去，放在<head>

里,示例如下:

```
<style type="text/css">
h1 {background-color:#6495ed;}
</style>
```

(3)用<link>标签引入外部样式表。在 HTML 文档的<head>标签里添加<link>标签,通过 href 属性引用外部 CSS 文件,示例如下:

```
<head>
<link rel="stylesheet" type="text/css" href="mystyle.css"/>
</head>
```

(4)用@import 指令引入外部样式表。在<style>标签中间,通过@import 指令引入外部 CSS,示例如下:

```
<style>
@import url("style.css") screen, print;
</style>
```

一个 HTML 可以同时使用这四种样式,当四种样式中有相同的属性时,优先级顺序为内联 > 内嵌 > import > link。

CSS 选择器主要分为下述三大类。

- 标签选择器(文档中所有的某个标签都使用同一个 CSS 样式),比如:div{ color:red; border:1px; }。
- 类选择器(class="xxx",为不同的标签赋予不同的 CSS 样式),比如:.text{ color:red; border:1px; }。
- id 选择器(id="xxx",唯一,只可以获取独一无二的元素),比如:#id { color:red; border:1px; }。

这三种选择器可以用不同的方式组合,关于 CSS 具体的属性和值可访问下述站点查阅:http://www.w3school.com.cn/css/index.asp。

1.3.3 JavaScript 简介

JavaScript 一般简称 JS,是一门脚本语言,用于控制网页的行为,很多人对于 JS 的印象可能还停留在使用 JS 写特效上,比如图片轮播、动画等。JS 现在也用于处理页面的逻辑、前后端的数据交互等,利用 Node.js 还可以让 JS 运行在服务器端上。JS 的语法过于烦琐,本书并不会对此进行介绍,有兴趣的读者可以访问 http://www.w3school.com.cn/js/进行学习。

第 2 章
Python 爬虫基本库的使用

从本章起我们正式开始介绍网络爬虫的编写，先要明确一点，爬虫并没有你想象中的复杂，很多初学者一开始就担忧，比如怎么写代码去构造请求，怎么把请求发出去，怎么接收服务器的响应，需不需要学习 TCP/IP 四层模型的每一层的作用。其实，你不用担忧那么多，Python 已经为我们提供了一个功能齐全的类库——urllib，你只需要关心：要爬取哪些链接、要用到哪些请求头和参数。除此之外，还有一些功能更加强大的第三方类库等。

本章主要学习内容：
- Chrome 抓包详解。
- urllib 库详解。
- lxml 库解析网页节点。
- 实战：爬取小说《三国演义》。

2.1 Chrome 抓包详解

抓包是抓取客户端与远程服务器通信时传递的数据包。Chrome 内置了一套功能强大的 Web 开发和调试工具，可用来对网站进行调试和分析，用来抓包非常方便。可以通过下面的几种方式打开开发者工具。

（1）在 Chrome 界面按 F12 键。
（2）右键单击网页空白处，单击检查。
（3）依次单击如图 2.1 所示的项目。

第 2 章 Python 爬虫基本库的使用

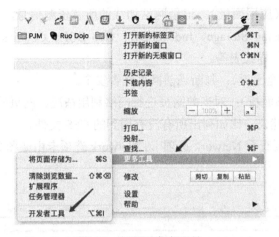

图 2.1 打开开发者工具

打开后的开发者工具界面如图 2.2 所示。

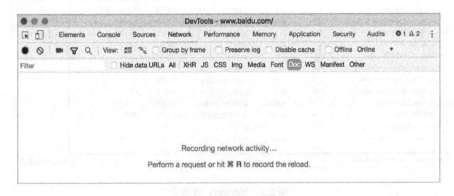

图 2.2 开发者工具界面

开发者工具界面中的内容依次如下。

- Elements（元素面板）：当前网页的页面结构，在分析所要抓取的节点时会用到，而且可以实时修改页面内容，改成自己想要的结果。一个很常用的小技巧是把密码输入框 type 的属性由 password 改为 text，这样就可以查看明文密码了。
- Console（控制台面板）：记录开发者开发过程中的日志信息，且可以作为与 JS 进行交互的命令行 Shell。
- Sources（源代码面板）：可以断点调试 JavaScript。
- Network（网络面板）：记录从发起网页页面请求 Request 后得到的各种请求资源信息（包括状态、资源类型、大小、所用时间等），Web 开发者经常根据这些内容进行网络性能优化。
- Performance（性能面板）：使用时间轴面板，可以记录或查看网站生命周期内发生的各种事件，网站开发者可以根据这些信息进行优化，以提高页面运行时的性能。
- Memory（内存面板）：查看 Web 应用或页面的执行时间及内存使用情况。

- Application(应用面板):记录网站加载的所有资源信息,包括存储数据(Local Storage、Session Storage、IndexedDB、Web SQL、Cookies)、缓存数据、字体、图片、脚本、样式表等。
- Security(安全面板):判断当前网页是否安全。
- Audits(审核面板):对当前网页进行网络利用情况、网页性能方面的诊断,并给出一些优化建议,比如列出所有没有用到的 CSS 文件。

进行抓包时,主要查看 Network 选项卡,Network 选项卡由如图 2.3 所示的四部分窗格组成。

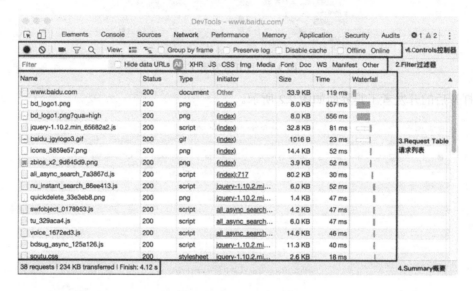

图 2.3 Network 选项卡

2.1.1 Controls

Controls 面板的部分图标与对应的功能如表 2.1 所示。

表 2.1 Controls 面板的部分图标与对应的功能

图 标	功 能
●	记录资源请求
⊘	清空信息
📹	记录页面加载过程中一些时间点的页面渲染情况
▽	能够自定义筛选条件,只显示符合条件的请求
🔍	查找所需的资源信息
View: ≣ ≂	每一行的显示形式

续表

图 标	功 能
Preserve log	保存日志
Disable cache	禁用缓存
Offline Online	限流控制，模拟处于各种网络环境下的不同用户访问本页面的情况

2.1.2 Filter

可以在 Filter 处输入指定条件，比如输入 method:GET，只显示使用 GET 请求方式的请求。常用的指定条件如表 2.2 所示。

表 2.2 Filter 指定条件

指 定 条 件	描 述
domain	资源所在的域，即 URL 中的域名部分，如 domain:coderpig.cn
has-response-header	无论其值是什么，如 has-response-header:Access-Control- Allow-Origin
is	当前时间点在执行的请求，当前可用值：running
larger-than	显示大于指定值大小规格的资源，单位是字节（B），但是 K（KB）和 M（MB）也是可以的，如 larger-than:150K
method	使用何种 HTTP 请求方式，如 GET 方式
mime-type	也写作 Content-Type，是资源类型的标识符，如 text/html
scheme	协议，如 HTTPS
set-cookie-name	服务器设置的 Cookies 名称
set-cookie-value	服务器设置的 Cookies 的值
set-cookie-domain	服务器设置的 Cookies 的域
status-code	HTTP 响应头的状态码

按住 Ctrl 键单击过滤器，可以选择多个过滤器。

2.1.3 Request Table

请求列表对应字段描述如表 2.3 所示。

表 2.3 请求列表对应字段描述

字 段	描 述
Name	资源名称及 URL 路径
Status	HTTP 状态码
Type	请求资源的 MIME 类型
Initiator	解释请求是怎么发起的
Size	响应头部和响应体结合的大小
Time	响应时间

单击其中一个请求，进入请求的具体页面，如图 2.4 所示。

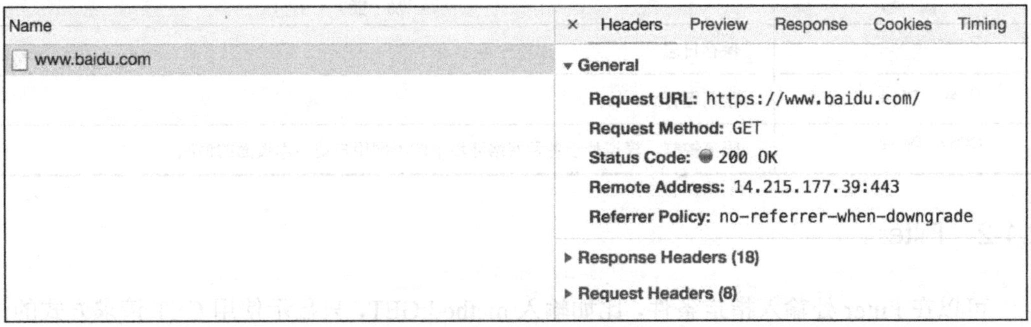

图 2.4　请求的具体页面

图 2.4 右侧顶部有如下五个选项卡。

- Headers：选项卡中包含了请求的 URL、请求方法、响应码、请求头、响应头、请求参数等。
- Preview：预览面板，用于资源的预览。
- Response：响应信息面板，包含资源还未进行格式处理的内容。
- Cookies：请求用到的 Cookies 内容。
- Timing：资源请求的详细时间。

编写爬虫的一般流程是查看 Headers 选项卡，查看请求需要用到的请求头、请求参数等。然后查看 Response 返回的网页结构，查看要解析的节点，有时也可以直接查看 Elements 选项卡，但是对于 JavaScript 动态生成的网页，还是得查看 Response 选项卡返回的内容。

另外，在浏览器地址栏输入 chrome://about/ 并回车可以看到 Chrome 浏览器中所有的地址命令，如图 2.5 所示。

图 2.5　Chrome 浏览器所有地址命令

2.2 urllib 库详解

urllib 库是 Python 内置的一个 HTTP 请求库。在 Python 2.x 中，是由 urllib 和 urllib2 两个库来实现请求发送的，在 Python 3.x 中，这两个库已经合并到一起，统一为 urllib 了。urllib 库由四个模块组成。

- request 模块：打开和浏览 URL 中的内容。
- error 模块：包含 urllib.request 发生的错误或异常。
- parse 模块：解析 URL。
- robotparser 模块：解析 robots.txt 文件。

官方文档：https://docs.python.org/3/library/urllib.html。

2.2.1 发送请求

我们写一个简单的模拟访问百度首页的例子，代码示例如下：

```
import urllib.request
resp = urllib.request.urlopen("http://www.baidu.com")
print(resp)
print(resp.read())
```

代码执行结果如下：

```
<http.client.HTTPResponse object at 0x106244e10>
b'<!DOCTYPE html>\n<!--STATUS OK-->\n\r\n\r\n\r\n\r\n\r\n\r\n\r\n...
```

通过 urllib.request 模块提供的 urlopen()函数，我们构造一个 HTTP 请求，从上面的结果可知，urlopen()函数返回的是一个 HTTPResponse 对象，调用该对象的 read()函数可以获得请求返回的网页内容。read()返回的是一个二进制的字符串，明显是无法正常阅读的，要调用 decode('utf-8')将其解码为 utf-8 字符串。这里顺便把 HTTPResponse 类常用的方法和属性打印出来，我们可以使用 dir()函数来查看某个对象的所有方法和属性。修改后的代码如下：

```
import urllib.request
resp = urllib.request.urlopen("http://www.baidu.com")
print("resp.geturl：", resp.geturl())
print("resp.msg：", resp.msg)
print("resp.status：", resp.status)
print("resp.version：", resp.version)
print("resp.reason：", resp.reason)
print("resp.debuglevel：", resp.debuglevel)
print("resp.getheaders：", resp.getheaders()[0:2])
print(resp.read().decode('utf-8'))
```

代码执行结果如下:

```
resp.geturl:   http://www.baidu.com
resp.msg:   OK
resp.status:   200
resp.version:   11
resp.reason:   OK
resp.debuglevel:   0
resp.getheaders:   [('Bdpagetype', '1'), ('Bdqid', '0xa561cc600003fc40')]
<!DOCTYPE html>
<!--STATUS OK-->
...
```

另外,有一点要注意,在 URL 中包含汉字是不符合 URL 标准的,需要进行编码,代码示例如下:

```
urllib.request.quote('http://www.baidu.com')
# 编码后:http%3A//www.baidu.com
urllib.request.unquote('http%3A//www.baidu.com')
# 解码后:http://www.baidu.com
```

2.2.2 抓取二进制文件

直接把二进制文件写入文件即可,代码示例如下:

```python
import urllib.request

pic_url = "https://www.baidu.com/img/bd_logo1.png"
pic_resp = urllib.request.urlopen(pic_url)
pic = pic_resp.read()
with open("bd_logo.png", "wb") as f:
    f.write(pic)
```

代码执行结果如下:

```
...
urllib.error.URLError: <urlopen error [SSL: CERTIFICATE_VERIFY_FAILED] certificate verify failed: unable to get local issuer certificate (_ssl.c:1045)>
```

结果并没有像我们预期那样把图片下载下来,而是发生了报错,原因是当 urlopen()打开一个 HTTPS 链接时,会验证一次 SSL 证书,当目标网站使用的是自签名的证书时,就会报这样的错误。解决这个错误有以下两种方法。

```python
import ssl
# 方法一:全局取消证书验证
ssl._create_default_https_context = ssl._create_unverified_context
# 方法二:使用ssl创建未经验证的上下文,在urlopen()中传入上下文参数
context = ssl._create_unverified_context()
pic_resp = urllib.request.urlopen(pic_url,context=context)
```

选择其中一种方法加入代码中,代码执行后就可以看到百度的图标被下载到本地了。

另外，还可以调用 urllib.request.urlretrieve()函数直接进行下载，代码示例如下：
urllib.request.urlretrieve(pic_url, 'bd_logo.png')

2.2.3 模拟 GET 和 POST 请求

这里用到一个解析 JSON 数据的模块——JSON 模块，它用于 Python 原始类型与 JSON 类型的相互转换。如果解析文件，可以用 dump()和 load()方法函数，如果解析字符串，则用下述两个函数：

```
dumps()：编码 [Python -> Json]
dict => object list, tuple => array    str => string True => true
int, float, int- & float-derived Enums => number False => false None => null


loads()：解码 [Json -> Python]
object => dict array => list string => str number (int) => int
number(real) => float true =>True false => False null => None
```

模拟 GET 请求的代码示例如下：

```
import urllib.request
import json
import ssl
ssl._create_default_https_context = ssl._create_unverified_context
get_url = "http://gank.io/api/data/" + urllib.request.quote("福利") + "/1/1"
get_resp = urllib.request.urlopen(get_url)
get_result = json.loads(get_resp.read().decode('utf-8'))
# 后面的参数用于格式化JSON输出格式
get_result_format = json.dumps(get_result, indent=2,
                                sort_keys=True,  ensure_ascii=False)
print(get_result_format)
```

代码执行结果如下：

```
{
  "error": false,
  "results": [
    {
      "_id": "5b6bad449d21226f45755582",
      "createdAt": "2018-08-09T10:56:04.962Z",
      "desc": "2018-08-09",
      "publishedAt": "2018-08-09T00:00:00.0Z",
      "source": "web",
      "type": "福利",
      "url": "https://ww1.sinaimg.cn/large/0065oQSqgy1fu39hosiwoj30j60qyq96.jpg",
      "used": true,
      "who": "lijinshanmx"
    }
  ]
}
```

模拟 POST 请求的代码示例如下：

```python
import urllib.request
import urllib.parse
import json

post_url = "http://xxx.xxx.login"
phone = "13555555555"
password = "111111"
values = {
    'phone': phone,
    'password': password
}
data = urllib.parse.urlencode(values).encode(encoding='utf-8')
req = urllib.request.Request(post_url, data)
resp = urllib.request.urlopen(req)
result = json.loads(resp.read())        # Byte结果转JSON
print(json.dumps(result, sort_keys=True,
                indent=2, ensure_ascii=False))  # 格式化输出JSON
```

2.2.4 修改请求头

有一些站点为了避免有人使用爬虫恶意抓取信息，会进行一些简单的反爬虫操作，比如通过识别请求头里的 User-Agent 来检查访问来源是否为正常的访问途径，还可检查 Host 请求头等，我们可以修改请求头来模拟正常的访问。Request 中有个 headers 参数，可通过如下两种方法进行设置：

（1）把请求头都塞到字典里，在实例化 Request 对象的时候传入；

（2）通过 Request 对象的 add_header()方法一个个添加。

代码示例如下：

```python
import urllib.request
# 修改请求头信息
novel_url = "http://www.biqukan.com/1_1496/"
headers = {'User-Agent': 'Mozilla/5.0 (X11; Linux x86_64) '
                        'AppleWebKit/537.36 (KHTML, like Gecko)'
                        ' Chrome/63.0.3239.84 Safari/537.36',
           'Referer': 'http://www.baidu.com',
           'Connection': 'keep-alive'}
novel_req = urllib.request.Request(novel_url, headers=headers)
novel_resp = urllib.request.urlopen(novel_req)
print(novel_resp.read().decode('gbk'))
```

代码执行结果如下：

```
<!DOCTYPE html>
<html>
<head>
<meta http-equiv="Content-Type" content="text/html; charset=gbk" />
```

```
<title>龙王传说最新章节_龙王传说无弹窗_笔趣阁</title>
<meta name="keywords" content="龙王传说,龙王传说最新章节" />
...
```

2.2.5 设置连接超时

urlopen()函数中有一个可选参数 timeout，单位为秒，作用是如果请求超出了这个时间还没有得到响应，就会抛出异常。如果不设置，会使用全局默认时间，代码示例如下：

```
urllib.request.urlopen(novel_req, timeout=20)
```

2.2.6 延迟提交数据

通常情况下，服务器都会对请求的客户端 IP 进行记录。如果在一定时间内访问次数达到了一个阈值，服务器会认为该 IP 地址就是爬虫，会弹出验证码验证，或者直接对 IP 进行封禁。

为了避免 IP 被封，一个最简单的方法就是延迟每次发起请求的时间，直接用 time 模块的 sleep（秒）函数休眠即可。

2.2.7 设置代理

如果遇到限制 IP 访问频率的情况，我们可以用上面这种延时发起请求的方法，但是有一些站点是限制访问次数的。比如，一个 IP 只能在一个时间间隔内访问几次，超过限制次数后 IP 会被 Block。另外，采用休眠访问的效率极低，对这种情况更好的解决方案是使用代码，通过轮换代理 IP 去访问目标网站。

关于如何获取代理 IP，后面会详细介绍，这里只介绍怎样设置代理 IP。代码示例如下：

```
import urllib.request
# 查询IP的网址
ip_query_url = "http://ip.chinaz.com/"
# 1.创建代理处理器，ProxyHandler参数是一个字典{类型:代理IP:端口}
proxy_support = urllib.request.ProxyHandler({'http': '219.141.153.43:80'})
# 2.定制，创建一个opener
opener = urllib.request.build_opener(proxy_support)
# 3.安装opener
urllib.request.install_opener(opener)
# 请求头
headers = {
    'User-Agent': 'User-Agent:Mozilla/5.0 (X11; Linux x86_64)'
                  ' AppleWebKit/537.36 (KHTML, like Gecko)'
                  ' Chrome/63.0.3239.84 Safari/537.36',
    'Host': 'ip.chinaz.com'
}
req = urllib.request.Request(ip_query_url, headers=headers)
```

```
resp = urllib.request.urlopen(req, timeout=20)
html = resp.read().decode('utf-8')
print(html)
```
部分代码执行结果如下：

\<p class="getlist pl10"\>\<span\>您来自：\</span\>219.141.153.43   \<span class="pl10"\>所在区域：\</span\>北京市　电信 \<a href="http://tool.chinaz.com/contact" target="_blank" class="col-blue02 pl5"\>(纠错)\</a\>\</p\>

2.2.8 Cookie

Cookie 是某些网站为了辨别用户身份、进行 session 跟踪而存储在用户本地终端上的数据（通常经过加密），比如有些页面你在登录前是无法访问的，登录成功会给你分配 Cookie，然后带着 Cookie 去请求页面才能正常访问。

使用 http.cookiejar 这个模块可以获取 Cookie，实现模拟登录。该模块的主要对象（父类→子类）为 CookieJar→FileCookieJar→MozillaCookieJar 与 LWPCookieJar，示例代码如下：

```
# ============ 获得Cookie ============
# 1.实例化CookieJar对象
cookie = cookiejar.CookieJar()
# 2.创建Cookie处理器
handler = urllib.request.HTTPCookieProcessor(cookie)
# 3.通过CookieHandler创建opener
opener = urllib.request.build_opener(handler)
# 4.打开网页
resp = opener.open("http://www.zhbit.com")
for i in cookie:
    print("Name = %s" % i.name)
    print("Name = %s" % i.value)
# ============ 保存Cookie到文件 ============
# 1.用于保存Cookie的文件
cookie_file = "cookie.txt"
# 2.创建MozillaCookieJar对象保存Cookie
cookie = cookiejar.MozillaCookieJar(cookie_file)
# 3.创建Cookie处理器
handler = urllib.request.HTTPCookieProcessor(cookie)
# 4.通过CookieHandler创建opener
opener = urllib.request.build_opener(handler)
# 5.打开网页
resp = opener.open("http://www.baidu.com")
# 6.保存Cookie到文件中，参数依次是:
# ignore_discard：即使Cookie将被丢弃也将它保存下来
# ignore_expires：如果在该文件中Cookie已存在，覆盖原文件写入
cookie.save(ignore_discard=True, ignore_expires=True)
```

```
# ============ 读取Cookie文件 ============
cookie_file = "cookie.txt"
# 1.创建MozillaCookieJar对象保存Cookie
cookie = cookiejar.MozillaCookieJar(cookie_file)
# 2.从文件中读取Cookie内容
cookie.load(cookie_file, ignore_expires=True, ignore_discard=True)
handler = urllib.request.HTTPCookieProcessor(cookie)
opener = urllib.request.build_opener(handler)
resp = opener.open("http://www.baidu.com")
print(resp.read().decode('utf-8'))
```

部分代码执行后生成的 cookie.txt 文件内容如下：

```
# Netscape HTTP Cookie File
# http://curl.haxx.se/rfc/cookie_spec.html
# This is a generated file!   Do not edit.

.baidu.com  TRUE  /  FALSE  3681539028  BAIDUID  F16617940595A8E3EF9BB50E63AC09
54:FG=1
.baidu.com  TRUE  /  FALSE  3681539028  BIDUPSID  F16617940595A8E3EF9BB50E63AC0
954
.baidu.com  TRUE  /  FALSE           H_PS_PSSID  1442_21106_22074
.baidu.com  TRUE  /  FALSE  3681539028  PSTM    1534055381
www.baidu.com  FALSE  /  FALSE         BDSVRTM  0
www.baidu.com  FALSE  /  FALSE         BD_HOME  0
www.baidu.com  FALSE  /  FALSE  2480135321  delPer  0
```

2.2.9 urllib.parse 模块

1. 拆分 URL

urlparse 函数：将 URL 拆分成六大组件。

urlsplit 函数：和 urlparse 函数类似，只是不会单独拆分 params 部分。

使用代码示例如下：

```
import urllib.parse
urp = urllib.parse.urlparse('https://docs.python.org/3/search.html?q=parse&check_keywords=yes&area=default')
print('urlparse执行结果：', urp)
# 可以通过.的方式获取某个部分
print('urp.scheme：', urp.scheme)
print('urp.netloc：', urp.netloc)
urp = urllib.parse.urlsplit('https://docs.python.org/3/search.html?q=parse&check_keywords=yes&area=default')
print('urlsplit执行结果：', urp)
```

代码执行结果如下：

```
urlparse执行结果：ParseResult(scheme='https', netloc='docs.python.org', path='/3/search.html', params='', query='q=parse&check_keywords=yes&area=default', fragment='')
```

urp.scheme：https
urp.netloc：docs.python.org
urlsplit执行结果：SplitResult(scheme='https', netloc='docs.python.org', path='/3/search.html', query='q=parse&check_keywords=yes&area=default', fragment='')

2. 拼接URL

urlunparse 函数：接收一个可迭代的对象，长度为 7，以此构造一个 URL。

urlunsplit 函数：接收一个可迭代的对象，长度为 6，以此构造一个 URL。

urljoin 函数：比上面两种方法简单得多，只有两个参数（基础链接、新链接），该方法会分析基础链接的 scheme、netloc 和 path 的内容，并对新链接缺失的部分进行补充。

使用代码示例如下：

```
import urllib.parse
url=urllib.parse.urlunparse(['https','docs.python.org','/3/search.html','q=parse&check_keywords= yes&area=default' , '', ''])
print('urlunparse函数拼接的URL：',url)
url=urllib.parse.urlunsplit(['https','docs.python.org','/3/search.html','q=parse&check_keywords=yes&area=default',''])
print('urlunsplit函数拼接的URL：',url)
url = urllib.parse.urljoin('https://docs.python.org','/3/search.html')
url = urllib.parse.urljoin(url,'?q=parse&check_keywords=yes&area=default')
print('urljoin函数拼接的URL：',url)
```

代码执行结果如下：

urlunparse函数拼接的URL：https://docs.python.org/3/search.html;q=parse&check_keywords=yes&area=default

urlunsplit 函数拼接的URL：https://docs.python.org/3/search.html?q=parse&check_keywords=yes&area=default

urljoin函数拼接的URL：https://docs.python.org/3/search.html?q=parse&check_keywords=yes&area=default

3. 将字典形式的数据序列化为查询字符串

urlencode 函数：将字典形式的数据转换为查询字符串，常用于构造 GET 请求。

代码示例如下：

```
from urllib import parse

params = {
    'q': 'parse',
    'check_keywords': 'yes',
    'area': 'default'
}
url = 'https://docs.python.org/3/search.html?' + parse.urlencode(params)
print("拼接后的URL：", url)
```

代码执行结果如下：

拼接后的URL：https://docs.python.org/3/search.html?q=parse&check_keywords=yes&area=default

4. 查询字符串反序列化

parse_qs 函数：把 GET 请求后跟着的查询字符串反序列化为字典。

parse_qsl 函数：把 GET 请求后跟着的查询字符串反序列化为列表。

使用代码示例如下：

```
from urllib import parse

params_str = 'q=parse&check_keywords=yes&area=default'
print("parse_qs 反序列化结果： ", parse.parse_qs(params_str))
print("parse_qsl 反序列化结果： ", parse.parse_qsl(params_str))
```

代码执行结果如下：

```
parse_qs 反序列化结果：   {'q': ['parse'], 'check_keywords': ['yes'], 'area': ['default']}
parse_qsl 反序列化结果：   [('q', 'parse'), ('check_keywords', 'yes'), ('area', 'default')]
```

5. 中文 URL 编解码

quote 函数：将 URL 中的中文字符转换为 URL 编码。

unquote 函数：对 URL 进行解码。

2.2.10 urllib.error 异常处理模块

urllib.error 模块定义由 urllib.request 引发的异常类，异常处理主要用到两个类——URLError 和 HTTPError。

URLError 类：urllib.error 异常类的父类，具有 reason 属性，返回错误原因。发生 URLError 异常的原因一般有以下几种：

- 远程地址不存在（如 404 Not Found）。
- 触发了 HTTPError 异常（如 403 Forbidden）。
- 远程服务器不存在（如[Errno 11001] getaddrinfo failed）。
- 远程服务器连接不上（如[WinError 10060]，由于连接方在一段时间后没有正确答复或连接的主机没有反应，连接尝试失败）。

HTTPError 类：URLError 类的子类，专门处理 HTTP 和 HTTPS 请求错误。具有三个属性：code（请求返回的状态码）、headers（请求返回的响应头信息）和 reason（错误原因）。HTTPError 类并不能处理父类支持的异常处理，建议对两种异常分开捕获，代码示例如下：

```
from urllib import request, error
try:
    response = request.urlopen('xxx')
except error.HTTPError as e:
    print('HTTPError 异常')
    print('reason:'+ str(e.reason), 'code:'+str(e.code), 'headers:'+str(e.headers), sep='\n')
except error.URLError as e:
    print('URLError 异常')
    print('reason:'+ str(e.reason))
```

```
else:
    print('Request Successfully')
```
除此之外，还有 socket.timeout 请求超时的异常。

2.2.11　urllib.robotparser 模块

Robots 协议，又称爬虫协议，网站可以通过该协议告知搜索引擎站点内的哪些网页可以抓取，哪些不可以抓取。如果想使用这个协议，可以在网站的根目录下创建一个 robots.txt 文本文件。

当搜索爬虫访问某个站点时会先检查是否有这个文件，如果有的话，会根据文件中定义的爬取范围来爬取；如果没有找到的话，便会访问所有可以直接访问的页面。另外有一点要注意，Robots 协议只是一个道德规范，并不是强制命令或防火墙。

下面来看淘宝 robots.txt 的文件内容，该文件的链接为 http://www.taobao.com/robots.txt。

```
User-Agent:  Baiduspider
Allow:  /article
Allow:  /oshtml
Allow:  /ershou
Disallow:  /product/
Disallow:  /

User-Agent:  Googlebot
Allow:  /article
Allow:  /oshtml
Allow:  /product
Allow:  /spu
Allow:  /dianpu
Allow:  /oversea
Allow:  /list
Allow:  /ershou
Disallow:  /

User-Agent:  Bingbot
Allow:  /article
Allow:  /oshtml
Allow:  /product
Allow:  /spu
Allow:  /dianpu
Allow:  /oversea
Allow:  /list
Allow:  /ershou
Disallow:  /

User-Agent:  360Spider
Allow:  /article
```

```
Allow:      /oshtml
Allow:      /ershou
Disallow:   /

User-Agent:   Yisouspider
Allow:      /article
Allow:      /oshtml
Allow:      /ershou
Disallow:   /

User-Agent:   Sogouspider
Allow:      /article
Allow:      /oshtml
Allow:      /product
Allow:      /ershou
Disallow:   /

User-Agent:   Yahoo!  Slurp
Allow:      /product
Allow:      /spu
Allow:      /dianpu
Allow:      /oversea
Allow:      /list
Allow:      /ershou
Disallow:   /

User-Agent:   *
Disallow:   /
```

字段解释如下。

- User-Agent：搜索引擎 spider 的名字，各大搜索引擎爬虫都有固定的名字，如百度的 spider 为 Baiduspider。如果该项的值设为*（通配符），则该协议对任何搜索引擎机器人均有效。
- Disallow：禁止访问的路径，比如禁止百度爬虫访问以/product 开头的任何 URL。
- Allow：允许访问的路径。

可以用 Python 自带的 robotparser 模块测试爬虫是否有权限爬取这个网页，代码示例如下：

```
from urllib import robotparser

rp = robotparser.RobotFileParser()
# 设置robots.txt文件的链接
rp.set_url('http://www.taobao.com/robots.txt')
# 读取robots.txt文件并进行分析
rp.read()
```

```
url = 'https://www.douban.com'
user_agent = 'Baiduspider'
op_info = rp.can_fetch(user_agent, url)
print("Elsespider 代理用户访问情况：",op_info)
bdp_info = rp.can_fetch(user_agent, url)
print("Baiduspider 代理用户访问情况：",bdp_info)
user_agent = 'Elsespider'
```

代码执行结果如下：

```
Elsespider 代理用户访问情况：  False
Baiduspider 代理用户访问情况：  False
```

2.3 用 lxml 库解析网页节点

通过 urllib 库可以模拟请求，得到网页的内容，但是在大多数情况下我们并不需要整个网页，而只需要网页中某部分的信息。可以利用解析库 lxml 迅速、灵活地处理 HTML 或 XML，提取需要的信息。另外，该库支持 XPath 的解析方式，效率也非常高。lxml 库的官方文档为 https://lxml.de/tutorial.html。

2.3.1 安装库

库的安装非常简单，直接通过 pip 安装即可：

```
pip3 install lxml
```

安装完 lxml 后，可以在 import 库中查看是否报错，没有报错就说明安装成功。

2.3.2 XPath 语法速成

XPath（XML Path Language，XML 路径语言），用于在 XML 文档中查找信息。它既适用于 XML 文档的搜索，又适用于 HTML。其核心是按照规则，通过编写路径选择表达式来筛选节点。

下面简单介绍 XPath 的语法，如果想了解更多的规则，可访问 http://www.w3school.com.cn/xpath/。

1. 绝对路径和相对路径

绝对路径：用/表示从根节点开始选取。

相对路径：用//表示选择任意位置的节点，而不考虑它们的位置。

另外，可以使用*（通配符）来表示未知的元素。除此之外，还有两个选取节点的标记（.和..），前者用于选取当前节点，后者用于选取当前节点的父节点。

2. 选择分支定位

比如存在多个元素，想唯一定位，可以使用[]来选择分支，分支的下标从 1 开始，相关的规则如下。

/tr/td[1]：取第一个td
/tr/td[last()]：取最后一个td
/tr/td[last()-1]：取倒数第二个td
/tr/td[position()<3]：取第一个和第二个td
/tr/td[@class]：选取拥有class属性的td
/tr/td[@class='xxx']：选取拥有class属性为xxx的td
/tr/td[count>10]：选取 price 元素的值大于10的td

3. 选择属性

还可以通过多个属性定位，比如可以这样写：
/tr/td[@class='xxx'][@value='yyy']或者/tr/td[@class='xxx' and @value='yyy']

4. 常用函数

除了 last()、position()，还有以下常用函数。

contains(string1,string2)：如果前后匹配则返回 True；否则返回 False。

text()：获取元素的文本内容。

starts-with()：从起始位置匹配字符串。

更多的函数可以访问 http://www.w3school.com.cn/xpath/xpath_functions.asp 自行查阅。

5. 轴

当上面的操作都不能定位时，可以考虑根据元素的父节点或兄弟节点来定位，这时就会用到 XPath 轴，利用轴可定位某个相对于当前节点的节点集，语法为轴名称::标签名，可选参数如表 2.4 所示。

表 2.4 可选参数表

轴 名 称	作 用
ancestor	选取当前节点的所有先辈（父、祖父等）
ancestor-or-self	选取当前节点的所有先辈（父、祖父等）及当前节点本身
attribute	选取当前节点的所有属性
child	选取当前节点的所有子元素
descendant	选取当前节点的所有后代元素（子、孙等）
descendant-or-self	选取当前节点的所有后代元素（子、孙等）及当前节点本身
following	选取文档中当前节点的结束标签之后的所有节点
following-sibling	选取当前节点之后的所有兄弟节点
namespace	选取当前节点的所有命名空间节点
parent	选取当前节点的父节点
preceding	选取文档中当前节点的开始标签之前的所有节点
preceding-sibling	选取当前节点之前的所有同级节点
self	选取当前节点

接下来我们通过一个实战案例来巩固 lxml 库的用法。

2.4 实战：爬取小说《三国演义》

本节通过编写爬虫爬取小说《三国演义》的实战案例来巩固 lxml 库的使用。小说的来源站点是（http://www.biqukan.com/），网站首页如图 2.6 所示。

图 2.6 网站首页

本节要做的是查找一本小说，解析出网页中小说的章节内容，然后保存到本地，重复这样的操作，直到把这本小说所有的章节都下载到本地为止。在搜索栏中搜索"三国演义"，搜索后的页面如图 2.7 所示。

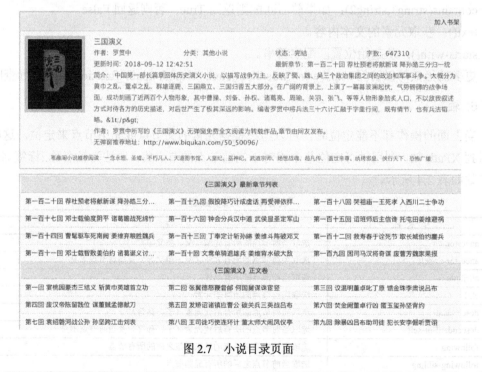

图 2.7 小说目录页面

我们要截取的就是图 2.7 中《三国演义》正文卷的内容，按 F12 键打开开发者工具，单击右上角的 ，然后单击新书感言，找到节点所在的页面位置。

```
<dt>《元尊》正文卷</dt>
<dd><a href="/0_790/15948196.html">第一回  宴桃园豪杰三结义  斩黄巾英雄首立功
</a></dd>
```

```
<dd><a href="/0_790/15948197.html">第二回  张翼德怒鞭督邮 何国舅谋诛宦竖</a></dd>
<dd><a href="/0_790/15948198.html">第三回  议温明董卓叱丁原 馈金珠李肃说吕布
</a></dd>
<dd><a href="/0_790/15948199.html">第四回  废汉帝陈留践位 谋董贼孟德献刀</a></dd>
<dd><a href="/0_790/15948251.html">第五回  发矫诏诸镇应曹公 破关兵三英战吕布
</a></dd>
<dd><a href="/0_790/15951380.html">第六回  焚金阙董卓行凶 匿玉玺孙坚背约</a></dd>
```

<a>标签里的 href 属性对应的是每章小说的地址，后面的内容是这章小说的名称。我们要做的就是遍历这样的节点，提取链接并保存。编写的代码如下：

```python
import urllib
import urllib.request
import urllib.parse
from lxml import etree
from urllib import error
import lxml.html
import os
import time

# 小说站点的URL
novel_base_url = 'http://www.biqukan.com'

# 获取小说的URL
novel_url = urllib.parse.urljoin(novel_base_url, '/50_50096/')

# 每章小说的链接
chapter_url_list = []

# 请求头
headers = {
    'Host': 'www.biqukan.com',
    'Referer': 'http://www.biqukan.com/',
    'User-Agent': 'Mozilla/5.0 (Macintosh; Intel Mac OS X 10_13_6) AppleWebKit/537.36 (KHTML, like Gecko) Chrome/67.0.3396.99 Safari/537.36'
}

# 获取章节链接列表
def fetch_chapter_urls():
    req = urllib.request.Request(url=novel_url, headers=headers)
    html = lxml.html.parse(urllib.request.urlopen(req))
    hrefs = html.xpath('//dd/a/@href')
    # 过滤前面的最新章节列表和无用章节
    for href in hrefs[16:]:
        chapter_url_list.append(urllib.parse.urljoin(novel_base_url, href))
    print(chapter_url_list)

if __name__ == '__main__':
```

```
    fetch_chapter_urls()
```
代码执行结果如下:
```
['http://www.biqukan.com/50_50096/15948251.html',
'http://www.biqukan.com/50_50096/15951380.html',
'http://www.biqukan.com/50_50096/15952732.html',
'http://www.biqukan.com/50_50096/15954751.html',
'http://www.biqukan.com/50_50096/15963396.html'
...
```

获得所有文章的链接后,打开其中的一篇,看一下我们要抓取的小说正文,如图 2.8 所示。

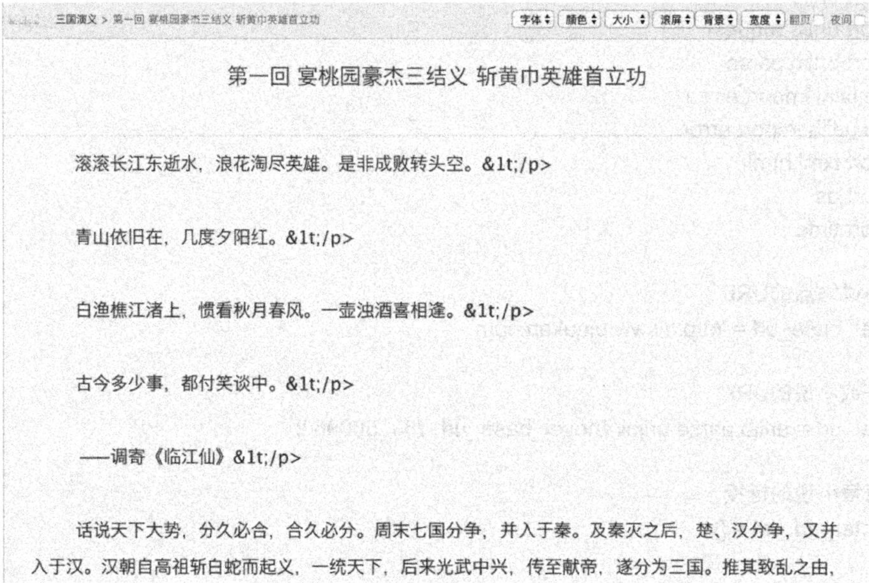

图 2.8 小说正文

同样,在开发者工具中找到这部分内容对应的节点:

```
<div id="content" class="showtxt">        
滚滚长江东逝水,浪花淘尽英雄。是非成败转头空。&lt;/p><br>
<br>         青山依旧在,几度夕阳红。
&lt;/p><br>
<br>         白渔樵江渚上,惯看秋月春
风。一壶浊酒喜相逢。&lt;/p><br>
<br>        古今多少事,都付笑谈中。
&lt;/p>
<br>
...
```

接下来要做的就是提取这部分内容,然后保存成一个 TXT 文件。代码如下:
```
# 小说的保存文件夹
novel_save_dir = os.path.join(os.getcwd(), 'novel_cache/')

# 解析每个页面获得章节正文
```

```python
def parsing_chapter(url):
    req = urllib.request.Request(url=url, headers=headers)
    html = lxml.html.parse(urllib.request.urlopen(req))
    title = html.xpath('//h1/text()')[0]
    contents = html.xpath('//*[@id="content"]/text()')
    content = ''
    for i in contents:
        content += i.strip()
    save_novel(title, content)

# 把章节正文写到本地
def save_novel(name, content):
    try:
        with open(novel_save_dir + name + '.txt', "w+") as f:
            f.write(content.strip())
    except (error.HTTPError, OSError) as reason:
        print(str(reason))
    else:
        print("下载完成：" + name)


if __name__ == '__main__':
    # 判断存储的文件夹是否存在，不存在则新建
    if not os.path.exists(novel_save_dir):
        os.mkdir(novel_save_dir)
    # 爬取小说文章链接列表
    fetch_chapter_urls()
    # 遍历抓取所有的小说内容
    for chapter in chapter_url_list:
        # 定时休眠1s防止IP被封
        time.sleep(1)
        parsing_chapter(chapter)
```

代码执行结果如下：

控制台输出：

下载完成：第一回 宴桃园豪杰三结义 斩黄巾英雄首立功
下载完成：第二回 张翼德怒鞭督邮 何国舅谋诛宦竖
下载完成：第三回 议温明董卓叱丁原 馈金珠李肃说吕布
下载完成：第四回 废汉帝陈留践位 谋董贼孟德献刀
下载完成：第五回 发矫诏诸镇应曹公 破关兵三英战吕布
下载完成：第六回 焚金阙董卓行凶 匿玉玺孙坚背约
下载完成：第七回 袁绍磐河战公孙 孙坚跨江击刘表
下载完成：第八回 王司徒巧使连环计 董太师大闹凤仪亭
下载完成：第九回 除暴凶吕布助司徒 犯长安李傕听贾诩
下载完成：第十回 勤王室马腾举义 报父仇曹操兴师
……

打开其中一个 TXT 文件查看小说内容：

滚滚长江东逝水，浪花淘尽英雄。是非成败转头空。&1t;/p>
青山依旧在，几度夕阳红。&1t;/p>
白渔樵江渚上，惯看秋月春风。一壶浊酒喜相逢。&1t;/p>
古今多少事，都付笑谈中。&1t;/p>
——调寄《临江仙》&1t;/p>
...

第 3 章

Python 爬虫抓包与数据解析

相信通过第 2 章的学习，读者已经能够编写一些简单的爬虫爬取一些小站点了，如果你还没自己写过爬虫，编者建议还是动手试试。在本章中，我们会从抓包进阶、模拟请求进阶和数据解析进阶三个方面进一步学习爬虫的编写。

本章主要学习内容：

- HTTPS。
- Charles 抓包。
- Packet Capture 抓包。
- 更好的 HTTP 请求库 Requests。
- Beautiful Soup 库。
- 正则表达式。

3.1 抓包进阶

目前，我们已经会使用 Chrome 浏览器自带的开发者工具来抓取访问网页的数据包，但是这种抓包方法有局限性，比如只能监听一个浏览器选项卡，如果想监听多个选项卡，必须打开多个页面。

另外，随着智能手机的普及，企业也不像以前一样必须开发一个 PC 端的网站，而是更倾向于制作自己的 App 或微信小程序等。另外比较重要的一点是，App 端的反爬虫没有 Web 端那么强，所以移动端的抓包也是一门必备技能。

3.1.1 HTTPS 介绍

在第 1 章中我们介绍了 HTTP，它使用 TCP 进行数据传输，数据没有加密，直接明文传输，意味着可能会泄露传输内容，被中间人劫持，从而修改传输内容。

最常见的是运营商劫持对网页内容进行修改并添加广告。HTTPS 的出现旨在解决这些风险因素：保证信息加密传输，避免被第三方窃取；为信息添加校验机制，避免被第三方破坏；配置身份证书，防止第三方伪装参与通信。

HTTPS（Hyper Text Transfer Protocol over Secure Socket Laye，安全超文本传输协议），HTTP 是应用层协议，TCP 是传输层协议，HTTPS 是在这两层之间添加一个安全套接层 SSL/TLS。HTTPS 可以理解成 HTTP 的安全版。

在介绍 HTTPS 的工作流程之前，先要了解一些名词。

- 对称加密：加密用的密钥和解密用的密钥是一样的。
- 非对称加密：加密用的密钥（公钥）和解密用的密钥（私钥）是不一样的，公钥加密过的数据只能通过私钥解开，私钥加密过的数据只能通过公钥解开。
- 公钥：公开的密钥，所有人都能查到。
- 私钥：非公开的密钥，一般由网站的管理员持有。
- 证书：网站的身份证，包含了很多信息，包括公钥。
- CA（证书颁发机构）：颁布证书的机构，可以颁发证书的 CA 很多，只有少数被认为是权威的 CA，浏览器才会信任。比如 12306 网站的 CA 证书，就是由中国铁道部自行签发的，而这个证书是不被 CA 机构信任的，在浏览器的左上角有一个感叹号，单击会弹出如图 3.1 所示的警告信息。所以，在 12306 网站的首页有如图 3.2 所示的提示，安装完根证书后就不会有这样的提示了。

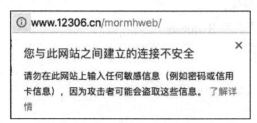

图 3.1　Chrome 警告信息

图 3.2　12306 网站下载根证书提示

另外，免费的 SSL 证书比较少，一般是收费的且功能越强大的证书费用越高。

3.1.2 HTTPS 的工作流程

HTTPS 方式客户端与服务器端通信的流程如图 3.3 所示。

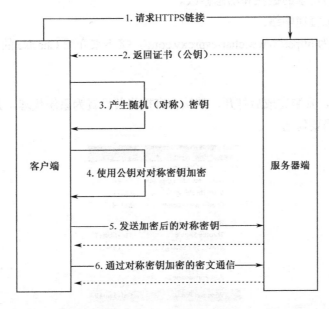

图 3.3　HTTPS 工作流程

流程详解如下：

（1）客户端使用 HTTPS 的 URL 访问服务器端，要求与服务器端建立 SSL 连接。

（2）服务器端接收到请求后，会给客户端传送一份网站的证书信息（证书中包含公钥）。

（3）客户端浏览器与服务器端开始协商 SSL 连接的安全等级，即信息加密的等级。

（4）客户端浏览器根据双方同意的安全等级，建立会话密钥，然后利用网站的公钥将会话密钥加密，并传送给服务器端。

（5）服务器端利用自己的私钥解密出会话密钥。

（6）服务器端利用会话密钥加密与客户端之间的通信。

最后还有一点要注意，并不是使用了 HTTPS 就绝对安全，它只是增加了中间人攻击的成本，但是它比没有任何加密的 HTTP 安全。另外，建议重要的数据要单独进行加密。

3.1.3　Charles 抓包

Charles 是一款常用的全平台抓包工具，其抓包原理是通过将软件本身设置为系统的网络代理服务器，从而让所有的网络请求都经过 Charles 代理。开发商可以利用 Charles 截取相关站点的网络数据包进行数据包分析。

Charles 是一款收费软件，有 30 天的免费试用体验，试用期过后，未付费还能继续使用，只是每次只能使用 30 分钟，然后需要重启软件。Charlse 的主要功能如下：

- 截取 HTTP 和 HTTPS 网络封包。
- 支持重发网络请求，用于请求调试。
- 支持修改网络请求参数。
- 支持网络请求的截获和动态修改。
- 支持模拟慢速网络。

Charlse 官网为 https://www.charlesproxy.com/，接下来介绍 Charlse 的具体使用方法。

1. 代理设置

下载 Charles，安装完成后打开，默认会直接将其设置为系统代理，如图 3.4 所示。如果没有设置的话需要勾选。

图 3.4　Charles 设置系统代理

可以看到陆续有网络请求出现在 Charles 界面中，但是有一点要注意，Chrome 浏览器默认不使用系统的代理服务器设置，所以在默认情况下无法抓取到 Chrome 浏览器的网络通信内容，可以在 Chrome 中设置使用系统的代理服务器，或者直接把系统的代理服务器设置为 127.0.0.1:8888。

其实完全可以用 Chrome 浏览器进行网页抓包，使用 Charles 是为了应付移动端抓包，抓包的前提是手机和电脑在同一个局域网里。另外，为了避免电脑端抓包的干扰，可以先把 Windows Proxy 关掉，接着在命令行输入 ipconfig 查看本机 IP，或者依次单击 Charles 的 Help→Local IP Address，如图 3.5 所示。

图 3.5　在 Charles 中查看本机 IP

接着在手机上点击 Wifi 设置代理，如图 3.6 所示，输入本机 IP 和端口 8888。

图 3.6　手动设置手机代理

如果手机连接成功了，随便打开一个要连接网络的 App，会出现如图 3.7 所示的对话框。

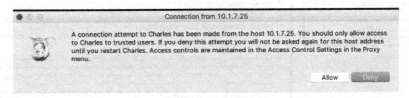

图 3.7　Charles 授权

单击 Allow 即可，如果想增删设备的话，依次点击设置→Access Control Settings，如图 3.8 所示。

图 3.8　在 Charles 中增删抓包设备

接着就能陆续看到 App 上的一些请求了。比如在手机上访问百度首页，可以看到陆续出现的请求，如图 3.9 所示。

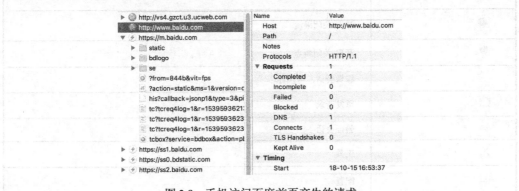

图 3.9　手机访问百度首页产生的请求

2. 界面简介

知道怎样查看请求后,接下来详细介绍 Charles 的使用,Charles 的界面分为如图 3.10 所示的几个区域。

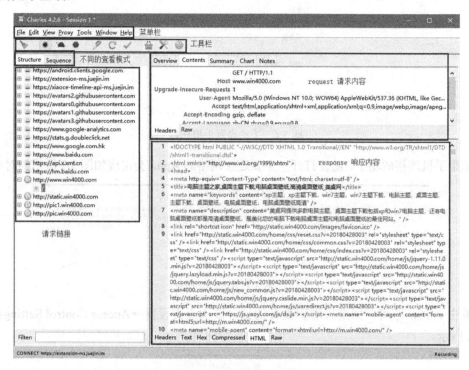

图 3.10 Charles 的界面

工具栏图标及其释义如表 3.1 所示。

表 3.1 工具栏图标及其释义

图 标	图 标 释 义
	清除会话
	开始/停止抓取会话
	开启/关闭限流
	开启/关闭断点
	编辑会话,可执行
	重发请求
	验证会话
	工具
	配置

3. 网络请求过滤

有时我们需要对网络请求进行过滤，使其只监控本机对特定站点发出的所有网络请求。可以在菜单栏中单击 Proxy→Recording Settings→Include→Add，打开如图 3.11 所示的界面，然后依次填入协议、主机地址、端口号，单击 OK 按钮，即可达到过滤的目的。或者在如图 3.12 所示的 Filter 中输入主机地址过滤。

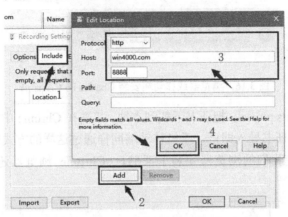

图 3.11　Charles 过滤特定站点

图 3.12　Charles Filter 过滤特定站点

4. HTTPS 抓包

在抓包时，有时会看到如图 3.13 所示的<unknown>。出现的原因是站点采用了 HTTPS，如果想分析 HTTPS 的数据包，需要安装 Charles 的 CA 证书。依次单击 Help→SSL Proxying→Install Charles Root Certificate，如图 3.14 所示。

图 3.13　Charles 直接抓取 HTTPS 站点

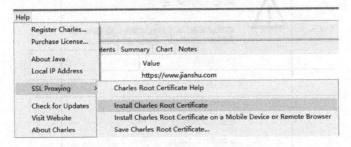

图 3.14　电脑安装 Charles CA 证书

安装后还需要手动开启拦截某个站点的 HTTPS 请求，如图 3.15 所示，开启 SSL 代理。

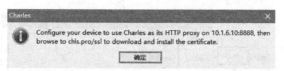

图 3.15 开启 SSL 代理

另外,浏览器也需要安装证书,单击 Help→SSL Proxying→Install Charles Root Certificate on a Mobile Device or Remote Browser,会弹出如图 3.16 所示的对话框。

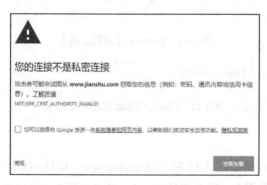

图 3.16 浏览器或移动端安装 Charles 的 CA 证书

用浏览器打开 chls.pro/ssl,把证书下载到本地,接着在 Chrome 中打开设置→高级→管理证书,然后把这个证书导入即可,手机移动端同样通过这样的方式安装证书。另外,有些网页打开后,即使我们的浏览器安装了证书,Chrome 浏览器还是会显示如图 3.17 所示的内容。

图 3.17 Chrome 警告

可以利用其他浏览器来规避此警告,比如 IE 浏览器会显示如图 3.18 所示的内容,但是可以通过单击"继续转到网页"来继续浏览。

5. 修改网络请求

单击选中想要修改的网络请求，然后单击 🖉 即可进行请求参数修改。

6. 网速模拟

Charles 提供了网速模拟功能，可以测试不同网络环境请求站点得到的响应情况，即依次单击 Proxy→Throttle Settings，勾选 Enable Throttling，然后在 Throttle preset 中选择网络类型，也可以自己配置。Charles 网速模拟设置界面如图 3.19 所示。

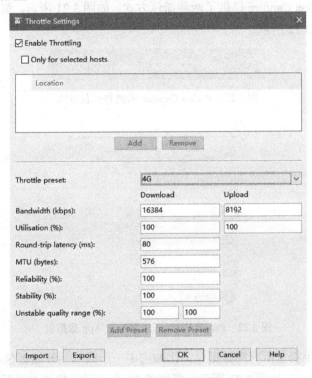

图 3.19　Charles 网速模拟设置界面

3.1.4　Packet Capture 抓包

使用 Charles 抓包比较简单，但是有一个缺点是：它要求手机和电脑要在同一个局域网内，而且每次抓包都要先查看本机 IP，然后在手机上配置代理，如果手机处于移动数据环境，Charles 则显得有些无能为力了。

这时可以使用 App 流量抓包工具来帮忙抓包。Packet Capture 可以捕获 Android 手机上的任何网络流量，其利用 Android 系统的 VPN Service 来完成网络请求的捕获，无须使用 root，并可以通过中间人技术抓取 HTTPS 请求，使用非常简单。其使用详解如下。

（1）安装 CA 证书：依次点击右上角，打开设置，点击安装证书，安装后如图 3.20 所示。

图 3.20 Packet Capture 安装 CA 证书

（2）抓包：Packet Capture 提供了两种抓包方式，如图 3.21 所示。第一个是抓取特定应用的数据包，如图 3.22 所示。

图 3.21 Packet Capture 的两种抓包方式

图 3.22 Packet Capture 抓取特定 App 数据包

第二个是抓取手机里所有的数据包，比如选中一个应用后开始抓包，然后打开 App，再打开 Packet Capture，如图 3.23 所示，抓取了 36 个会话。将其点开后可以看到如图 3.24 所示的会话列表。

图 3.23 抓取的会话

图 3.24 抓取的会话列表

单击其中一个打开，可以看到详细的会话请求信息，比如请求部分：
POST /zhongzi/v2.php/User/getUserInfo HTTP/1.1
Cookie: zz_token=4b216a8dd98a7f56d2da9efdfcabe171
Content-Type: application/x-www-form-urlencoded; charset=UTF-8
User-Agent: Dalvik/2.1.0 (Linux; U; Android 6.0.1; M2 E Build/MMB29U)
Host: api.idothing.com
Connection: Keep-Alive
Accept-Encoding: gzip
Content-Length: 16

user_id=2582211&

响应部分：
HTTP/1.1 200 OK
Server: Tengine
Content-Type: application/json; charset=utf-8
Content-Length: 804
Connection: keep-alive
Date: Tue, 14 Aug 2018 10:59:41 GMT
X-Powered-By: PHP/5.3.3
Set-Cookie: PHPSESSID=ttc30cittqmq8apq3jvveqosn3; expires=Tue, 23-Oct-2018 10:59:42 GMT; path=/
Expires: Thu, 19 Nov 1981 08:52:00 GMT
Cache-Control: no-store, no-cache, must-revalidate, post-check=0, pre-check=0
Pragma: no-cache
Via: cache8.l2eu6-1[113,0], kunlun7.cn225[141,0]
Timing-Allow-Origin: *
EagleId: 7169f50715342443811574872e

```
{
  "data": {
    "user": {
      "tel_account": "13798983314",
      "tel_password": "beffa765bed3e226636c2752df51f794",
      "nickname": "逆流而上的鱼",
      "id": 2582211,
      "avatar_small": "http://image.idothing.com/group1/M00/B3/6B/i4FjalZyFJmANfHxAAC2PmBNbm0028.jpg",
      "avatar_big": "http://image.idothing.com/group1/M00/B3/6B/i4FjalZyFJmANfHxAAC2PmBNbm0028.jpg",
      "account_type": 4,
      "register_time": 1499739037,
      "signature": "一切，源于喜欢。",
      "gender": 1,
      "status": 1,
      "birthday": 0,
```

```
            "account": "7882582211924",
            "device": "AsfT8r-ySWuDbim7CT0vT9WjZh24BtM7OnfuV_RMs-YQ",
            "isHx": 1,
            "relation_with_me": -1,
            "fans_count": "0",
            "friends_count": "2",
            "realname": "",
            "emotion": 0,
            "city": "",
            "high_school": 0,
            "univ": "",
            "school_level": 0,
            "yx_token": ""
        }
    },
    "info": "获取用户信息成功",
    "status": 0
}
```

如果想把请求信息保存成文件，可以单击右上角的下载图标，会出现如图 3.25 所示的保存界面。

如果想单独复制或保存请求和响应，可以单击右上角，会出现如图 3.26 所示的操作界面。

图 3.25　保存请求信息　　　　　　　图 3.26　复制或保存请求和响应

如果想删除某次抓包记录，手指向左或向右滑动一下即可。

3.2　Requests HTTP 请求库

Python 自带的 urllib 网络请求库基本可满足我们的需要，但是在实际开发过程中使用起来还是有些烦琐，表现在以下几个方面：

- 发送 GET 和 POST 请求。
- Cookie 处理。
- 设置代理。

urllib 默认不支持压缩，要返回压缩格式，必须在请求头里写明 accept- encoding，然后在获取返回数据时，它以响应头里是否有 accept-encoding 来判断是否需要解码。当然也可以对 urllib 进行一些常用的封装，以规避此类问题。而更多时候，我们会选择使用 Requests 库来模拟请求。

3.2.1 Requests 库简介

Requests 库基于 urllib 库，是采用 Apache2 Licensed 开源协议的 HTTP 库，更加简单且功能强大。该库支持如下功能。

- International Domains and URLs：国际化域名和 URL。
- Keep-Alive & Connection Pooling：Keep-Alive & 连接池。
- Sessions with Cookie Persistence：带持久 Cookie 的会话。
- Browser-style SSL Verification：浏览器式的 SSL 认证。
- Basic/Digest Authentication：基本/摘要式的身份认证。
- Elegant Key/Value Cookies：简洁的 Key/Value Cookie。
- Automatic Decompression：自动解压。
- Automatic Content Decoding：自动内容解码。
- Unicode Response Bodies：Unicode 响应体。
- Multipart File Uploads：文件分块上传。
- HTTP(S) Proxy Support：HTTP(S)代理支持。
- Connection Timeouts：连接超时。
- Streaming Downloads：流下载。
- .netrc Support：支持.netrc。
- Chunked Requests：Chunked 请求。

其官方仓库为 https://github.com/requests/requests/，官方文档为 http://www.python-requests.org/en/master/。直接通过 pip 安装库即可：

```
pip install requests
```

3.2.2 Requests HTTP 基本请求

Requests 支持各种请求方式：GET、POST、PUT、DELETE、HEAD、OPTION。使用代码示例如下：

```
r1 = requests.get("http://xxx", params={"x": 1, "y": 2})
r2 = requests.post("http://xxx", data={"x": 1, "y": 2})
r3 = requests.put("http://xxx")
r4 = requests.delete("http://xxx")
r5 = requests.head("http://xxx")
r6 = requests.options("http://xxx")
```

注意事项：

- URL 链接里有中文时会自动转码。

- 使用 post 时，如果传递的是一个 str 而不是一个 dict，则会直接发送出去（如 JSON 字符串）。
- 2.4.2 版新增：可以通过 json 参数传递 dict，会自动把 dict 转换为 JSON 字符串。
- post 可以通过 file 参数上传文件，如 post(url, files={'file': open('report.xls', 'rb')})。

3.2.3 Requests 请求常用设置

Requests 请求的相关设置如下：
设置请求头：headers={'xxx':'yyy'}
代理：proxies={'https':'xxx'}
超时(单位秒)：timeout=15

3.2.4 Requests 处理返回结果

Requests 请求会返回一个 requests.models.Response 对象，可以通过调用表 3.2 中的字段获取响应信息。

表 3.2 可获取响应信息的相关字段

字 段	描 述
status_code	获取状态码
reason	状态信息
url	获取请求的 URL
content	获取 byte 类型的返回结果，相当于 urllib.urlopen().read
raw	获得原始的返回结果，请求里需要设置 stream=True
text	获取 str 类型的返回结果，会自动根据响应头部的字符编码进行解码；可以调用 r.encoding 获得编码方式，或者在调用 text 之前先用 r.encoding='编码'来设置编码类型，text 就会按照对应的编码进行解析
json	解析序列化为 JSON 格式的数据，可以直接通过['xxx']获取数据。如果解析错误，则会抛出异常：ValueError: No JSON object could be decoded

除此之外，还可以使用 headers 获得响应头，代码示例如下：
```
r = requests.get('http://gank.io/api/data/Android/50/1')
# 直接根据键获得值
print(r.headers.get('Date'))
# 遍历获得请求头里所有键值
for key, value in r.headers.items():
    print(key + " : " + value)
```

如果想获取请求头信息，可以调用 r.request.headers。除此之外，还可调用 raise_for_status()，当响应码不是 200 时，会抛出 HTTPError 异常，可用于响应码校验。另外，由 Requests 发起的请求，当相应内容经过 gzip 或 deflate 压缩时，Requests 会自动解包，可以通过 content 获得 byte 方式的响应结果。

3.2.5 Requests 处理 Cookie

通过 r.cookies 即可获得 RequestsCookieJar 对象，其行为与字典类似；如果想带着 Cookies 去访问，可以在请求里添加 cookies={'xxx':'yyy'} 参数；也可以通过 requests.cookies. RequestsCookieJar() 调用 set 方法进行构造，比如：

```
jar.set('gross_cookie', 'blech', domain='httpbin.org', path='/elsewhere')

# 遍历cookies：
for c in r.cookies:
    print(c.name + ":" + c.value)
```

CookieJar 与字典间互转的代码示例如下：

```
# 字典 -> CookieJar
cookies = requests.utils.cookiejar_from_dict(cookie_dict, cookiejar=None, overwrite=True)

# CookieJar-> 字典
cookies = requests.utils.dict_from_cookiejar(r.cookies)
```

3.2.6 Requests 重定向与请求历史

除了 HEAD 请求，Requests 会自动处理所有重定向，可以在执行请求时使用 allow_redirects=False 禁止重定向，也可以使用响应对象的 history 属性来追踪请求历史。该属性是一个 Response 对象的列表，该对象列表按照请求时间的先后顺序进行排序。

3.2.7 Requests 错误与异常处理

使用 Requests 的常见异常如下：
- 遇到网络问题，会抛出 requests.ConnectionError 异常。
- 请求超时，会抛出 requests.Timeout 异常。
- 请求超过了设定的最大重定向次数，会抛出 requests.TooManyRedirects 异常。
- HTTP 错误，会抛出 requests.HTTPError 异常。
- URL 缺失，会抛出 requests.URLRequired 异常。
- 连接远程服务器超时，会抛出 requests.ConnectTimeout 异常。

另外，Requests 显式抛出的异常都继承自 requests.exceptions.RequestException。

3.2.8 Requests Session 会话对象

用于跨请求保持一些参数，最常见的就是保留 Cookies，Session 对象还提供了 Cookies 持久化和连接池功能。Session 使用代码示例如下：

```
s = request.Session() # 建立会话
s.post('http://xxx.login',data={'xx':'xx'}) # 登录网址
```

```
s.get('http://xxx.user') # 登录后才能访问的网址
s.close() # 关闭会话
```

3.2.9 Requests SSL 证书验证

现在大部分站点都采用 HTTPS，不可避免会涉及证书问题。如果遇到 12306 这种自发 CA 证书的站点，会抛出 requests.exception.SSLError 异常。可以添加参数 verify=False，但是设置后还是会有下面这样的提示：

InsecureRequestWarning: Unverified HTTPS request is being made. Adding certificate verification is strongly advised. See: https://urllib3.readthedocs.io/en/latest/advanced-usage.html#ssl-warnings InsecureRequestWarning)

此时还需要添加 urllib3.disable_warnings()，也可以通过 cert 参数放入证书路径。代码示例如下：

```
import requests
# 忽略证书
from requests.packages import urllib3
urllib3.disable_warnings()
resp = requests.get("https://www.12306.cn",verify=False)
print(response.status_code)
# 设置本地证书
resp = requests.get('https://www.12306.cn', cert=('**.crt', '**.key'))
```

以上就是 Requests 库的常见用法，如果想了解更多内容，可以到官方文档中自行查阅，下面我们通过一个实战例子来帮大家巩固 Requests 库的使用。

3.3 实战：爬取微信文章中的图片、音频和视频

有时我们可能需要采集微信公众号里的图片，一般的操作可能是手机点开图片，然后保存。如果图片少还可以这么做，图片多的话就显得有些烦琐，而且有时候我们可能还要采集文章中的音视频，直接用手机操作显然是无法完成的。本节我们利用刚学到的 Requests 库编写一个爬虫脚本来简化我们的工作，只需要复制粘贴公众号链接，就可以自动完成相关资源的爬取。

3.3.1 爬取标题

打开一篇微信文章，如 https://mp.weixin.qq.com/s/JHioeDcopm-98R5lGVemqw，分析页面结构，首先我们要用一个文章标题作为文件夹的文件名。按 F12 键打开开发者工具，按 Ctrl+F 组合键查找标题，可以看到如下页面节点：

```
<h2 class="rich_media_title" id="activity-name">
                2018 年终回归，6 分钟浓缩 4 年时光
</h2>
```

我们要做的就是获得这个节点，然后获得节点文本，去掉左右多余的空格，编写下面这样的代码：

```
import requests
from lxml import etree

test_url = 'https://mp.weixin.qq.com/s/4oLnJvfGCZneoErkrh0sHw'
headers = {
    'Host': 'mp.weixin.qq.com',
    'User-Agent': 'Mozilla/5.0 (Macintosh; Intel Mac OS X 10_13_6) AppleWebKit/537.36 '
                  '(KHTML, like Gecko) Chrome/67.0.3396.99 Safari/537.36'
}

if __name__ == '__main__':
    resp = requests.get(url=test_url, headers=headers).text
    html = etree.HTML(resp)
    h2 = html.xpath("//h2[@class='rich_media_title']/text()")
    print(h2[0].strip())
```

代码执行结果如下：

diss会停，skr你未必听得明

3.3.2 爬取图片

成功拿到标题后，接下来获取图片，找到网页中的一张图片，查看对应的节点代码：
`<img data-copyright="0" data-s="300,640" data-src="https://mmbiz.qpic.cn/mmbiz_jpg/NABMxhzNpHmBGic739hianMP0E8tdohibpJ6icAROLQqq4ghBo1oP3mAwSLVibJ4FgP7bAQNI1HmOQ2L23rzEOTGI1A/640?wx_fmt=jpeg" data-type="jpeg" style="width: 802px !important; height: auto !important; visibility: visible !important;" class="" data-ratio="0.562037037037037" data-w="1080" _width="802px" src="https://mmbiz.qpic.cn/mmbiz_jpg/NABMxhzNpHmBGic739hianMP0E8tdohibpJ6icAROLQqq4ghBo1oP3mAwSLVibJ4FgP7bAQNI1HmOQ2L23rzEOTGI1A/640?wx_fmt=jpeg&tp=webp&wxfrom=5&wx_lazy=1" data-fail="0">`

图片对应的节点为 img，图片链接属性为 data-src，我们只要编写代码遍历这样的节点，获得图片链接，然后下载保存即可，对应部分代码如下：

```
# 解析下载图片
def get_pic(content):
    img_list = content.xpath("//img/@data-src")
    for img in img_list:
        download_pic(img)


# 下载图片的方法
def download_pic(url):
    print("下载图片：" + url)
    try:
        pic_name = url.split("/")[-2]
        fmt = url.split('=')[-1]    # 图片格式
```

```
        img_resp = requests.get(url).content
        with open(pic_name + "." + fmt, "wb+") as f:
            f.write(img_resp)
    except Exception as reason:
        print(str(reason))
```

代码执行结果如图 3.27 所示。

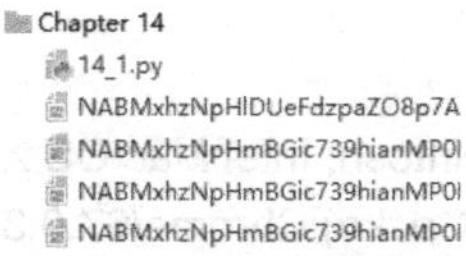

图 3.27 图片下载成功

3.3.3 爬取音频

图片下载成功，接着就到音频了，这篇公众号文章中没有音频，我们换一篇文章，链接为 https://mp.weixin.qq.com/s/JHioeDcopm-98R5lGVemqw，我们定位页面元素对应的节点如下：

```
<mpvoice frameborder="0" class="" src="/cgi-bin/readtemplate?t=tmpl/audio_tmpl&amp;name=%E6%84%BF%E6%88%91%E4%BB%AC%E5%90%84%E8%87%AA%E5%AE%89%E5%A5%BD%EF%BC%8C%E4%B8%8D%E5%86%8D%E6%89%93%E6%89%B0&amp;play_length=11:54"  isaac2="1"  low_size="1339.09"  source_size="1331.2"  high_size="5588"  name="愿我们各自安好，不再打扰"  play_length="714000"  voice_encode_fileid="MzA4MzE0NjE3Ml8yNjU1NDgxOTU3"></mpvoice>
```

试着打开 src 的链接，发现页面打不开，页面是使用 JS 进行渲染的，以我们的能力是没办法破解这种 JS 的，有没有什么取巧的方法呢？我们利用上面的移动端抓包工具 Packet Capture 抓取微信的网络包，打开文章，然后开始抓包，点击语音播放，开始播放后停止抓包，部分请求记录如图 3.28 所示。

图 3.28 微信抓包记录

可以看出图 3.28 所示的文件应该就是我们想捕获的音频，单击这个会话查看具体的请求过程，请求部分的内容如下：

```
GET /voice/getvoice?mediaid=MzA4MzE0NjE3Ml8yNjU1NDgxOTU3&voice_type=1 HTTP/1.1
Cookie: qqmusic_fromtag=97;qqmusic_uin=1234567;qqmusic_key=;
referer: stream12.qqmusic.qq.com
Accept-Encoding:
User-Agent: Dalvik/2.1.0 (Linux; U; Android 6.0.1; M2 E Build/MMB29U)
Host: res.wx.qq.com
Connection: Keep-Alive
```

响应部分的内容如下：

```
HTTP/1.1 200 OK
Server: NWS_SSD_MID
Connection: keep-alive
Date: Wed, 15 Aug 2018 01:55:04 GMT
Cache-Control: max-age=600
Expires: Wed, 15 Aug 2018 02:05:04 GMT
Last-Modified: Thu, 01 Feb 2018 12:55:07 GMT
Content-Type: audio/mp4
Content-Length: 2924032
X-Verify-Code: f11e0ab6121a5eaedc22983f6b282264
X-NWS-UUID-VERIFY: 94e9b51b00f2c675a64d2f46ef62f78c
X-NWS-LOG-UUID: 311d68b1-776f-4c08-ab0a-11c6a5c099e3 f4775dcd310710e2b1d9be1
40266145d
X-Cache-Lookup: Hit From Upstream
X-Cache-Lookup: Hit From Disktank3
X-Daa-Tunnel: hop_count=1
X-Cache-Lookup: Hit From Upstream
...
```

这里可以把请求的链接复制到浏览器中打开，https://res.wx.qq.com/voice/getvoice?mediaid=MzA4MzE0NjE3Ml8yNjU1NDgxOTU3&voice_type=1，看能否正常打开，如图 3.29 所示，音频可以正常播放。

图 3.29 音频可播放

接下来我们来看 URL 的构成规则，不难发现 mediaid 属性，在 mpvoice 节点里也有这个属性，所以我们要做的事情就是提取标签中的 voice_encode_fileid，然后保存为一个 MP3 文件。部分代码如下：

```
import time

# 测试文章的URL
test_url = 'https://mp.weixin.qq.com/s/JHioeDcopm-98R5IGVemqw'
```

```python
# 语音获取的URL
music_res_url = 'http://res.wx.qq.com/voice/getvoice'

# 解析获得音频id
def get_sound_id(content):
    sound_list = content.xpath("//mpvoice/@voice_encode_fileid")
    for sound in sound_list:
        download_sound(sound)

# 下载音频的方法
def download_sound(file_id):
    try:
        sound_resp = requests.get(music_res_url, params={'mediaid': file_id, 'voice_type': '1'})
        if sound_resp is not None:
            music_name = str(int(time.time())) + '.mp3'   # 使用当前时间戳作为音频名称
            print("开始下载音频:" + sound_resp.url)
            with open(music_name, "wb+") as f:
                f.write(sound_resp.content)
                print("音频下载完成:" + music_name)
    except Exception as reason:
        print(str(reason))

if __name__ == '__main__':
    resp = requests.get(url=test_url, headers=headers).text
    html = etree.HTML(resp)
    get_sound_id(html)
```

代码执行结果如下：

开始下载音频: http://res.wx.qq.com/voice/getvoice?mediaid =MzA4MzE0NjE3Ml8yNjU1NDgxOTU3&voice_type=1
音频下载完成:1534299801.mp3

3.3.4 爬取视频

音频抓取完，接下来介绍爬取视频，定位视频位置节点标签内容如下：
`<iframe frameborder="0" width="542" height="304.875" allow="autoplay; fullscreen" allowfullscreen="true" src="//v.qq.com/txp/iframe/player.html?origin=https%3A%2F%2Fmp.weixin.qq.com&amp;vid=j0741905dir&amp;autoplay=false&amp;full=true&amp;show1080p=false"></iframe>`

试着打开链接： http://v.qq.com/txp/iframe/player.html?origin=https%3A%2F%2Fmp.weixin.qq.com&vid=j0741905dir&autoplay=false&full=true&show1080p=false，跳转到如图3.30所示的界面。

图 3.30 腾讯视频界面

右键单击并没有找到"另存为"选项，试试手机抓包，抓包后的请求如下：
GET /uwMRJfz-r5jAYaQXGdGnC2_ppdhgmrDlPaRvaV7F2lc/j0741905dir.mp4?vkey=C988B
D24D950C1B4DE9EE80E2DF63379ADCE99C1A5DF15128E837318913661A04CE7AEA0
AB3A50616C0DEFA380824FD04ADAFC7304E4B00A5DA99F45A5F1540486274B49C3E6
BB7EECB798DD7083299DC0168F53B75DD609A90A4553648BCEE9BE647DAF75DF7E
A6&sdtfrom=v5060&type=mp4&platform=60301&fmt=mp4&level=0&br=61&sp=0 HTTP/1.1
Referer:
http://mp.weixin.qq.com/mp/videoplayer?video_h=184.5&video_w=328&scene=&random_n
um=5677&article_title=diss%E4%BC%9A%E5%81%9C%EF%BC%8Cskr%E4%BD%A0%E
6%9C%AA%E5%BF%85%E5%90%AC%E5%BE%97%E6%98%8E&source=4&vid=j07419
05dir&mid=2654696069&idx=1&__biz=MzA5NDQ3NTkwNQ==&nodetailbar=0&uin=777&ke
y=777&pass_ticket=MpsT34PkuWsL8Tl%252FM5xr4BqLte%252BAy4JDpjoQH4YA8wCbL
QM9stCWMm91upVf4TxB&version=/mmbizwap/zh_CN/htmledition/js/appmsg/index3faa35.j
s&devicetype=android-23&wxtoken=777&__testd=mp.weixin.qq.com&__td=mp.weixin.qq.com
User-Agent: Mozilla/5.0 (Linux; Android 6.0.1; M2 E Build/MMB29U; wv) AppleWebKit/537.
36 (KHTML, like Gecko) Version/4.0 Chrome/57.0.2987.132 MQQBrowser/6.2 TBS/ 044204
Mobile Safari/537.36 MicroMessenger/6.6.7.1321 (0x26060736) NetType/WIFI Language/
zh_CN
Accept: */*
Accept-Encoding: identity
Range: bytes=0-
Apn-Type: 1-0
Host: ugclx.video.gtimg.com
Connection: Keep-Alive

我们拼接请求里的链接：
http://ugclx.video.gtimg.com/uwMRJfz-r5jAYaQXGdGnC2_ppdhgmrDlPaRvaV7F2lc/j07419
05dir.mp4?vkey=C988BD24D950C1B4DE9EE80E2DF63379ADCE99C1A5DF15128E8373
18913661A04CE7AEA0AB3A50616C0DEFA380824FD04ADAFC7304E4B00A5DA99F45A
5F1540486274B49C3E6BB7EECB798DD7083299DC0168F53B75DD609A90A4553648BC
EE9BE647DAF75DF7EA6&sdtfrom=v5060&type=mp4&platform=60301&fmt=mp4&level=0
&br=61&sp=0

可以正常打开链接，我们能从网页中获取的信息为j0741905dir，然后试着替换成另一个视频——v0733ztsy6z，请求后的结果如图 3.31 所示。

405 Not Allowed

nginx

图 3.31 请求后的结果

猜测后面的 vkey 是一串按照一定规律加密的字符串，我们有没有其他方式来获取视频的下载地址呢？答案是肯定的，可以利用第三方的视频链接获取网站，如 http://v.ranks.xin/，只需要把短视频的链接复制粘贴到这个网站，即可生成一个视频的下载链接，如图 3.32 所示。

图 3.32 视频下载站点

接着抓包，单击"解析视频"后查看执行了什么请求，查看请求中是否能得到视频的下载链接。过滤后看到如下所示的请求信息：

RequestURL:http://v.ranks.xin/video-parse.php?url=https%3A%2F%2Fv.qq.com%2Ftxp%2Fiframe%2Fplayer.html%3Forigin%3Dhttps%253A%252F%252Fmp.weixin.qq.com%26vid%3Dj0741905dir%26autoplay%3Dfalse%26full%3Dtrue%26show1080p%3Dfalse

Host: v.ranks.xin
Referer: http://v.ranks.xin/
User-Agent: Mozilla/5.0 (Windows NT 10.0; WOW64) AppleWebKit/537.36 (KHTML, like Gecko) Chrome/69.0.3486.0 Safari/537.36
X-Requested-With: XMLHttpRequest

请求的响应结果：

{"code":0,"msg":"221ms","data":[{"name":"高清","type":"standard","url": "http:VV61.240.152.23Vom.tc.qq.comVAkUPvBHDlgvl1wUblIA7yA5Y9fNp3ud7xBkleG7I1AgcVj0741905dir.mp4?vkey=1ADBDC4D332917FD114DF1F7FF0CAF7D837AAC78A33082B24A5D4C3D315A1

731ED0079E32E156AFEB0A6CC6313366031660CAB092E2E44B97D2E58A5D7067605E
FE9C8F4268D3ABA59AC17AE481AFC7E0D2425D9B1F7D33A40A982A0B7494A6CCBD
191B016E9AE95"}]}

复制响应结果中 url 字段中的链接并打开，发现就是我们想要的视频地址。综上所述，我们要做的事情就是：获取 iframe 节点的 src 中的链接，拿着这个链接去请求上述接口，得出响应结果后获取 url 字段中的链接，把视频下载到本地即可。部分代码如下：

```python
# 视频获取的接口URL
video_parse_url = 'http://v.ranks.xin/video-parse.php'

# 视频获取接口的请求头
video_parse_headers = {
    'User-Agent': 'Mozilla/5.0 (Windows NT 10.0; WOW64) AppleWebKit/537.36 (KHTML, like Gecko)',
    'Host': 'v.ranks.xin',
    'Referer': 'http://v.ranks.xin/',
    'X-Requested-With': 'XMLHttpRequest'
}

# 解析获得视频链接
def get_video_url(content):
    video_list = content.xpath("//iframe/@data-src")
    for video in video_list:
        download_video(video)

# 下载视频的方法
def download_video(url):
    print("开始解析视频链接： " + url)
    video_resp = requests.get(video_parse_url, headers=video_parse_headers, params={'url': url})
    if video_resp is not None:
        video_url = video_resp.json()['data'][0]['url']
        print("解析完成，开始下载视频:" + video_url)
        try:
            video_name = str(int(time.time())) + '.mp4'   # 使用当前时间戳作为视频名称
            video_resp = requests.get(video_url).content
            if video_resp is not None:
                with open(video_name, "wb+") as f:
                    f.write(video_resp)
                    print("视频下载完成:" + video_name)
        except Exception as reason:
            print(str(reason))

if __name__ == '__main__':
    resp = requests.get(url=test_url, headers=headers).text
    print(resp)
```

```
        html = etree.HTML(resp)
        get_video_url(html)
```

代码执行结果如下:

开始解析视频链接: https://v.qq.com/iframe/preview.html? vid=j0741905dir&width=500&height=375&auto=0
解析完成,开始下载视频:http://111.202.98.154/om.tc.qq.com/ AB5IEcRuw0atLej42-UAmEByHEHOT9W_VPKy38Lu7vSo/j0741905dir.mp4?vkey=C80F1CFE44B058990BC30F68C52F998FF499A3B68CC281D6CD18614DB2CA08158705551EEF14073C2B384DFE8A8F5C09C3CEB591D5D93C8B722816B5C17C2654B28B496EE68B9C3D3CFBA2D16CBC544C2290450CC1F592CFA4871893F1CD778F605B4580609E8A3F
视频下载完成:1534305481.mp4

3.3.5 代码整理

最后整理存储的文件路径,把所有文件存储到同一个文件夹里,改成用户只需要粘贴微信公众号文章链接,回车即可完成相关资源下载,输入 Q 退出,整合后的完整代码如下:

```
"""
Requests抓取微信公众号文章中的图片、音视频
"""
import requests
from lxml import etree
import time
import os

# 资源的保存文件夹
save_dir = os.path.join(os.getcwd(), 'tmp')
# 测试文章的URL
test_url = 'https://mp.weixin.qq.com/s/4oLnJvfGCZneoErkrh0sHw'
# 语音获取的URL
music_res_url = 'http://res.wx.qq.com/voice/getvoice'
# 视频获取的接口URL
video_parse_url = 'http://v.ranks.xin/video-parse.php'

# 微信公众号文章请求头
headers = {
    'Host': 'mp.weixin.qq.com',
    'User-Agent': 'Mozilla/5.0 (Macintosh; Intel Mac OS X 10_13_6) AppleWebKit/537.36 '
                  '(KHTML, like Gecko) Chrome/67.0.3396.99 Safari/537.36'
}

# 视频获取接口的请求头
video_parse_headers = {
    'User-Agent': 'Mozilla/5.0 (Windows NT 10.0; WOW64) AppleWebKit/537.36 (KHTML, like Gecko)',
    'Host': 'v.ranks.xin',
```

```python
    'Referer': 'http://v.ranks.xin/',
    'X-Requested-With': 'XMLHttpRequest'
}

# 获取标题
def get_title(content):
    return content.xpath("//h2[@class='rich_media_title']/text()")[0].strip()

# 解析下载图片
def get_pic(content, path):
    img_list = content.xpath("//img/@data-src")
    for img in img_list:
        download_pic(img, path)

# 解析获得音频
def get_sound(content, path):
    sound_list = content.xpath("//mpvoice/@voice_encode_fileid")
    for sound in sound_list:
        download_sound(sound, path)

# 解析获得视频
def get_video(content, path):
    video_list = content.xpath("//iframe/@data-src")
    for video in video_list:
        download_video(video, path)

# 下载图片的方法
def download_pic(url, path):
    print("下载图片：" + url)
    try:
        pic_name = str(int(time.time()))   # 使用当前时间戳作为图片名称
        fmt = url.split('=')[-1]   # 图片格式
        img_resp = requests.get(url).content
        with open(path + pic_name + "." + fmt, "wb+") as f:
            f.write(img_resp)
    except Exception as reason:
        print(str(reason))

# 下载音频的方法
def download_sound(file_id, path):
    try:
        sound_resp = requests.get(music_res_url, params={'mediaid': file_id, 'voice_type': '1'})
        if sound_resp is not None:
            music_name = str(int(time.time())) + '.mp3'   # 使用当前时间戳作为音频名称
            print("开始下载音频: " + sound_resp.url)
```

```python
            with open(path + music_name, "wb+") as f:
                f.write(sound_resp.content)
                print("音频下载完成:" + music_name)
    except Exception as reason:
        print(str(reason))


# 下载视频的方法
def download_video(url, path):
    print("开始解析视频链接：" + url)
    video_resp = requests.get(video_parse_url, headers=video_parse_headers, params={'url': url})
    if video_resp is not None:
        video_url = video_resp.json()['data'][0]['url']
        print("解析完成，开始下载视频:" + video_url)
        try:
            video_name = str(int(time.time())) + '.mp4'   # 使用当前时间戳作为视频名称
            video_resp = requests.get(video_url).content
            if video_resp is not None:
                with open(path + video_name, "wb+") as f:
                    f.write(video_resp)
                    print("视频下载完成:" + video_name)
        except Exception as reason:
            print(str(reason))


if __name__ == '__main__':
    while True:
        print("请输入要抓取的微信文章链接：(输入Q回车或按Ctrl+C组合键可以退出～)")
        input_url = input()
        if input_url == 'Q':
            exit()
        else:
            resp = requests.get(url=input_url.strip(), headers=headers).text
            html = etree.HTML(resp)
            title = get_title(html)
            res_save_dir = os.path.join(save_dir, title)
            if not os.path.exists(res_save_dir):
                os.makedirs(res_save_dir)
            get_pic(html, res_save_dir)
            get_sound(html, res_save_dir)
            get_video(html, res_save_dir)
            print("所有资源下载完成！")
```

代码执行结果如下：

请输入要抓取的微信文章链接：(输入Q回车或按Ctrl+C组合键可以退出～)
https://mp.weixin.qq.com/s/JHioeDcopm-98R5lGVemqw
下载图片：https://mmbiz.qpic.cn/mmbiz_jpg/
TsomEQAKP4ezzbMTkM3SuEKxRxq4X3Ju8MOYczRicQhAbZSNiaOYgh0aTSnxwgFjJnmk

OmQc5NMGEFQhSOKy5wWw/640?wx_fmt=jpeg
下载图片：
https://mmbiz.qpic.cn/mmbiz/IeIEJrL4t8flMqhakJQXAeFiaM75J0316OxLQr66LXurRvznPWi
aR8SNiaqnYWqTYfuEhkernhpUt06feXIswnALg/640?wx_fmt=gif
下载图片：
https://mmbiz.qpic.cn/mmbiz_jpg/TsomEQAKP4ezzbMTkM3SuEKxRxq4X3JuaxwykOiaibQ
DgNHQfAfd6cV09Ujeib537AaD1rnALliaMzTPbJuFHYh5mw/640?wx_fmt=jpeg
下载图片：
https://mmbiz.qpic.cn/mmbiz_jpg/TsomEQAKP4ezzbMTkM3SuEKxRxq4X3JuUMVwRicd41f
sc0HDSwMAEIfmHVqH9etROKkHjc2eHJcsGekuia8ic9Kdg/640?wx_fmt=jpeg
下载图片：
https://mmbiz.qpic.cn/mmbiz_jpg/TsomEQAKP4ezzbMTkM3SuEKxRxq4X3Ju7ehYfuuwQnf
FAFd5TKn1mzEWttnxyyC1UXiaYKKFVoDvn8UmSGL242g/640?wx_fmt=jpeg
下载图片：
https://mmbiz.qpic.cn/mmbiz_jpg/TsomEQAKP4ezzbMTkM3SuEKxRxq4X3JuW4Ie44kZbic
wicTl5xPEkxZO5uic4GaWOb6UTtkJbmmjnEb1ZYMkUCmcA/640?wx_fmt=jpeg
下载图片：
https://mmbiz.qpic.cn/mmbiz_jpg/TsomEQAKP4dAxqNDAdeLMK2n4sU1AvHgBjt5sKWy6yc
ZOcGx2hGv4WibnXt0XhhQ691THQfy5DoUFeFjSCLd8KA/640?wx_fmt=jpeg
开始下载音频：
http://res.wx.qq.com/voice/getvoice?mediaid=MzA4MzE0NjE3Ml8yNjU1NDgxOTU3&voice_type=1
音频下载完成:1534307363.mp3
所有资源下载完成！

3.4 Beautiful Soup 解析库

前面我们解析网络都是通过 lxml 库来完成的，下面来学习功能强大的解析库——Beautiful Soup。

3.4.1 Beautiful Soup 简介

Beautiful Soup 是一个用于解析 HTML 和 XML 结构文档的功能强大的 Python 库。官方文档为 https://www.crummy.com/software/BeautifulSoup/bs4/doc.zh/，库的安装也很简单，通过 pip 安装即可：

    pip install beautifulsoup4

3.4.2 Beautiful Soup 对象实例化

Beautiful Soup 的使用非常简单，直接把 HTML 作为 Beautiful Soup 对象的参数，可以是请求后的网站，也可以是本地的 HTML 文件，第二个参数是指定解析器，可供选择的解析器如表 3.3 所示。

表 3.3 Beautiful Soup 支持的解析器

解析器	使用方法	优势	劣势
Python 标准库	BeautifulSoup(markup, "html.parser")	Python 的内置标准库，执行速度适中，文档容错能力强	Python 2.7.3 及 Python 3.2.2 前的版本，文档容错能力差
lxml HTML 解析器	BeautifulSoup(markup, "lxml")	速度快，文档容错能力强	需要安装 C 语言库
lxml XML 解析器	BeautifulSoup(markup,["lxml","xml"]) BeautifulSoup(markup, "xml")	速度快，唯一支持 XML 的解析器	需要安装 C 语言库
html5lib	BeautifulSoup(markup, "html5lib")	拥有最好的容错性，以浏览器的方式解析文档，生成 HTML 5 格式的文档	速度慢，不依赖外部扩展

实例化代码示例如下（还可以调用 prettify()方法格式化输出 HTML）：
```
# 网站
soup = BeautifulSoup(resp.read(), 'html.parser')

# 本地
soup = BeautifulSoup(open('index.html'), 'lxml')
```

3.4.3 Beautiful Soup 的四大对象

1. Tag（标签）

如果查找的标签是在所有内容中第一个符合要求的标签，比较常用的两个属性如下。

- tag.name：获得标签的名称。
- tag.attrs：获取标签内的所有属性，返回一个字典，可以根据键取值，也可以直接调用 get('xxx')获到属性。还有一个方法是根据标签层级的形式查找到标签，如 soup.body.div.div.a 就是绝对定位，实用性不高。

2. NavigableString（内部文字）

如果想获取标签的内部文字，可直接调用.string。

3. BeautifulSoup（文档的全部内容）

可以把它当作一个 Tag 对象，只是可以分别获取它的类型、名称，具有一级属性。

4. Comment（特殊的 NavigableString）

这种对象调用.string 来输出内容，会把注释符号去掉，直接把注释里的内容打印出来，需要加以判断，示例如下：
```
if type(soup.a.string)==bs4.element.Comment:
    print soup.a.string
```

3.4.4 Beautiful Soup 的各种节点

当目标节点不好定位时，我们可以找到目标节点附近的节点，然后顺藤摸瓜找到目标节点。可以通过下述字段获取附近节点。

1. 子节点与子孙节点

- contents：把标签下的所有子标签存入列表，返回列表。
- children：和 contents 一样，但是返回的不是一个列表，而是一个迭代器，只能通过循环的方式获取信息，类型是 list_iterator，仅包含 tag 的直接子节点，如果想找出子孙节点，可以使用 descendants，会把所有节点都剥离出来，生成一个生成器对象<class 'generator'>。

2. 父节点与祖先节点

- parent：返回父节点 tag。
- parents：返回祖先节点，返回一个生成器对象。

3. 兄弟节点

兄弟节点是处于同一层级的节点，节点不存在则返回 None。
- next_sibling：下一个兄弟节点。
- previous_sibling：上一个兄弟节点。

所有兄弟节点 next_siblings 和 previous_sibling，返回一个生成器对象。

4. 前后节点

- next_element：下一个节点。
- previous_element：上一个节点。

所有前后节点 next_elements 和 previous_elements，返回一个生成器对象。

3.4.5 Beautiful Soup 文档树搜索

最常用的当属 find_all 方法，方法定义如下：
find_all (self, name=None, attrs={}, recursive=True, text=None, limit=None, kwargs)
参数解释如下。

- name：通过 HTML 标签名直接搜索，会自动忽略字符串对象，参数可以是字符串、正则表达式、列表、True 或自定义方法。
- keyword：通过 HTML 标签的 id、href（a 标签）和 title（class 要写成 class_），可以同时过滤多个，对于不能用的 tag 属性，可以直接使用一个 attrs 字典，如 find_all(attrs={'data-foo': 'value'})。

- text：搜索文档中的字符串内容。
- limit：限制返回的结果数量。
- recursive：是否递归检索所有子孙节点。

其他方法如下。

- find(self, name=None, attrs={}, recursive=True, text=None, kwargs)：和 find_all 作用一样，只是返回的不是列表，而是直接返回结果。
- find_parents()和 find_parent()：find_all() 和 find() 只搜索当前节点的所有子节点、子孙节点等。find_parents() 和 find_parent()用来搜索当前节点的父辈节点，搜索方法与普通 tag 的搜索方法相同，搜索文档包含的内容。
- find_next_sibling()和 find_next_siblings()：这两个方法通过 next_siblings 属性对当前 tag 的所有后面解析的兄弟 tag 节点进行迭代，find_next_siblings()方法返回所有符合条件的后面的兄弟节点，find_next_sibling()只返回符合条件的后面的第一个 tag 节点。
- find_previous_siblings()和 find_previous_sibling()：这两个方法通过 previous_siblings 属性对当前 tag 的前面解析的兄弟 tag 节点进行迭代，find_previous_siblings()方法返回所有符合条件的前面的兄弟节点，find_previous_sibling()方法返回第一个符合条件的前面的兄弟节点。
- find_all_next()和 find_next()：这两个方法通过 next_elements 属性对当前 tag 之后的 tag 和字符串进行迭代，find_all_next() 方法返回所有符合条件的节点，find_next() 方法返回第一个符合条件的节点。
- find_all_previous()和 find_previous()：这两个方法通过 previous_elements 属性对当前节点前面的 tag 和字符串进行迭代，find_all_previous()方法返回所有符合条件的节点，find_previous()方法返回第一个符合条件的节点。

3.4.6　Beautiful Soup 使用 CSS 选择器

Beautiful Soup 支持大部分 CSS 选择器，Beautiful Soup 对象调用 select()方法传入字符串参数，即可使用 CSS 选择器的语法来找到对应的 tag。

下面我们通过一个实战案例来熟悉 Beautiful Soup 的使用方法。

3.5　实战：爬取壁纸站点的壁纸

先打开想爬取的壁纸站点：http://www.win4000.com/zt/xiaoqingxin.html，如图 3.33 所示。

第 3 章 Python 爬虫抓包与数据解析

图 3.33　win4000 小清新专题壁纸

单击上面的套图封面会跳转到一个新的页面，如第一个封面的链接：http://www.win4000.com/wallpaper_detail_149223.html，界面如图 3.34 所示。

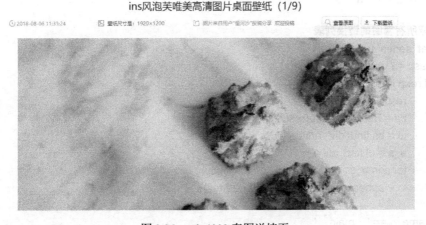

图 3.34　win4000 套图详情页

单击切换到第二页，看到链接变成了 http://www.win4000.com/wallpaper_detail_149223_2.html，再单击下一页，链接变成了 http://www.win4000.com/wallpaper_detail_149223_3.html，不难发现 URL 的拼凑规律。接下来介绍爬取流程。

（1）获取每个套图封面跳转的网页地址，这里注意要抓取的页面有五个。

（2）获得所有的套图链接后，打开套图链接，解析页面获得页数，遍历构造图片对应的网页链接。

（3）解析网页链接，获得图片 URL，下载到本地。

流程清晰了，接下来我们一步步来实现，先获得所有的套图链接，套图链接节点如下：
<li>
　　<a　href="http://www.win4000.com/wallpaper_detail_148779.html" alt="小清新蓝色风景图片桌面壁纸" title="小清新蓝色风景图片桌面壁纸" target="_blank">
　　<img src="http://pic1.win4000.com/wallpaper/2018-07-24/5b56d7e5acf53_270_185.jpg" data-original="http://pic1.win4000.com/wallpaper/2018-07-24/5b56d7e5acf53_270_185.jpg"

· 71 ·

```
style="display: inline;">
    <p>小清新蓝色风景图片桌面壁纸</p>
    </a>
</li>
```

套图链接在 a 标签的 href 属性里,通过写代码来提取。代码如下:

```python
import requests as r
from bs4 import BeautifulSoup

base_url = "http://www.win4000.com"
theme_base_url = "http://www.win4000.com/zt/xiaoqingxin_"

# 利用列表表达式生成每页链接列表
theme_url_list = [theme_base_url + str(x) + '.html' for x in range(1, 6)]

# 套图链接列表
series_url_lists = []

# 获取所有套图的链接列表
def get_series_url_lists(url):
    resp = r.get(url)
    if resp is not None:
        result = resp.text
        bs = BeautifulSoup(result, 'html.parser')
        ul = bs.find('div', attrs={'class': 'tab_tj'})
        a_s = ul.find_all('a')
        for a in a_s:
            series_url_lists.append(a.get('href'))

if __name__ == '__main__':
    for url in theme_url_list:
        get_series_url_lists(url)
    print(len(series_url_lists))
```

代码执行结果如下:

```
120
```

总共爬取到 120 条套图记录,接下来写提取套图里所有链接的方法。代码如下:

```python
# 保存文件夹名
save_root_dir = os.path.join(os.getcwd(), 'tmp/')

# 获取某个套图里的所有图片
def fetch_all_series_pic(url):
    cur_page = 1
    while True:
        current_url = url
        if cur_page > 1:
            current_url = url.replace('.html', '_' + str(cur_page) + '.html')
```

```
            resp = r.get(current_url)
            if resp.status_code == 404:
                break
            else:
                if resp is not None:
                    result = resp.text
                    bs = BeautifulSoup(result, 'lxml')
                    # 使用lxml来获取标题，用作文件夹名
                    title_name = bs.find('div', attrs={'class': 'ptitle'}).h1.text
                    save_dir = os.path.join(save_root_dir, title_name)
                    if not os.path.exists(save_dir):
                        os.makedirs(save_dir)
                    # 使用CSS选择器选择图片节点
                    imgs = bs.select('img.pic-large')
                    for img in imgs:
                        download_pic(img.attrs.get('src'), save_dir)
                    cur_page += 1

# 下载图片的方法
def download_pic(url, path):
    print("下载图片： " + url)
    try:
        pic_name = url.split('/')[-1]
        img_resp = r.get(url).content
        with open(path + '/' +pic_name, "wb+") as f:
            f.write(img_resp)
    except Exception as reason:
        print(str(reason))

if __name__ == '__main__':
    for url in theme_url_list:
        get_series_url_lists(url)
    for url in series_url_lists:
        fetch_all_series_pic(url)
```

代码执行结果如图 3.35 所示，所有图片都下载到对应的文件夹中了。

图 3.35　下载到本地的套图列表

3.6 正则表达式

学过编程的读者或多或少都听说过正则表达式，但是大部分人都对此非常畏惧，而且觉得使用时到网上搜索就行了，不用浪费时间自己编写。但是有个问题是你去爬取别人的数据时，不一定有满足需求的正则表达式，大多数情况下要自己动手编写。

其实正则表达式并没有想象中的那么难，主要是练得不够多。除了了解字符串相关的处理函数外，掌握正则表达式也非常必要。本节我们来学习正则表达式在 Python 中的应用。

3.6.1 re 模块

Python 中通过 re 模块使用正则表达式，该模块提供的几个常用方法如下。

1. 匹配

- re.match(pattern, string, flags=0)

参数：匹配的正则表达式，要匹配的字符串，标志位（匹配方法）尝试从字符串的开头进行匹配，匹配成功会返回一个匹配的对象，类型是<class '_sre.SRE_Match'>。

- re.search(pattern, string, flags=0)

参数：同 match 函数，扫描整个字符串，返回第一个匹配的对象，否则返回 None。

注意：match 方法和 search 方法的最大区别是，match 如果开头就不和正则表达式匹配，则直接返回 None，而 search 则是匹配整个字符串。

2. 检索与替换

- re.findall(pattern, string, flags=0)

参数：同 match 函数，遍历字符串，找到正则表达式匹配的所有位置，并以列表的形式返回。

- re.finditer(pattern, string, flags=0)

参数：同 match 函数，遍历字符串，找到正则表达式匹配的所有位置，并以迭代器的形式返回。

- re.sub(pattern, repl, string, count=0, flags=0)

参数：repl 为替换的字符串，可以是函数，把匹配到的结果进行一些转换；count 为替换的最大次数，默认值 0 代表替换所有的匹配。找到所有匹配的子字符串，并替换为新的内容。

- re.split(pattern, string, maxsplit=0, flags=0)

参数：maxsplit 设置分割的数量，默认值 0，对所有满足匹配的字符串进行分割，并返回一个列表。

3. 编译成 Pattern 对象

对于会多次用到的正则表达式,我们可以调用 re 的 compile()方法编译成 Pattern 对象,调用的时候直接使用 Pattern 对象.xxx 即可,从而提高运行效率。flags(可选标志位)如表 3.4 所示。另外,多个标志可通过按位 OR(|)进行连接,如 re.I|re.M。

表 3.4 正则可选标志位

修饰符	描述
re.I	使匹配对大小写不敏感
re.L	做本地化识别(locale-aware)匹配
re.M	多行匹配,影响^和$
re.S	使.匹配包括换行在内的所有字符
re.U	根据 Unicode 字符集解析字符。这个标志影响\w、\W、\b、\B
re.X	该标志通过给予更灵活的格式,以便将正则表达式写得更易于理解

3.6.2 正则规则详解

1. 加在正则字符串前的'r'

为了告诉编译器这个 string 是一个 raw string(原字符串),不要转义反斜杠,比如在 raw string 里\n 是两个字符——"和'n',不是换行。

2. 字符

正则表达式中的字符规则如表 3.5 所示。

表 3.5 正则字符规则

字 符	作 用
.	匹配任意一个字符(除了\n)
[]	匹配[]中列举的字符
[^...]	匹配不在[]中列举的字符
\d	匹配数字,0 到 9
\D	匹配非数字
\s	匹配空白,就是空格和 Tab
\S	匹配非空白
\w	匹配字母、数字或下画线字符:a-z、A-Z、0-9、_
\W	匹配非字母、数字或下画线字符
-	匹配范围,如[a-f]

3. 数量

正则表达式中的数量规则如表 3.6 所示。

表3.6 正则数量规则

字 符	作用（前三个做了优化，速度会更快，尽量优先用前三个）
*	前面的字符出现了 0 次或无限次，即可有可无
+	前面的字符出现了 1 次或无限次，即最少一次
?	前面的字符出现了 0 次或 1 次，要么不出现，要么只出现一次
{m}	前一个字符出现 m 次
{m,}	前一个字符至少出现 m 次
{m,n}	前一个字符出现 m 到 n 次

4. 边界

正则表达式中的边界规则如表 3.7 所示。

表3.7 正则边界规则

字 符	作 用
^	字符串开头
$	字符串结尾
\b	单词边界，即单词和空格间的位置，如'er\b' 可以匹配"never" 中的 'er'，但不能匹配 "verb" 中的 'er'
\B	非单词边界，和上面的\b 相反
\A	匹配字符串的开始位置
\Z	匹配字符串的结束位置

5. 分组

用()表示的就是要提取的分组，一般用于提取子串，如^(\d{3})-(\d{3,8})$，从匹配的字符串中提取出区号和本地号码，具体规则如表 3.8 所示。

表3.8 正则分组规则

字 符	作 用
|	匹配左右任意一个表达式
(re)	匹配括号内的表达式，也表示一个组
(?:re)	同上，但是不表示一个组
(?P<name>)	分组起别名，group 可以根据别名取出，如(?P<first>\d) match 后的结果调用 m.group('first')可以拿到第一个分组中匹配的结果
(?=re)	前向肯定断言，如果当前的正则表达式在当前位置成功匹配，则代表成功，否则失败。一旦该部分正则表达式被匹配引擎尝试过，就不会继续进行匹配了，剩下的模式在此断言开始的地方继续尝试
(?!re)	前向否定断言，作用与上面的相反
(?<=re)	后向肯定断言，作用和(?=re)相同，只是方向相反
(?<!re)	后向否定断言，作用与(?!re)相同，只是方向相反

6. group()方法与其他方法详解

如果将整个表达式作为一个组，可以使用 group(0)或 group()；如果作为多个分组，可以传入对应组的序号，获取对应匹配的子串，代码示例如下，如下面的例子：

```
import re

ret = re.match(r'^(\d{4})-(\d{3,8})$','0756-3890993')
print(ret.group())
print(ret.group(0))
print(ret.group(1))
print(ret.group(2))
```

代码执行结果如下：

```
0756-3890993
0756-3890993
0756
3890993
```

除group()方法外，还有以下四个常用的方法。

- groups()：从group(1)开始往后的所有的值，返回一个元组。
- start()：返回匹配的开始位置。
- end()：返回匹配的结束位置。
- span()：返回一个元组，表示匹配位置（开始，结束）。

7．贪婪与非贪婪

正则匹配默认是贪婪匹配，也就是匹配尽可能多的字符。比如：ret = re.match(r'^(\d+)(0*)$','12345000').groups()，原意是想得到('12345','000')这样的结果，但是输出的却是('12345000','')。由于贪婪，直接把后面的 0 全给匹配了，结果 0*只能匹配空字符串。如果想尽可能少地匹配，可以在\d+后加上一个?，采用非贪婪匹配，改成 r'^(\d+?)(0)$'，输出结果就变成了('12345','000')。

3.6.3 正则练习

1．例子：简单验证手机号码格式

流程分析：

（1）开头可能是 0（长途）、86（中国国际区号）、17951（国际电话）中的一个，或者一个也没有：

```
phone_number_regex = re.compile("^(0|86|17951)?$")
```

（2）接着是 1*xx*，有 13*x*、14*x*、15*x*、17*x*、18*x*，这个 *x* 的取值范围也是不一样的，13*x* 为 0123456789，14*x* 为 579，15*x* 为 012356789，17*x* 为 01678，18*x* 为 0123456789，然后修改正则表达式，可以随便输入一个字符串验证：

```
phone_number_regex = re.compile("^(0|86|17951)?(13[0-9]|14[579]|15[0-35-9]|17[01678]|18[0-9])")
```

（3）最后就是剩下的 8 个数字了，加上[0-9]{8}。

```
phone_number_regex = re.compile("^(0|86|17951)?(13[0-9]|14[579]|15[0-35-9]|17[01678]
```

|18[0-9])[0-9]{8}$")

2. 例子：验证身份证

流程分析如下：身份证号码分为一代和二代，一代号码是 15 位，二代号码是 18 位，15 位为 xxxxxx yy mm dd pp s，18 位为 xxxxxx yyyy mm dd ppp s，为了方便处理，把这两种情况分开，先是 18 位的。

（1）前 6 位：地址编码（省市县），第一位从 1 开始，其他五位是 0～9。
id_card_regex = re.compile(r"^[1-9]\d{5}$")

（2）第 7 到 10 位（接着的两位或四位）：年，范围是 1800～2099。
id_card_regex = re.compile(r"^[1-9]\d{5}(18|19|20)\d{2}$")

（3）第 11 到 12 位：月，1～9 月需要补 0，加上 10、11、12。
id_card_regex = re.compile(r"^[1-9]\d{5}(18|19|20)\d{2}(0[1-9]|10|11|12)$")

（4）第 13 到 14 位：日，首位可能是 0、1、2，第二位为 0～9，还要加上 10、20、30、31。
id_card_regex = re.compile(r"^[1-9]\d{5}(18|19|20)\d{2}(0[1-9]|10|11|12) ([012][1-9]|10|20|30|31)$")

（5）第 15 到 17 位：顺序码，这里就是三个数字，是为同年、同月、同日出生的人编定的顺序号，奇数分给男的，偶数分给女的：
id_card_regex = re.compile(r"^[1-9]\d{5}(18|19|20)\d{2}(0[1-9]|10|11|12) ([012][1-9]|10|20|30|31)\d{3}$")

（6）第 18 位：校验码，0～9，或者 x 和 X。
id_card_regex = re.compile(r"^[1-9]\d{5}(18|19|20)\d{2}(0[1-9]|10|11|12)([012][1-9] |10|20|30|31)\d{3}[0-9Xx]$")

能推算出 18 位，那么推算出 15 位也不难了：
r"^[1-9]\d{5}\d{2}(0[1-9]|10|11|12)([012][1-9]|10|20|30|31)\d{2}[0-9Xx]$"

最后用|组合：
id_card_regex=re.compile(r"^[1-9]\d{5}(18|19|20)\d{2}(0[1-9]|10|11|12)([012][1-9]|10|20|30|31)\d{3}[0-9Xx]|[1-9]\d{5}\d{2}(0[1-9]|10|11|12)([012][1-9]|10|20|30|31)\d{2}[0-9Xx]$")

3. 例子：验证 IP 是否正确

流程分析如下：

IP 由 4 段组成，xxx.xxx.xxx.xxx，从 0 到 255，因为要考虑中间的，所以我们把第一段和后面三段分开，然后分析 IP 的结构，可能是这几种情况：一位数[1-9]，两位数 [1-9][0-9]，三位数 1[0-9][0-9]、2[0-4][0-9]、25[0-5]。第一段的正则表达式如下：
ip_regex = re.compile(r"^([1-9]|[1-9][0-9]|1[0-9][0-9]|2[0-4][0-9]|25[0-5])$")

然后写后面三段，需要在前面加上一个"."，因为它是元字符，还需要加上一个反斜杠"\"，让它失去作用，后面三段的正则表达式如下：
r"^(\.([1-9]|[1-9][0-9]|1[0-9][0-9]|2[0-4][0-9]|25[0-5])){3}$"

最后把上面两部分拼接起来，即可得出完整的验证 IP 是否正确的正则表达式。

ip_regex = re.compile(r"^([1-9]|[1-9][0-9]|1[0-9][0-9]|2[0-4][0-9]|25[0-5])(\.([1-9]|[1-9][0-9]|1[0-9][0-9]|2[0-4][0-9]|25[0-5])){3}$")

4. 例子：验证各种杂项示例

匹配中文：
[\u4e00-\u9fa5]
匹配双字节字符：
[^\x00-\xff]
匹配数字并输出示例：
str_count = "您的网站被访问了10000次"
match = re.match(r"^您的网站被访问了(\d{1,6})次$", str_count)
print(match.group(1))
输出结果如下：
10000
匹配开头结尾示例：
content = ['喜欢Android', '喜欢Python', '喜欢你', '你不喜欢我', '哈哈']
pattern = re.compile(r'^.*喜欢.*$')
for i in content:
    match = pattern.match(i)
    if match:
        print(match.group())
输出结果如下：
喜欢Android
喜欢Python
喜欢你
你不喜欢我

3.7 实战：爬取市级编码列表

市级编码的作用非常多，特别是查询天气时会用到，比如查询深圳的天气：http://www.weather.com.cn/weather1dn/101280601.shtml，后面这个 101280601 就是深圳的市级编码，而网上搜到的大部分市级编码大全要么是错的，要么太旧或信息不全。能不能自己编写爬虫爬取一份呢？中国天气网有完整、最新的市级列表，但是肯定不会全部暴露出来，能不能通过一些间接操作来实现呢？在站内打开这个地址：http://www.weather.com.cn/forecast/，看到如图 3.36 所示的文字版入口。

图 3.36　中国天气网文字版入口

单击后跳转到 http://www.weather.com.cn/textFC/hb.shtml#，会出现地区列表。

单击北京，跳转到 http://www.weather.com.cn/textFC/beijing.shtml，出现区县列表。

再次单击北京，跳转到 http://www.weather.com.cn/weather/101010100.shtml，这个后面跟着的 101010100 就是北京的城市编码。所以我们要做的就是获取这个页面所有城市的跳转地址，然后截取后面的城市编码并保存起来。目的清楚了，接下来就一步步地写代码实现。

3.7.1 获取所有市级的跳转链接列表

获取所有市级的跳转链接，节点的页面结构如下：

```
<div class="lqcontentBoxheader">
<ul>
<li><span>  </span><a href="/textFC/beijing.shtml" target="_blank">北京</a></li>
<li><span>A</span><a href="/textFC/guangzhou.shtml" target="_blank">广州</a></li>
<li><span>C</span><a href="/textFC/chongqing.shtml" target="_blank">重庆</a></li>
<li><span>F</span><a href="/textFC/shenzhen.shtml" target="_blank">深圳</a></li>
</ul>
</div>
...
```

接下来编写代码来获取这部分所有的跳转链接。

```python
import requests as r
from bs4 import BeautifulSoup

base_url = 'http://www.weather.com.cn'
city_referer_url = 'http://www.weather.com.cn/textFC/hb.shtml'


# 获取所有的城市列表
def fetch_city_url_list():
    city_url_list = []
    resp = r.get(city_referer_url)
    resp.encoding = 'utf-8'
    bs = BeautifulSoup(resp.text, 'lxml')
    content = bs.find('div', attrs={'class': 'lqcontentBoxheader'})
    if content is not None:
        a_s = content.find_all('a')
        if a_s is not None:
            for a in a_s:
                city_url_list.append(base_url + a.get('href'))
    return city_url_list

if __name__ == '__main__':
    city_list = fetch_city_url_list()
```

```
    for city in city_list:
        print(city)
```

代码执行后部分输出结果如下：

http://www.weather.com.cn/textFC/beijing.shtml
http://www.weather.com.cn/textFC/guangzhou.shtml
http://www.weather.com.cn/textFC/chongqing.shtml

3.7.2 解析表格获得所有市级天气链接

比如，打开广州的城市列表：http://www.weather.com.cn/textFC/guangdong.shtml，我们要提取的节点结构如下：

```
<div class="conMidtab">
<div class="conMidtab5">
<table width="100%" border="0" cellpadding="0" cellspacing="0">
<tbody><tr>
<td width="74" rowspan="2">市</td>
<td width="83" rowspan="2">区/县</td>
<td height="37" colspan="3">周四(8月16日)白天</td>
<td colspan="3">周四(8月16日)夜间</td>
<td width="49" rowspan="2" class="last"> </td>
</tr>
<tr>
<td width="89" height="23">天气现象</td>
<td width="162">风向风力</td>
<td width="92">最高气温</td>
<td width="98">天气现象</td>
<td width="177">风向风力</td>
<td width="86">最低气温</td>
</tr>
</tbody></table>
</div>
<div class="conMidtab3">
<a name="0" id="0"></a>
<table width="100%" border="0" cellpadding="0" cellspacing="0">
<tbody><tr style="background-color: rgb(255, 255, 255);">
<td width="74" rowspan="12" class="rowsPan" style="background-color: rgb(255, 255, 255);">广州</td>
<td width="83" height="23">
<a href="http://www.weather.com.cn/weather/101280101.shtml" target="_blank">广州</a>
</td>
```

```html
<td width="89">中雨</td>
<td width="162">
<span>无持续风向</span>
<span class="conMidtabright">&lt;3级</span></td>
<td width="92">31</td>
<td width="98">雷阵雨</td>
<td width="177">
<span>无持续风向</span>
<span class="conMidtabright">&lt;3级</span></td>
<td width="86">25</td>
<td width="49" class="last">
<a href="http://www.weather.com.cn/weather/101280101.shtml" target="_blank">详情</a></td>
</tr>
...
```

接下来编写代码来提取市级天气跳转链接，代码如下：

```python
# 获取市级天气跳转链接列表
def fetch_city_weather_url_list(url):
    resp = r.get(url)
    resp.encoding = 'utf-8'
    bs = BeautifulSoup(resp.text, 'lxml')
    a_s = bs.select('div.conMidtab a')
    for a in a_s:
        if a.get("href") is not None and a.text != '详情' and a.text != '返回顶部':
            print(a.text + "-" + a.get("href"))

if __name__ == '__main__':
    fetch_city_weather_url_list('http://www.weather.com.cn/textFC/guangdong.shtml')
```

代码执行后部分输出结果如下：

```
广州-http://www.weather.com.cn/weather/101280101.shtml
深圳-http://www.weather.com.cn/weather/101280601.shtml
重庆-http://www.weather.com.cn/weather/101040100.shtml
```

3.7.3 提取市级编码

以获取一个市级链接为例子，如 http://www.weather.com.cn/weather/101280101.shtml，我们编写一个提取的正则表达式^.*?weather/(.*?).shtml$，用简单的代码进行测试：

```python
code_regex = re.compile('^.*?weather/(.*?).shtml$', re.S)
result = code_regex.match('http://www.weather.com.cn/weather/101280101.shtml')
print(result.group(1))
```

代码执行结果如下：

```
101280101
```

3.7.4 整合调整代码

最后整合调整代码，把正则表达式加到里面，然后添加一个写入文件的方法，把抓取到的市级编码写到一个文件中。最终代码如下：

```python
import requests as r
from bs4 import BeautifulSoup
import re
import os


base_url = 'http://www.weather.com.cn'
city_referer_url = 'http://www.weather.com.cn/textFC/hb.shtml'
# 获取市级编码的正则表达式
code_regex = re.compile('^.*?weather/(.*?).shtml$', re.S)
# 市级编码的保存文件
save_file_name = os.path.join(os.getcwd(), 'city_codes.txt')
# 市级编码列表
city_code_list = []

# 获取所有的市级列表
def fetch_city_url_list():
    city_url_list = []
    resp = r.get(city_referer_url)
    resp.encoding = 'utf-8'
    bs = BeautifulSoup(resp.text, 'lxml')
    content = bs.find('div', attrs={'class': 'lqcontentBoxheader'})
    if content is not None:
        a_s = content.find_all('a')
        if a_s is not None:
            for a in a_s:
                city_url_list.append(base_url + a.get('href'))
    return city_url_list

# 获取市级天气跳转链接列表
def fetch_city_weather_url_list(url):
    resp = r.get(url)
    resp.encoding = 'utf-8'
    bs = BeautifulSoup(resp.text, 'lxml')
    a_s = bs.select('div.conMidtab a')
```

```
        for a in a_s:
            if a.get("href") is not None and a.text != '详情' and a.text != '返回顶部':
                # 提取市级编码
                result = code_regex.match(a.get("href"))
                if result is not None:
                    city_code_list.append(a.text + ":" + result.group(1))


# 把列表写入文件的方法
def write_list_to_file(data):
    try:
        with open(save_file_name, "w+",  encoding='utf-8') as f:
            for content in data:
                f.write(content + "\n")
    except OSError as reason:
        print(str(reason))


if __name__ == '__main__':
    city_list = fetch_city_url_list()
    for city in city_list:
        print("解析: ", city)
        fetch_city_weather_url_list(city)
    write_list_to_file(city_code_list)
```

代码执行结果如下：
控制台部分输出内容：
解析: http://www.weather.com.cn/textFC/beijing.shtml
解析: http://www.weather.com.cn/textFC/guangzhou.shtml
解析: http://www.weather.com.cn/textFC/chongqing.shtml
解析: http://www.weather.com.cn/textFC/shenzhen.shtml
city_codes.txt 部分内容如下：
北京:101010100
广州:101280101
重庆:101040100
深圳:101280601

第 4 章
用 CSV 和 Excel 存储数据

经过上一章的学习,相信模拟请求和数据解析都难不到读者了。那么问题来了,解析完的数据该怎样保存呢?目前我们的方法是:把数据按照一定的规则存储到文件中,存储时通过间隔符来分隔;读取时用字符串处理函数 split()把每一行的文本分割成几个部分(比如这样的一串记录:1—小明—男—18—学生);存储时每个字段拼接一个"—";解析时按照"—"分割成一个列表;解析后把每个字符串存储到不同的变量或列表中。

每次读写都要进行字符串处理,存储的时候拼接分隔符,读取的时候去掉分隔符,显得非常烦琐,有没有其他更便捷的存储方式呢?本章就来给大家讲解通过 CSV 和 Excel 来存储抓取到的数据。

本章主要学习内容:
- 用 CSV 文件存储数据。
- 用 Excel 文件存储数据。

4.1 用 CSV 文件存储数据

CSV(Comma-Separated Values)其实就是纯文本,用逗号分隔值,可以分隔成多个单元格。CSV 文件除了可以用普通的文本编辑工具打开,还能用 Excel 打开,但 CSV 和 Excel 有以下不同:
- 所有值都是字符串类型。
- 不支持设置字体颜色和样式。
- 不能指定单元格宽、高或合并单元格。

- 没有多个工作表。
- 不能嵌入图片、图表。

Python 中内置了一个 csv 模块用来处理 CSV 文件。

4.1.1 CSV 写入

csv 模块提供了两个写入的函数。
- writerow：写入一行。
- writerows：写入多行。

使用代码示例如下：

```
import csv
import os
save_file_name_1 = os.path.join(os.getcwd(), '1.csv')
save_file_name_2 = os.path.join(os.getcwd(), '2.csv')
data_1 = [['id', '姓名', '性别', '年龄', '工作'],
          [1, '小明', '男', '18', '学生'],
          [2, '小红', '女', '24', '老师'],
          [3, '小光', '男', '25', 'Python工程师']]

# 单行写入示例
with open(save_file_name_1, 'w', newline='') as f:
    writer = csv.writer(f)
    for row in data_1:
        writer.writerow(row)

# 多行写入
with open(save_file_name_2, 'w', newline='') as f:
    writer = csv.writer(f)
    writer.writerows(data_1)
```

上面的 newline=''参数，如果不设置的话，每写入一行后将会写入一个空行。除了用 writer 函数，还可以用 DictWriter 写入字典形式的数据，代码示例如下：

```
save_file_name_3 = os.path.join(os.getcwd(), '3.csv')
headers = ['id', '姓名', '性别', '年龄', '工作']
data_2 = [{'id': 1, '姓名': '小明', '性别': '男', '年龄': '18', '工作': '学生'},
          {'id': 2, '姓名': '小红', '性别': '女', '年龄': '24', '工作': '老师'},
          {'id': 3, '姓名': '小光', '性别': '男', '年龄': '25', '工作': 'Python工程师'}]

# 字典写入
with open(save_file_name_3, 'w', newline='') as f:
    # 标头在这里传入，作为第一行数据
    writer = csv.DictWriter(f, headers)
    writer.writeheader()
    for row in data_2:
```

```
        writer.writerow(row)
```
以上代码执行后生成的 CSV 内容如下所示：
```
id,姓名,性别,年龄,工作
1,小明,男,18,学生
2,小红,女,24,老师
3,小光,男,25,Python工程师
```

4.1.2 CSV 读取

通过调用 csv.reader()函数获得一个可迭代对象，此对象只能迭代一次，不能直接打印，可以用 list()将其转换为列表，示例如下：
```
with open(save_file_name_1) as f:
    reader = csv.reader(f)
    print(list(reader))
```
代码执行结果如下：
```
[['id', '姓名', '性别', '年龄', '工作'], ['1', '小明', '男', '18', '学生'], ['2', '小红', '女', '24', '老师'], ['3', '小光', '男', '25', 'Python工程师']]
```
除此之外，还有以下几种读取元素的方法：
```
# 直接通过下标获取
print(list(reader)[0][1])
#  reader.line_num用于获取行号
for row in reader:
    print(reader.line_num, row)
# 除此之外，由于reader是可迭代对象，可以使用next方法一次获取一行
head_row = next(reader)
```
代码执行结果如下：
```
1 ['id', '姓名', '性别', '年龄', '工作']
2 ['1', '小明', '男', '18', '学生']
3 ['2', '小红', '女', '24', '老师']
4 ['3', '小光', '男', '25', 'Python工程师']
```
另外，还可以使用 DictReader，像操作字典那样获取数据，把表的首行（表头）作为 key，访问每行中对应 key 的数据，代码示例如下：
```
with open(save_file_name_1) as f:
    reader = csv.DictReader(f)
    for row in reader:
        print(row['姓名'])
```
代码执行结果如下：
```
小明
小红
小光
```

4.2 实战：爬取星座运势

我们通过一个例子来巩固 csv 库的使用，爬取的站点为 http://www.xzw.com/fortune/，打开后的网站界面如图 4.1 所示。

图 4.1　星座运势网页

上面就是我们想爬取的内容，采集的数据格式是：星座—生日时间—运势评分—今日运势，我们来分析网页的目录结构，想要爬取的节点结构如下：

`<dl><dt><a href="/fortune/aries/"><img src="/static/public/images/fortune/image/s_1.gif" alt="".$v[2]."></a></dt><dd><strong>白羊座</strong><small>3.21-4.19</small><span>整体运势：<em class="star_m"><em style="width:60%"></em></em></span><p>职场上可能会有人事上的调动，或是领导会分...[<a href="/fortune/aries/">详细</a>]</p></dd></dl>`

接下来编写代码来解析对应的节点。

```
import csv
import requests as r
from bs4 import BeautifulSoup
import re
import os

# 抓取站点
constellation_url = 'http://www.xzw.com/fortune/'
# 提取信息的正则表达式
fetch_regex = re.compile(r'^.*?<strong>(.*?)</strong><small>(.*?)</small>.*?width:(\d*)%.*?p>(.*)\[<a.*$', re.S)
```

```python
# 数据保存文件名
save_path = os.path.join(os.getcwd(), 'constellation.csv')
# 表头
headers = ['星座','生日时间','运势评分','今日运势']

# 爬取星座运势相关信息保存
def fetch_constellation_msg():
    resp = r.get(constellation_url).text
    bs = BeautifulSoup(resp, 'lxml')
    dls = bs.select('div.alb div dl')
    result_list = [headers]
    for dl in dls:
        # 正则提取信息
        result = fetch_regex.match(str(dl))
        if result is not None:
            result_list.append([result.group(1),result.group(2), str(int(result.group(3))/20) + '颗星', result.group(4)])
    # 数据写入csv文件中
    with open(save_path, 'w', newline='') as f:
        writer = csv.writer(f)
        writer.writerows(result_list)

if __name__ == '__main__':
    fetch_constellation_msg()
```

代码执行后生成的 constellation.csv 文件里的内容如下：

星座,生日时间,运势评分,今日运势
白羊座,3.21-4.19,3.0 颗星,职场上可能会有职位、人事上的调动，或是领导会分...
金牛座,4.20-5.20,3.0 颗星,今日看起来整个人显得愁云惨雾，心情很压抑，大多...
双子座,5.21-6.21,4.0 颗星,今天的你充满了活力，人缘好，大家都喜欢你呢！心...
巨蟹座,6.22-7.22,4.0 颗星,今天口才了得，说话头头是道，很懂得表达自己的想...
......太长省略

4.3 用 Excel 文件存储数据

Excel 相比 CSV 功能会多一些，比如支持设置字体颜色和样式，而 Python 操作 Excel 可以用两个库：xlwt（写 Excel）和 xlrd（读 Excel），可以通过 pip 命令直接安装：

```
sudo pip3 install xlwt
sudo pip3 install xlrd
```

4.3.1 Excel 写入

xlwt 库中有关写入的函数如下所述。

- xlwt.Workbook()：创建一个工作簿。

- 工作簿对象.add_sheet(cell_overwrite_ok=True)：添加工作表，括号里是可选参数，用于确认同一个 cell（单元）是否可以重设值。
- 工作表对象.write(行号,列号,插入数据,风格)：第四个参数可选。
- 工作簿对象.save(Excel 文件名)：保存到 Excel 文件中。

写入代码示例如下：

```
import xlwt
import xlrd
import os

if __name__ == '__main__':
    # 新建一个工作簿
    workbook = xlwt.Workbook()
    sheet = workbook.add_sheet('工作表1',cell_overwrite_ok=True)
    sheet.write(0, 0, '姓名')
    sheet.write(0, 1, '学号')
    sheet.write(1, 0, '小猪')
    sheet.write(1, 1, '1')
    workbook.save(os.path.join(os.getcwd(), 'result.xlsx'))
```

代码执行后生成的列表结构如下：

姓名	学号
小猪	1

4.3.2 Excel 读取

xlrd 库中有关读取的函数如下所述。

- xlrd.open_workbook()：读取一个 Excel 文件，获得一个工作簿对象。
- 工作簿对象.sheets()[0]：根据索引获得工作簿里的一个工作表。
- 工作表对象.nrows：获得行数。
- 工作表对象.ncols：获得列数。
- 工作表对象.row_values(pos)：读取某一行的数据，返回的结果是列表类型。

读取代码示例如下：

```
workbook = xlrd.open_workbook(os.path.join(os.getcwd(), 'result.xlsx'))
sheet = workbook.sheets()[0]
# 获得行数
row_count = sheet.nrows
for row in range(0, row_count):
    print(sheet.row_values(row))
```

代码执行结果如下：

```
['姓名', '学号']
['小猪', '1']
```

第 4 章 用 CSV 和 Excel 存储数据

4.4 实战:爬取某音乐平台排行榜

我们通过一个例子来巩固 xlwt 库和 xlrd 库的使用,爬取的站点为 https://music.douban.com/top250,打开后的界面如图 4.2 所示。

音乐 Top 250

We Sing. We Dance. We Steal Things.
Jason Mraz / 2008-05-13 / Import / Audio CD / 民谣
★★★★☆ 9.1 (101479人评价)

Viva La Vida Death And All His Friends
Coldplay / 2008-06-17 / 专辑 / CD / 摇滚
★★★★☆ 8.7 (78587人评价)

华丽的冒险 華麗的冒險
陈绮贞 / 2005-09-23 / 专辑 / CD / 流行
★★★★☆ 8.9 (73730人评价)

范特西 Fantasy
周杰伦 / 2001-09-14 / 专辑 / CD / 流行
★★★★☆ 9.2 (76116人评价)

图 4.2 某音乐平台 Top 250 页面

滚动到底部可以看到如图 4.3 所示的分页。

<前页 **1** 2 3 4 5 6 7 8 9 10 后页>

图 4.3 结果分页

一页有 25 条,有 10 页,先来分析链接规则,截取前几页的链接来比较:

https://music.douban.com/top250?start=0
https://music.douban.com/top250?start=25
https://music.douban.com/top250?start=50

不难发现 URL 的构造规律,start 后面的数字表示是从第几首歌开始的。接下来定位想获取的节点,代码如下:

```
<div class="indent">
    <p class="ul first"></p>
    <table width="100%%">
        <tbody>
```

```html
            <tr class="item">
                <td width="100" valign="top">
                    <a class="nbg" href="https://music.douban.com/subject/2995812/"
onclick="moreurl(this,{i:'0',query:'',subject_id:'2995812',from:'music_subject_search'})"
                        title="Jason Mraz - We Sing. We Dance. We Steal Things.">
                        <img src="https://img3.doubanio.com/view/subject/s/public/s2967252.jpg"
                            alt="Jason Mraz - We Sing. We Dance. We Steal Things."
style="width: 80px; max-height: 120px;">
                    </a>
                </td>
                <td valign="top">
                    <div class="pl2">
                        <a href="https://music.douban.com/subject/2995812/"
onclick="moreurl(this,{i:'0',query:'',subject_id:'2995812',from:'music_subject_search'})">
                            We Sing. We Dance. We Steal Things.
                        </a>
                        <p class="pl">Jason Mraz / 2008-05-13 / Import / Audio CD / 民谣</p>
                        <div class="star clearfix"><span class="allstar45"></span><span class="rating_nums">9.1</span>
                            <span class="pl">
                                (
                                    101 479人评价
                                )
                            </span></div>
                    </div>
                </td>
            </tr>
        </tbody>
    </table>
    <div id="collect_form_2995812"></div>
    <p class="ul"></p>
    ...
</div>
```

能从这个节点采集到的数据有：歌名、歌曲封面、歌手、发行时间、分类、评分、评分人数、歌曲详情页等。知道了要采集哪些数据，接着先把需要采集的数据解析后打印出来，代码如下：

```python
import xlwt
import xlrd
import requests as r
import os
from bs4 import BeautifulSoup

base_url = 'https://music.douban.com/top250'
```

```python
headers = {
    'Host': 'music.douban.com',
    'User-Agent': 'Mozilla/5.0 (Macintosh; Intel Mac OS X 10_13_6) AppleWebKit/537.36 (KHTML, like Gecko) Chrome/68.0.3440.106 Safari/537.36'
}

# 提取音乐信息的方法
def fetch_data():
    resp = r.get(base_url, headers=headers, params={'start': '0'}).text
    bs = BeautifulSoup(resp, 'lxml')
    trs = bs.select('tr.item')
    for tr in trs:
        tds = tr.select('td')
        print('歌名：', tds[1].div.a.text.strip().split("\n")[0])
        print('歌曲封面：', tds[0].img.get('src'))
        msg_list = tds[1].div.p.text.split('/')
        print('歌手：', msg_list[0])
        print('发行时间：', msg_list[1])
        albums = ''
        for album in msg_list[2:]:
            albums += album.strip() + "/"
        print('分类：', albums)
        spans = tds[1].select('div div span')
        print('评分：', spans[1].text)
        print('评分人数：', spans[2].text.replace(' ','').replace('\n','').replace('人评价','')[1:-1])
        print('歌曲详情页：', tds[0].a.get('href'))
        print()

if __name__ == '__main__':
    fetch_data()
```

部分代码执行结果如下：

歌名： We Sing. We Dance. We Steal Things.
歌曲封面： https://img3.doubanio.com/view/subject/s/public/s2967252.jpg
歌手： Jason Mraz
发行时间： 2008-05-13
分类： Import/Audio CD/民谣/
评分： 9.1
评分人数： 101 480
歌曲详情页： https://music.douban.com/subject/2995812/

歌名： Viva La Vida
歌曲封面： https://img3.doubanio.com/view/subject/s/public/s3054604.jpg
歌手： Coldplay
发行时间： 2008-06-17
分类： 专辑/CD/摇滚/
评分： 8.7

评分人数： 78 588
歌曲详情页： https://music.douban.com/subject/3040149/

接着把爬取到的数据保存到 Excel 中，这里我们定义一个 Excel 操作类，提供如下四个函数。

- style：根据传入的字体名称、高度、是否加粗，返回一个 style（样式）。
- __init__：完成 Excel 表的一些初始化操作，初始化表头。
- insert_data：把爬取到的数据插入 Excel 的方法。
- read_data：读取 Excel 中数据的方法。

代码如下：

```
class ExcelHelper:
    def __init__(self):
        if not os.path.exists(save_file):
            # 1.创建工作簿
            self.workbook = xlwt.Workbook()
            # 2.创建工作表，第二个参数用于确认同一个cell单元是否可以重设值
            self.sheet = self.workbook.add_sheet(u"豆瓣音乐Top 250", cell_overwrite_ok=True)
            # 3.初始化表头
            self.headTitles = [u'歌名', u'歌曲封面', u'歌手', u'发行时间', u'分类', u'评分', u'评分人数', u'歌曲详情页']
            for i, item in enumerate(self.headTitles):
                self.sheet.write(0, i, item, self.style('Monaco', 220, bold=True))
            self.workbook.save(save_file)
    # 参数依次是：字体名称，字体高度，是否加粗
    def style(self, name, height, bold=False):
        style = xlwt.XFStyle()  # 赋值style为XFStyle()，初始化样式
        font = xlwt.Font()  # 为样式创建字体样式
        font.name = name
        font.height = height
        font.bold = bold
        return style

    # 往单元格里插入数据
    def insert_data(self, data_group):
        try:
            xlsx = xlrd.open_workbook(save_file)  # 读取Excel文件
            table = xlsx.sheets()[0]  # 根据索引获得表
            row_count = table.nrows  # 获取当前行数，新插入的数据从这里开始
            count = 0
            for data in data_group:
                for i in range(len(data)):
                    self.sheet.write(row_count + count, i, data[i])
                count += 1
        except Exception as e:
```

```
            print(e)
        finally:
self.workbook.save(save_file)

    # 读取Excel里的数据
    def read_data(self):
        xlsx = xlrd.open_workbook(save_file)
        table = xlsx.sheets()[0]
        nrows = table.nrows    # 行数
        ncols = table.ncols    # 列数
        # 从第一行开始，0是表头
        for i in range(1, nrows):
            # 读取某行数据
            row_value = table.row_values(i)
            print(row_value)
```

整合后的最终代码如下：

```
import xlwt
import xlrd
import requests as r
import os
from bs4 import BeautifulSoup

base_url = 'https://music.douban.com/top250'
headers = {
    'Host': 'music.douban.com',
    'User-Agent': 'Mozilla/5.0 (Macintosh; Intel Mac OS X 10_13_6) AppleWebKit/537.36 (KHTML, like Gecko) Chrome/68.0.3440.106 Safari/537.36'
}
save_file = 'douban.xlsx'

# 提取音乐信息的方法
def fetch_data(start_pos):
    result = []
    resp = r.get(base_url, headers=headers, params={'start': str(start_pos)}).text
    bs = BeautifulSoup(resp, 'lxml')
    trs = bs.select('tr.item')
    for tr in trs:
        tds = tr.select('td')
        # 歌名
        music_name = tds[1].div.a.text.strip().split("\n")[0]
        # 歌曲封面
        music_pic_url = tds[0].img.get('src')
        # 歌手
        msg_list = tds[1].div.p.text.split('/')
        singer = msg_list[0]
```

```python
            # 发行时间
            public_time = msg_list[1]
            # 分类
            albums = ''
            for album in msg_list[2:]:
                albums += album.strip() + "/"
            # 评分
            spans = tds[1].select('div div span')
            score = spans[1].text
            # 评分人数
            score_num = (spans[2].text.replace(' ','').replace('\n','').replace('人评价',''))[1:-1]
            # 歌曲详情页
            music_detail_url = tds[0].a.get('href')
            result.append([music_name,music_pic_url, singer, public_time, albums, score, score_num, music_detail_url])
    return result
class ExcelHelper:
    def __init__(self):
        if not os.path.exists(save_file):
            # 1.创建工作簿
            self.workbook = xlwt.Workbook()
            # 2.创建工作表，第二个参数用于确认同一个cell单元是否可以重设值
            self.sheet = self.workbook.add_sheet(u"豆瓣音乐Top 250", cell_overwrite_ok=True)
            # 3.初始化表头
            self.headTitles = [u'歌名', u'歌曲封面', u'歌手', u'发行时间', u'分类', u'评分', u'评分人数', u'歌曲详情页']
            for i, item in enumerate(self.headTitles):
                self.sheet.write(0, i, item, self.style('Monaco', 220, bold=True))
            self.workbook.save(save_file)

    # 参数依次是：字体名称，字体高度，是否加粗
    def style(self, name, height, bold=False):
        style = xlwt.XFStyle()   # 赋值style为XFStyle()，初始化样式
        font = xlwt.Font()   # 为样式创建字体样式
        font.name = name
        font.height = height
        font.bold = bold
        return style

    # 向单元格中插入数据
    def insert_data(self, data_group):
        try:
            xlsx = xlrd.open_workbook(save_file)   # 读取Excel文件
```

```python
            table = xlsx.sheets()[0]  # 根据索引获得表
            row_count = table.nrows  # 获取当前行数，新插入的数据从这里开始
            count = 0
            for data in data_group:
                for i in range(len(data)):
                    self.sheet.write(row_count + count, i, data[i], self.style('Monaco', 220, bold=True))
                count += 1
        except Exception as e:
            print(e)
        finally:
            self.workbook.save(save_file)

    # 读取Excel里的数据
    def read_data(self):
        xlsx = xlrd.open_workbook(save_file)
        table = xlsx.sheets()[0]
        nrows = table.nrows  # 行数
        ncols = table.ncols  # 列数
        # 从第一行开始，0是表头
        for i in range(1, nrows):
            # 读取某行数据
            row_value = table.row_values(i)
            print(row_value)

if __name__ == '__main__':
    data_group = []
    offsets = [x for x in range(0, 250, 25)]
    for offset in offsets:
        data_group += fetch_data(offset)
    print(data_group)
    excel = ExcelHelper()
    excel.insert_data(data_group)
    excel.read_data()
```

代码执行后会生成一个 Excel 文件，部分内容如表 4.1 所示。

表 4.1 爬取结果

歌 名	歌曲封面	歌 手	发行时间	分 类	评分	评分人	歌曲详情页
We Sing. WeDance. We Steal Things.	https://xxx	Jason Mraz	2008-05-13	Import/Audio CD/民谣/	9.1	101480	https://xxx

续表

歌 名	歌曲封面	歌 手	发行时间	分 类	评分	评分人	歌曲详情页
Viva La Vida	https://xxx	Coldplay	2008-06-17	专辑/CD/摇滚/	8.7	78588	https://xxx
华丽的冒险	https://xxx	陈绮贞	2005-09-23	专辑/CD/流行/	8.9	73731	https://xxx
范特西	https://xxx	周杰伦	2001-09-14	专辑/CD/流行/	9.2	76119	https://xxx

读取 Excel 显示 Console 的部分结果如下：

[['We Sing. We Dance. We Steal Things.', 'https://img3.doubanio.com/view/subject/s/public/s2967252.jpg', 'Jason Mraz ', ' 2008-05-13 ', 'Import/Audio CD/民谣/', '9.1', '101480', 'https://music.douban.com/subject/2995812/'],...]

第 5 章

用数据库存储数据

本章将学习使用 Python 来操作各种数据库，包括三个非常流行的数据库：关系型数据库 MySQL、非关系型数据库 Redis 和 MongoDB，主要介绍数据库的基本操作，以及如何使用 Python 对应的连接库来操作数据库。

本章主要学习内容：
- 使用 MySQL 数据库存储数据。
- 数据库可视化工具 DataGrip 的使用。
- 使用 Redis 数据库存储数据。
- 使用 MongoDB 数据库存储数据。

5.1 MySQL 数据库

用 CSV 和 Excel 存储数据有两个优点：
- 非开发人员也能看到数据，不需要额外的学习成本。
- 使用方便，数据存储在文件里，复制到其他设备上可以直接查看。

这种表格存储文件的形式适用于少量数据的情况，当记录很多、字段很多时，打开文件会非常慢，而且卡顿，多个 Sheet 之间不能设计复杂的数据关系，这时就要使用数据库了。

1. 什么是数据库

数据库是按照数据结构来组织、存储和管理数据的仓库，简单点说就是存储数据的仓库。

2. 关系型数据库和非关系型数据库

前者通过二维表保存，存储行列组成的表，通过表与表间的关联关系来体现；后者又称 NoSQL，基于键值对，不需要经过 SQL 层解析，数据间没有耦合，性能非常好。本节讲解的是关系型数据库中非常流行的 MySQL 数据库。

5.1.1 安装 MySQL

这里将介绍在 Windows、Mac 和 Ubuntu 下如何安装 MySQL，下面是与 MySQL 相关的链接。

- 官网：https://www.mysql.com/cn/
- 官方文档：https://dev.mysql.com/doc/
- 官网下载地址：https://www.mysql.com/downloads/
- 中文教程（非官方）：http://www.runoob.com/mysql/mysql-tutorial.html

5.1.2 在 Windows 环境下安装 MySQL

直接从官网下载 MySQL 的安装包，提示要登录才能下载，其实并不需要，滚动到底部会有一项：No thanks, just start my download，单击后就会开始下载。笔者下载的是一个名为 mysql-8.0.12-winx64.zip 的压缩包，解压该压缩包。

在目录下新建一个 my.ini 文件（MySQL 的配置文件），内容如下：

```
[mysql]
# 设置MySQL客户端默认字符集
default-character-set=utf8
[mysqld]
# 设置3306端口
port = 3306
# 设置MySQL的安装目录(改成自己的目录)
basedir=C:\Coding\mysql-8.0.12-winx64
# 设置MySQL数据库的数据的存放目录(同样改成自己的目录)
datadir=C:\Coding\mysql-8.0.12-winx64\data
# 允许最大连接数
max_connections=200
# 服务端使用的字符集默认为8比特编码的latin1字符集
character-set-server=utf8
# 创建新表时将使用的默认存储引擎
default-storage-engine=INNODB
```

接下来在"开始"菜单中右键单击 CMD 命令提示符，以管理员身份运行，进入子目录 bin 中依次输入：

```
安装：mysqld --install
初始化：mysqld --initialize
运行：net start mysql
```

安装 MySQL 的具体流程如下所示，如果报错或出现其他信息，就要检查 my.ini 文件是否编写错误。

```
C:\Coding\mysql-8.0.12-winx64>cd bin
C:\Coding\mysql-8.0.12-winx64\bin>mysqld --install Service successfully installed
C:\Coding\mysql-8.0.12-winx64\bin>mysqld --initialize
C:\Coding\mysq1-8.0.12-winx64\bin>net start mysql
MySQL 服务正在启动
MySQL 服务已经启动成功
```

5.1.3　在 Windows 环境下配置 MYSQL_HOME 环境变量

右键单击"我的电脑"或"计算机"，选择"高级系统设置"→打开"环境变量"→"新建系统变量"，如图 5.1 所示，输入 MYSQL_HOME，复制并粘贴 MySQL 的安装路径。

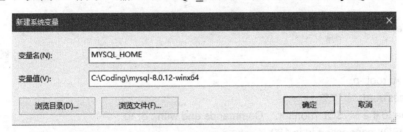

图 5.1　配置环境变量

接着找到 Path 环境变量并单击"编辑"→"新增"，粘贴%MYSQL_HOME%\bin。

5.1.4　在 Windows 环境下设置 MySQL 登录密码

在 MySQL 安装过程中，会默认创建一个 root 账户——'root'@'localhost'，同时会自动生成一个随机密码，并标记密码已过期。MySQL 管理员必须使用这个随机密码登录 root 账户，并使用 SET PASSWORD 去设置一个新的密码。

设置流程如下：

（1）进入 MySQL 的安装目录，打开 data 文件夹，搜索.err 后缀的文件，如 DESKTOP-I5737VU.err。

（2）用记事本或其他编辑工具打开，找到 A temporary password is generated for root@localhost:，后面跟着的就是随机密码，复制这个密码登录即可。

（3）右键单击 CMD 命令提示符，以管理员身份打开，输入 mysql -u root -p，把密码粘贴进去，流程如下所示。

```
C:\Coding\mysql 8.0.12-winx64\bin>mysql -u root -p
Enter password: ************
Welcome to the MySQL monitor.  Commands end with : or \g.
Your MySQL connection id is 8
Server version: 8.0.12
Copyright  (c) 2000,  2018, Oracle and/or its affiliates. All rights reserved.
```

Oracle. is a registered trademark of Oracle Corporation and/or itsaffiliates. Other names may be trademarks of their respective owners.
Type ' help; 'or \ h 'for help. Type '\c 'to clear the current input statement.
mysql>

（4）输入 alter user'root'@'localhost' identified by '新密码'; 来设置新的密码，如果登录后不设置新密码，会一直提示错误：You must reset your password using ALTER USER statement before executing this statement。设置完后输入 exit 退出 MySQL，接着在命令行中输入：

mysql -u root -p

回车后可以看到需要的密码，输入刚才设置的密码，看是否生效，流程如下所示：
Type 'help;' or '\h' for help. Type '\c' to clear the current input statement.

mysql> alter user'root'@'localhost' identified by 'Zpj12345';
Query OK, 0 rows affected (0.13 sec)

mysql> exit
Bye

$ mysql -u root -p
Enter password: ********
Welcome to the MySQL monitor. Commands end with ; or \g.
Your MySQL connection id is 180
Server version: 8.0.12 MySQL Community Server - GPL

Copyright (c) 2000, 2018, Oracle and/or its affiliates. All rights reserved.

Oracle is a registered trademark of Oracle Corporation and/or its
affiliates. Other names may be trademarks of their respective
owners.

Type 'help;' or '\h' for help. Type '\c' to clear the current input statement.
mysql>|

至此密码就设置成功了。

5.1.5 在 Windows 环境下启动或关闭 MySQL 服务

可以直接通过命令行启动或停止 MySQL 服务，命令如下：
net stop mysql
net start mysql

单击"开始"，搜索"计算机管理"，单击"服务"，找到 MySQL 服务，右键单击相应命令也可以启动或停止服务，如图 5.2 所示。

第 5 章 用数据库存储数据

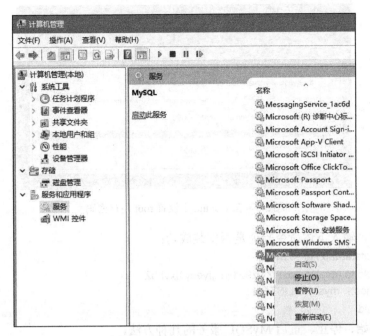

图 5.2 在"计算机管理"中启动或停止 MySQL 服务

5.1.6 Mac 环境

直接通过 Homebrew 安装即可,命令如下:
```
brew install mysql
```
另外,启动、停止和重启 MySQL 服务的命令如下:
```
sudo mysql.server start
sudo mysql.server stop
sudo mysql.server restart
```

5.1.7 Ubuntu 环境

依次输入如下命令安装 MySQL,这里会让你设置 root 用户的密码,如图 5.3 所示。
```
# 安装MySQL服务,输入Y后,会让你输入密码,并重复输入以确认
sudo apt-get install mysql-server

# 安装MySQL客户端
sudo apt-get install mysql-client

# 安装libmysqlclient,输入Y
sudo apt-get install libmysqlclient-dev
```

· 103 ·

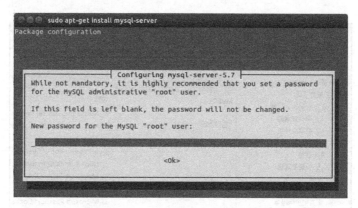

图 5.3 在 Ubuntu 中设置 root 用户密码

安装完后，输入下述命令验证是否安装成功：
→~sudo netstat-tap | grep mysql
sudo: unable to resolve host iZwz921wi2jfyecy1jxvhbZ
tcp   localhost：mysql *:*LISTEN
3456/mysqld

下面是开始、停止、重启 MySQL 服务的几种方法。
# 方法一：
sudo /etc/init.d/mysql start
sudo /etc/init.d/mysql stop
sudo/etc/init.d/mysql restart

# 方法二：
sudo service mysql start
sudo service mysql stop
sudo service mysql restart

方法三：
/etc/init.d/mysql start
/etc/init.d/mysql stop
/etc/init.d/mysql restart

5.1.8 MySQL 的基本操作

1. 用户登录

回车后，需要输入在安装MySQL时设置的密码
mysql -u root -p

2. 查看数据库

show databases;
执行结果如下：
mysql> show databases;

```
+--------------------+
| Database           |
+--------------------+
| information_schema |
| mysql              |
| performance_schema |
| sys                |
+--------------------+
4 rows in set (0.01 sec)
```

3. 选择数据库

use 数据库名

执行结果如下：

```
mysql> use mysql;
Database changed
```

4. 查看数据库里的所有表

show tables;

执行结果如下：

```
mysql> show tables;
+---------------------------+
| Tables_in_mysql           |
+---------------------------+
| columns_priv              |
| component                 |
| db                        |
| default_roles             |
| engine_cost               |
| func                      |
| general_log               |
| global_grants             |
| gtid_executed             |
| help_category             |
| help_keyword              |
| help_relation             |
| help_topic                |
| innodb_index_stats        |
| innodb_table_stats        |
| password_history          |
| plugin                    |
| procs_priv                |
| proxies_priv              |
| role_edges                |
| server_cost               |
| servers                   |
```

```
| slave_master_info              |
| slave_relay_log_info           |
| slave_worker_info              |
| slow_log                       |
| tables_priv                    |
| time_zone                      |
| time_zone_leap_second          |
| time_zone_name                 |
| time_zone_transition           |
| time_zone_transition_type      |
| user                           |
+--------------------------------+
33 rows in set (0.00 sec)
```

基本的操作就这些，对于数据库的相关操作，在进入数据库后可以通过编写、执行数据库语句完成。

5.1.9 MySQL 数据库语法速成

接下来我们来学习 MySQL 的相关语法。

1. MySQL 数据类型

数据类型就是定义存储什么类型的数据，如数字、日期、字符串等。举个简单的例子，你想保存一个数字，就要定义一个数字类型的字段，而不能定义一个数字类型的字段，然后往里面放字符串。

MySQL 中支持以下几种数据类型：

①整型（取值范围如果加了 unsigned，则最大值翻倍）

- TINYINT(m)：1 字节，范围为-128~127。
- SMALLINT(m)：2 字节，范围为-32 768~32 767。
- MEDIUMINT(m)：3 字节，范围为-8 388 608~8 388 607。
- INT(m)：4 字节，范围为-2 147 483 648~2 147 483 647。
- BIGINT(m)：8 字节，范围为$\pm 9.22 \times 10^{18}$。

②浮点型

- FLOAT(m,d)：单精度浮点型，8 位精度（4 字节），m 为总个数，d 为小数位。
- DOUBLE(m,d)：双精度浮点型，16 位精度（8 字节），m 为总个数，d 为小数位。

③字符串

- CHAR 类型的字符串检索速度要比 VARCHAR 类型快。
- TEXT 类型不能有默认值，VARCHAR 查询速度快于 TEXT。
- CHAR(n)：固定长度，最多 255 个字符。
- VARCHAR(n)：可变长度，最多 65 535 个字符。
- TINYTEXT：可变长度，最多 255 个字符。

- TEXT：可变长度，最多 65 535 个字符。
- MEDIUMTEXT：可变长度，最多 $2^{24}-1$ 个字符。
- LONGTEXT：可变长度，最多 $2^{32}-1$ 个字符。

④二进制数据
- _BLOB：以二进制方式存储，不分大小写，不用指定字符集，只能整体读出。
- _TEXT：以文本方式存储，英文存储区分大小写，可以指定字符集。

⑤日期时间类型
- DATE：日期。
- TIME：时间。
- DATETIME：日期时间。
- TIMESTAMP：自动存储记录修改时间。

2. 数据类型的属性

数据类型的属性就是对字段加一些限定条件，如设置默认值，如果写入记录没有这个字段，就把该字段的值设置为默认值。除此之外，还有主键和字段是否为空等，相关的属性如下所示。
- NULL：数据列可包含 NULL 值，就是可以不设置值。
- NOT NULL：数据列不允许包含 NULL 值。
- DEFAULT：默认值。
- PRIMARY KEY：主键。
- AUTO_INCREMENT：自动递增，适用于整数类型。
- UNSIGNED：无符号。
- CHARACTER SET name：指定一个字符集。

3. 库操作

MySQL 提供了如下库操作命令。

①建库。

CREATE DATABASE 数据库名;

②删库（删除的数据库无法恢复）。删除不存在的库会报 database doesn't exist 的错误，故删库前要先用 IF EXISTS 进行判断。

DROP DATABASE IF EXISTS 数据库名;

4. 表操作

MySQL 提供的与表操作相关的命令如下：
建表，比如
CREATE TABLE test
(
  _id   VARCHAR(50)   NOT NULL PRIMARY KEY,

```
    dsec       TEXT                         NULL,
    images     TEXT                         NULL,
    url        TEXT                         NULL,
    type       VARCHAR(50) DEFAULT ''       NULL
);
```
清空表数据，整体删除，速度较快，会重置Identity（标识列、自增字段）
TRUNCATE 表名
删除表数据，逐条删除，速度较慢，不会重置Identity，配合WHERE关键字可以删除部分数据
DELETE FROM 表名
删表
DROP TABLE 表名
重命名表
ALTER TABLE 原表名 RENAME 新表名;
RENAME TABLE 原表名 TO 新表名;
增加列
ALTER TABLE 表名 Add column 新字段 数据类型 AFTER 在哪个字段后添加
删除列
ALTER TABLE 表名 DROP 字段名;
重命名列/数据类型
ALTER TABLE 表名 CHANGE 原列名 新列名 数据类型;
增加主键
ALTER TABLE 表名 ADD PRIMARY KEY (主键名);
删除主键
ALTER TABLE 表名 DROP PRIMARY KEY;
添加唯一索引
ALTER TABLE 表名 ADD UNIQUE 索引名 (列名);
添加普通索引
ALTER TABLE 表名 ADD INDEX 索引名 (列名);
删除索引
ALTER TABLE 表名 DROP INDEX 索引名;
把表默认的字符集和所有字符列（CHAR, VARCHAR, TEXT）改为新的字符集
ALTER TABLE 表名 CONVERT TO CHARACTER SET utf8;
修改表某一列的编码
ALTER TABLE 表名 CHANGE 列名 varchar(255) CHARACTER SET utf8;
仅仅改变一个表的默认字符集
ALTER TABLE 表名 DEFAULT CHARACTER SET utf8;

5. 实例

下面通过一个实例来帮助读者快速上手。
建新数据库
CREATE DATABASE test

```sql
# 新建一个表person，字段有(自增id、名字、年龄、性别)
CREATE TABLE person(
  id INT AUTO_INCREMENT PRIMARY KEY,
  name VARCHAR(30) NOT NULL DEFAULT '',
  age INT,
  sex CHAR(2)
);

# 在表中插入5条数据
INSERT INTO person (name, age, sex) VALUES ('小明', 8, '男');
INSERT INTO person (name, age, sex) VALUES ('小红', 14, '女');
INSERT INTO person (name, age, sex) VALUES ('小白', 4, '男');
INSERT INTO person (name, age, sex) VALUES ('小宝', 6, '男');
INSERT INTO person (name, age, sex) VALUES ('小莉', 16, '女');

# 更新表中的数据(不添加WHERE子句筛选，更新的会是整个表的某列)
UPDATE person SET age = 10, sex = '女' WHERE name = '小明';

# 在表中插入数据，如果已存在则更新数据
INSERT INTO person (id,name, age, sex) VALUES (1,'小明', 20, '男') ON DUPLICATE KEY UPDATE age = '20';

# 删除特定记录
DELETE FROM person WHERE age < 10;

# 查询数据
SELECT * FROM person;        # 查询所有数据
SELECT name,age FROM person;      # 查询特定列
SELECT name AS '姓名',age AS '年龄'FROM person; # 为检索出来的列设置别名
SELECT name FROM person WHERE age > 15 AND age <=20;    # 条件查询
SELECT name FROM person WHERE age BETWEEN 15 AND 20;     # 范围查询

# 数据求总和,平均值,最大值,最小值,记录数
SELECT SUM(age),AVG(age), MAX(age),MIN(age), COUNT(age) FROM person;

# 查询的时候排序：升序(ASC)，降序(DESC)
SELECT * FROM person ORDER BY age ASC;
```

6. 事务

事务就是一系列数据库的操作，要么完全执行，要么完全不执行。举个简单的例子：银行转账，转账后数据库对你的余额扣钱，别人收到钱，数据库对他的余额加钱，如果转

账失败,则保证两个人的余额不变,而不是你的钱扣了,他余额没变,或者你的钱没扣,他的钱反而多了。可以通过下述命令开启事务、确认事务或回滚事务。

```
BEGIN   # 开始一个事务
COMMIT  # 确认事务
ROLLBACK # 回滚事务
```

5.1.10 Python 连接 MySQL 数据库

Python 中可以使用 pymysql 库来连接 MySQL 数据库,通过 pip 命令安装即可:

```
pip install pymysql
```

MySQL 服务默认的端口号是 3306,可以输入下述命令查看端口号:

```
show global variables like 'port'
```

执行结果如下:

```
mysql> show global variables like 'port';
+---------------+-------+
| Variable_name | Value |
+---------------+-------+
| port          | 3306  |
+---------------+-------+
1 row in set, 1 warning (0.01 sec)
```

1. 连接数据库

代码示例如下:

```python
import pymysql

if __name__ == '__main__':
    db = pymysql.connect(host='localhost', user='root', password='Zpj12345', port=3306)
    cursor = db.cursor()
    cursor.execute('SELECT VERSION()')
    # 获取第一条数据
    data = cursor.fetchone()
    print('数据库版本号:', data)
    db.close()
```

代码执行结果如下:

数据库版本号: ('8.0.12',)

2. 新建数据库

代码示例如下(判断数据库是否存在,不存在的话则新建,同时设置编码类型):

```
cursor.execute("Create Database If Not Exists test Character Set UTF8MB4")
```

3. 新建数据库表

代码示例如下(判断表是否存在,不存在的话则新建):

```
c.execute("CREATE TABLE IF Not Exists person(id INT AUTO_INCREMENT PRIMARY KEY,name VARCHAR(30) NOT NULL DEFAULT '',age INT,sex CHAR(2))")
```

代码执行后,可以在命令行输入 desc 命令查看表结构,结果如下所示:

```
mysql> use test;
Database changed
mysql> desc person;
+-------+-------------+------+-----+---------+----------------+
| Field | Type        | Null | Key | Default | Extra          |
+-------+-------------+------+-----+---------+----------------+
| id    | int(11)     | NO   | PRI | NULL    | auto_increment |
| name  | varchar(30) | NO   |     |         |                |
| age   | int(11)     | YES  |     | NULL    |                |
| sex   | char(2)     | YES  |     | NULL    |                |
+-------+-------------+------+-----+---------+----------------+
4 rows in set (0.00 sec)
```

也可以用 show tables;查看当前数据库中的表,结果如下所示:

```
mysql> show tables;
+----------------+
| Tables_in_test |
+----------------+
| person         |
+----------------+
1 row in set (0.00 sec)
```

4. 插入数据

代码示例如下:

```python
# 插入数据
def insert_data(c, name, age, sex):
    c.execute('INSERT INTO person (name, age, sex) VALUES (%s, %s, %s)', (name, age, sex))

# 调用处
    insert_data(cursor, '小明', '8', '男')
    insert_data(cursor, '小红', '14', '女')
    insert_data(cursor, '小白', '4', '男')
    insert_data(cursor, '小宝', '6', '男')
    insert_data(cursor, '小莉', '16', '女')
    db.commit()
```

代码执行完成后,输入 select * from person;查看当前的数据情况,结果如下:

```
mysql> select * from person;
+----+--------+------+------+
| id | name   | age  | sex  |
+----+--------+------+------+
|  1 | 小明   |    8 | 男   |
|  2 | 小红   |   14 | 女   |
```

```
| 3 | 小白   |    4 | 男  |
| 4 | 小宝   |    6 | 男  |
| 5 | 小莉   |   16 | 女  |
+----+--------+------+------+
5 rows in set (0.00 sec)
```

对于增加、删除、修改这类会改变数据库中数据的操作，都需要调用 commit() 方法才会生效。另外，还需要在外层添加一层异常处理，如果某个操作执行失败了，则调用 rollback() 函数执行数据回滚，相当于什么都没发生。这就涉及事务了，事务可以保持数据的一致性，比如插入多条数据，要么全部插入，要么一条都不插入，不会发生只插入一部分数据的情况。所以可以提炼出增加、删除、修改这类操作的一个模板代码：

```
try:
    c.execute(sql)
    db.commit()
except:
    db.rollback()
```

上述这种拼接 SQL 字符串的方式显得有些烦琐，如果有新字段，则又要修改 SQL 语句。这时可以传入一个动态变化的字典，而不用频繁地修改 SQL 语句，上述操作代码可以变成这样：

```python
# 插入数据
def insert_data(c, table, data_dict):
    try:
        keys = ', '.join(data_dict.keys())
        values = ', '.join(['%s'] * len(data_dict))
        sql = 'INSERT INTO {table} ({keys}) VALUES ({values})'.format(table=table, keys=keys, values=values)
        c.execute(sql, tuple(data_dict.values()))
        db.commit()
    except Exception as e:
        print(e)
        db.rollback()

# 调用处
data = {
    'name': '大黄',
    'age': '17',
    'sex': '男',
}
insert_data(cursor, 'person', data)
```

代码执行完后，数据库中的数据如下：

```
mysql> select * from person;
+----+--------+------+------+
| id | name   | age  | sex  |
+----+--------+------+------+
| 1 | 小明   |    8 | 男  |
```

• 112 •

```
|  2 | 小红   |   14 | 女   |
|  3 | 小白   |    4 | 男   |
|  4 | 小宝   |    6 | 男   |
|  5 | 小莉   |   16 | 女   |
|  6 | 大黄   |   17 | 男   |
+----+--------+------+------+
6 rows in set (0.00 sec)
```

5. 删除数据

代码示例如下：
```
# 删除数据
def delete_data(c, table, condition):
    try:
        sql = 'DELETE FROM {table} WHERE {condition}'.format(table=table, condition=condition)
        c.execute(sql)
        db.commit()
    except Exception as e:
        print(e)
        db.rollback()

# 调用处
delete_data(cursor, 'person', 'age < 10')
```

代码执行完成后，数据库中的数据如下：
```
mysql> select * from person;
+----+--------+------+------+
| id | name   | age  | sex  |
+----+--------+------+------+
|  2 | 小红   |   14 | 女   |
|  5 | 小莉   |   16 | 女   |
|  6 | 大黄   |   17 | 男   |
+----+--------+------+------+
3 rows in set (0.00 sec)
```

6. 修改数据

代码示例如下：
```
# 修改数据
def update_data(c, table, old, new):
    try:
        sql = 'UPDATE {table} SET {old} WHERE {new}'.format(table=table, old=old, new=new)
        c.execute(sql)
        db.commit()
    except Exception as e:
        print(e)
```

```
        db.rollback()
```
代码执行结果如下：
```
mysql> select * from person;
+----+--------+------+------+
| id | name   | age  | sex  |
+----+--------+------+------+
|  2 | 小红   |   10 | 女   |
|  5 | 小莉   |   16 | 女   |
|  6 | 大黄   |   17 | 男   |
+----+--------+------+------+
3 rows in set (0.00 sec)
```

7. 查看数据

代码示例如下：
```
# 查看数据
def inquire_data(c, table, condition):
    try:
        sql = 'SELECT * FROM {table} WHERE {condition}'.format(table=table, condition=condition)
        c.execute(sql)
        print('共有 %d 行数据' % c.rowcount)
        row = c.fetchone()
        while row:
            print(row)
            row = c.fetchone()
    except Exception as e:
        print(e)

# 调用处
inquire_data(cursor, 'person', 'age > 15')
```

代码执行结果如下：
```
共有 2 行数据
(5, '小莉', 16, '女')
(6, '大黄', 17, '男')
```

除此之外，还可以用 fetchall() 函数一次性获得全部数据（元组），但是如果数据量很大，占用的开销就会很大，建议还是使用上述这种循环的方式一条条获取数据。

5.1.11 MySQL 特殊符号和表情问题

在旧版的 MySQL 中，对于特殊符号和表情，在插入数据的时候会报错：Incorrect string value: '\xF0\x9F...' for column 'XXX' at row 1。原因：UTF—8 编码有可能是 2 字节、3 字节、4 字节。Emoji 表情或某些特殊字符是 4 字节，而 MySQL 的 utf8 编码最多 3 字节，所以数

· 114 ·

据插不进去。

MySQL 在 5.5.3 版本之后增加了 utf8mb4 编码，专门用来兼容 4 字节的 unicode，理论上将字符集修改为 utf8mb4 不会对已有的 utf8 编码读取产生任何影响。新版 MySQL 在创建数据库的时候就会提示用户设置为 utf8mb4 编码，如果在存储特殊字符和表情的时候出现了上述问题，可以按照如下流程来解决。

（1）打开终端，输入 locale my.cnf 定位到文件位置（Windows 下是 my.ini），如下所示：
→~locate my .cnf/etc /mysql/my . cnf/etc /mysql/my .cnf~

（2）在 vim etc/mysql/my.cnf 中追加下述内容并保存：
[mysqld]
character-set-server=utf8mb4
[client]
default-character-set=utf8mb4
[mysql]
default-character-set=utf8mb4

（3）重启 MySQL 服务器。

（4）进入 MySQL，然后输入 show variables like '%character%';确认设置是否生效，如下所示：

```
mysql> show variables like '%character%';
+--------------------------+-------------------------------------------+
| Variable_name            | Value                                     |
+--------------------------+-------------------------------------------+
| character_set_client     | utf8                                      |
| character_set_connection | utf8                                      |
| character_set_database   | utf8mb4                                   |
| character_set_filesystem | binary                                    |
| character_set_results    | utf8                                      |
| character_set_server     | utf8                                      |
| character_set_system     | utf8                                      |
| character_sets_dir       | C:\Coding\mysql-8.0.12-winx64\share\charsets\ |
+--------------------------+-------------------------------------------+
8 rows in set, 1 warning (0.03 sec)
```

（5）更改数据库、表、列编码。
ALTER DATABASE 数据库名 CHARACTER SET = utf8mb4 COLLATE = utf8mb4_unicode_ci;
ALTER TABLE 表名CONVERT TO CHARACTER SET utf8mb4 COLLATE utf8mb4_bin;
ALTER TABLE 表名CHANGE 列名VARCHAR(191) CHARACTER SET utf8mb4 COLLATE utf8mb4_bin;

至此问题就解决了，此时打开数据库表可以看到对应记录已存入，只是显示为问号，读取数据并显示到支持 Emoji 表情的设备页面上就可以了，比如手机。

5.1.12　实战：抓取某技术网站数据

Gank.io 是一个提供技术干货的个人站点，网站作者是程序员。因为提供了 API，所以就不一页页地去爬取了，API 示例如下：
http://gank.io/api/data/数据类型/请求个数/第几页

类别有 Android、iOS、休息视频、福利、拓展资源、前端、App。我们想做的事情就是把数据都爬取到本地并存储到 MySQL 数据库中，先来看接口的返回数据，然后决定要设计哪几个数据库表，都需要什么字段。返回的接口数据主要分为两大类，我们根据返回结果来设计对应的数据库表。

Android、iOS、前端、拓展资源、App 的返回数据格式：

```
{
    "error": false,
    "results": [
        {
            "_id": "5b7292189d212275a12274e5",
            "createdAt": "2018-08-14T16:26:00.223Z",
            "desc": "一个可爱的时钟view",
            "images": [
                "https://ww1.sinaimg.cn/large/0073sXn7ly1fubd70msdgj307i07074h",
                "https://ww1.sinaimg.cn/large/0073sXn7ly1fubd71dioig304e04qaab",
                "https://ww1.sinaimg.cn/large/0073sXn7ly1fubd7dqhueg304e04qmxb",
                "https://ww1.sinaimg.cn/large/0073sXn7ly1fubd7e0lb7g304e04rati"
            ],
            "publishedAt": "2018-08-16T00:00:00.0Z",
            "source": "web",
            "type": "Android",
            "url": "https://github.com/samlss/ClockView",
            "used": true,
            "who": "samlss"
        }, ...
    ]
}
```

福利、休息视频的返回数据格式：

```
[
    {
        "_id": "5b74e9409d21222c52ae4cb4",
        "createdAt": "2018-08-16T11:02:24.289Z",
        "desc": "2018-08-16",
        "publishedAt": "2018-08-16T00:00:00.0Z",
        "source": "api",
        "type": "福利",
        "url": "https://ws1.sinaimg.cn/large/0065oQSqly1fubd0blrbuj30ia0qp0yi.jpg",
        "used": true,
        "who": "lijinshan"
    },...
]
```

汇总两种返回结果后设计的表结构如表 5.1 所示。

表 5.1 表结构设计

字 段 名	类 型
_id	TEXT
createdAt	TEXT
desc	TEXT
publishedAt	TEXT
source	TEXT
type	TEXT
url	TEXT
used	INT
who	TEXT

没有 image 字段,因为 image 可能有多个,另外创建一个 image 的表,可以通过查询 _id 来获取对应的图链接,表结构如表 5.2 所示。

表 5.2 图片表结构设计

字 段 名	类 型
id	INT(自增主键)
_id	TEXT
url	TEXT

表设计好了,接下来我们就来创建这些表,代码如下:

```python
import requests as r
from bs4 import BeautifulSoup
import pymysql

# 接口地址
search_api_base_url = 'https://gank.io/api/data/'
# 各种分类的表名:Android,iOS,休息视频,福利,拓展资源,前端, App
category_list = ["android", "ios", "video", "meizi", "other", "fed", "random", "app"]
# 图片表名
pic_table_name = 'pics'
# 请求分类字段列表
type_list = ["Android", "iOS", "休息视频", "福利", "拓展资源", "前端", "App"]
# 表字段名
column_list = ('_id', 'createdAt', 'dsec', 'publishedAt', 'source', 'type', 'url', 'used', 'who')
# 图片表字段名
pic_column_list = ('_id', 'url')

# 创建数据库
def create_db():
    conn = pymysql.connect(host='localhost', user='root', password='Zpj12345', port=3306)
```

```python
        cursor = conn.cursor()
        cursor.execute("Create Database If Not Exists gank Character Set UTF8MB4")
        conn.close()

    conn=pymysql.connect(host='localhost',user='root',password='Zpj12345',port=3306,db='gank')
    return conn

# 创建数据库表
def init_tables(c, table):
    c.execute(
        ("CREATE TABLE IF Not Exists {table}"
         "(_id CHAR(24) PRIMARY KEY,"
         "createdAt TEXT NOT NULL,"
         "dsec TEXT NOT NULL,"
         "publishedAt TEXT NOT NULL,"
         "source TEXT NOT NULL,"
         "type TEXT NOT NULL,"
         "url TEXT NOT NULL,"
         "used TEXT NOT NULL,"
         "who TEXT NOT NULL)").format(table=table))

# 创建图表
def init_pic_table(c, table):
    c.execute(
        ("CREATE TABLE IF Not Exists {table} "
         "(id INT AUTO_INCREMENT PRIMARY KEY,"
         "_id CHAR(24),"
         "url TEXT NOT NULL)").format(table=table))

if __name__ == '__main__':
    cursor = create_db().cursor()
    for category in category_list:
        init_tables(cursor, category)
    init_pic_table(cursor, pic_table_name)
```

代码执行完成后，用命令行查看表是否生成，同时查看表结构是否正确，结果如下所示：

```
mysql> use gank;
Database changed
mysql> show tables;
+----------------+
| Tables_in_gank |
+----------------+
| android        |
| app            |
```

```
| fed      |
| ios      |
| meizi    |
| other    |
| pics     |
| random   |
| video    |
+----------+
9 rows in set (0.00 sec)

mysql> desc android;
+-------------+----------+------+-----+---------+-------+
| Field       | Type     | Null | Key | Default | Extra |
+-------------+----------+------+-----+---------+-------+
| _id         | char(24) | NO   | PRI | NULL    |       |
| createdAt   | text     | NO   |     | NULL    |       |
| dsec        | text     | NO   |     | NULL    |       |
| publishedAt | text     | NO   |     | NULL    |       |
| source      | text     | NO   |     | NULL    |       |
| type        | text     | NO   |     | NULL    |       |
| url         | text     | NO   |     | NULL    |       |
| used        | text     | NO   |     | NULL    |       |
| who         | text     | NO   |     | NULL    |       |
+-------------+----------+------+-----+---------+-------+
9 rows in set (0.00 sec)

mysql> desc pics;
+-------+----------+------+-----+---------+-------+
| Field | Type     | Null | Key | Default | Extra |
+-------+----------+------+-----+---------+-------+
| _id   | char(24) | NO   | PRI | NULL    |       |
| url   | text     | NO   |     | NULL    |       |
+-------+----------+------+-----+---------+-------+
2 rows in set (0.00 sec)
```

接下来模拟请求，代码如下：

```python
# 爬取接口数据的方法
def fetch_data(pos):
    page_count = 1
    resp = r.get(search_api_base_url + type_list[pos] + '/50/' + str(page_count))
    result_json = resp.json()
    for result in result_json['results']:
        print(result)
```

代码执行的部分结果如下：

{'_id': '5b74e9409d21222c52ae4cb4', 'createdAt': '2018-08-16T11:02:24.289Z', 'desc': '2018-08-16', 'publishedAt': '2018-08-16T00:00:00.0Z', 'source': 'api', 'type': '福利', 'url':

'https://ws1.sinaimg.cn/large/0065oQSqly1fubd0blrbuj30ia0qp0yi.jpg', 'used': True, 'who': 'lijinshan'}
{'_id': '5b7102749d2122341d563844', 'createdAt': '2018-08-13T12:00:52.458Z', 'desc': '2018-08-13', 'publishedAt': '2018-08-13T00:00:00.0Z', 'source': 'api', 'type': '福利', 'url': 'https://ww1.sinaimg.cn/large/0065oQSqly1fu7xueh1gbj30hs0uwtgb.jpg', 'used': True, 'who': 'lijinshan'}

表创建成功了，接下来编写插入数据库和查看数据库中数据的代码，具体代码如下：

```
# 把数据插入数据库
def insert_data(c, table, column, data):
    try:
        keys = ', '.join(column)
        values = ', '.join(['%s'] * len(data))
        sql = 'INSERT INTO {table} ({keys}) VALUES ({values})'.format(table=table, keys=keys, values=values)
        c.execute(sql, tuple(data))
        db.commit()
    except Exception as e:
        print(e)
        db.rollback()


# 查询数据库表的方法
def query_data(c, table):
    try:
        sql = 'SELECT * FROM {table}'.format(table=table)
        c.execute(sql)
        print('共有  %d  行数据' % c.rowcount)
        row = c.fetchone()
        while row:
            print(row)
            row = c.fetchone()
    except Exception as e:
        print(e)


# 爬取接口数据的方法
def fetch_data(c, pos):
    page_count = 1
    resp = r.get(search_api_base_url + type_list[pos] + '/50/' + str(page_count))
    result_json = resp.json()
    for result in result_json['results']:
        data_list = [result['_id'], result['createdAt'], result['desc'], result['publishedAt'], result['source'],
                     result['type'], result['url'], 1 if result['used'] else 0, result['who']]
        insert_data(c, category_list[pos], column_list, data_list)
```

部分代码执行结果如下：
共有 50 行数据

('5b457cf5421aa92fc7503ed9', '2018-07-11T11:43:49.902Z', '简洁漂亮的Android 圆角、圆形ImageView。','2018-07-11T00:00:00.0Z', 'chrome','Android', 'https://github.com/SheHuan/NiceImageView', '1', 'lijinshanmx')
('5b461473421aa92fc4eebe4f', '2018-07-11T22:30:11.315Z', '展示进度的Button', '2018-07-13T00:00:00.0Z', 'chrome', 'Android', 'https://github.com/abdularis/AndroidButtonProgress', '1', '艾米')
...

接下来修改爬取部分的代码，加上循环判断，如果返回的 results 字段为 0，代表没数据了，切换到下一个类别，修改后的代码如下：

```python
def fetch_data(c, pos):
    page_count = 1
    while True:
        resp = r.get(search_api_base_url + type_list[pos] + '/50/' + str(page_count))
        result_json = resp.json()
        print("抓取： ", resp.url)
        if len(result_json['results']) > 0:
            for result in result_json['results']:
                data_list = [result['_id'],
                             result['createdAt'],
                             result['desc'],
                             result['publishedAt'],
                             result.get('source', ''),
                             result['type'],
                             result['url'],
                             1 if result['used'] else 0,
                             result.get('who', '') if result.get('who', '') is not None else '']
                insert_data(c, category_list[pos], column_list, data_list)
                if 'images' in result:
                    for image in result['images']:
                        insert_data(c,pic_table_name,pic_column_list,[result['_id'], image])
            page_count += 1
        else:
            break

# 调用处代码
if __name__ == '__main__':
    db = create_db()
    cursor = db.cursor()
    for category in category_list:
        init_tables(cursor, category)
    init_pic_table(cursor, pic_table_name)
    for i in range(0, len(category_list)):
        fetch_data(cursor, i)
    cursor.close()
```

代码执行后会陆续看到这样的输出：

```
抓取：    https://gank.io/api/data/Android/50/1
抓取：    https://gank.io/api/data/Android/50/2
抓取：    https://gank.io/api/data/Android/50/3
...
```

接着调用上面我们编写的 query_data(cursor, 'Android')查看是否真的保存到本地：

```
共有 3343 行数据
('56cc6d1c421aa95caa7074fc', '2015-06-10T04:45:12.150Z', '为Android提供不可改变的数据
集支持', '2015-06-11T03:30:41.4Z', '', 'Android', 'https://github.com/konmik/solid', '1', 'mthli')
('56cc6d1c421aa95caa707502', '2015-11-08T08:53:51.718Z', '基于 RecyclerView，提供类
似 ViewPager 体验的一个库', '2015-11-10T05:37:51.781Z', '', 'Android', 'https://github.com/
luckyandyzhang/CleverRecyclerView', '1', 'mthli')
...
```

数据是抓取到本地了，不过有个问题，难道我们每次想查看数据库中数据的情况，都只能通过自己编写 SQL 查询语句来实现吗？当然可以通过其他方式来查看数据库，这就是下一节要介绍的数据库可视化工具。

5.2 数据库可视化工具 DataGrip

本节给大家介绍的是数据库可视化工具 DataGrip，由 JetBrains 公司开发，可以在 Windows、OS X 和 Linux 上使用，同时支持多种数据库（Server、Oracle、PostgreSQL、MySQL、DB2、Sybase、SQLite、Derby、HyperSQL 和 H2），安装比较简单，官方下载地址为 https://www.jetbrains.com/datagrip/。除此之外，数据库可视化工具还有 Navicat、dbeaver 等，有兴趣的读者可自行了解。

5.2.1 建立数据库关联

依次单击 New→Data Source→MySQL，如图 5.4 所示。

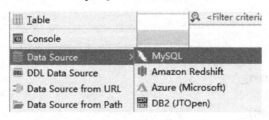

图 5.4 单击 MySQL

依次配置 Host、Database、User、Password，然后单击 Test Connection 测试是否连接成功，成功的话，单击 OK 按钮，如图 5.5 所示。

第 5 章　用数据库存储数据

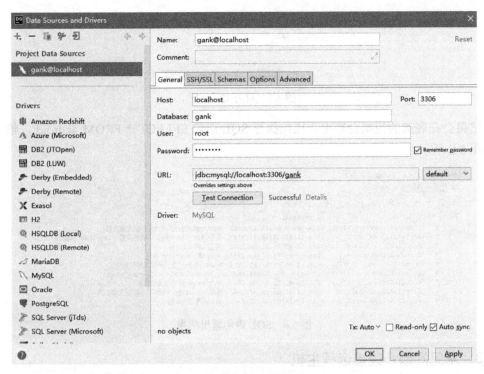

图 5.5　设置 MySQL 相关配置

数据库连接成功后，单击 gank 数据库里的 android 表，如图 5.6 所示。

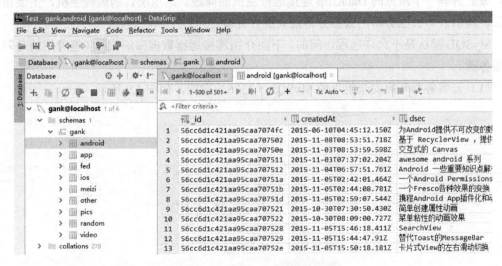

图 5.6　查看 android 表里的数据

5.2.2　编写 SQL 语句

如图 5.7 所示，右键单击 gank 表，可以看到 Open Console 选项，单击后会进入 SQL 语句编写界面。

图 5.7 打开 Console

结果会在底部的控制台输出，比如执行 SQL 语句 SELECT * FROM android;，输出结果如图 5.8 所示。

图 5.8 SQL 语句输出结果

5.2.3 常见问题：连接远程主机

限于篇幅，关于 DataGrip 的使用就不详细介绍了，有兴趣的读者可以自行搜索相关教程。最后讲解一个常见的 DataGrip 连接远程主机的问题。这里所说的远程主机，主要指阿里云、腾讯云等云服务器，云服务器最大的好处就是可以不间断运行。

MySQL 默认是不允许远程访问的，下面介绍连接远程数据库的流程（笔者用的是阿里云服务器）。

（1）云服务器开启安全组里的 MySQL（3306）端口，如图 5.9 所示。

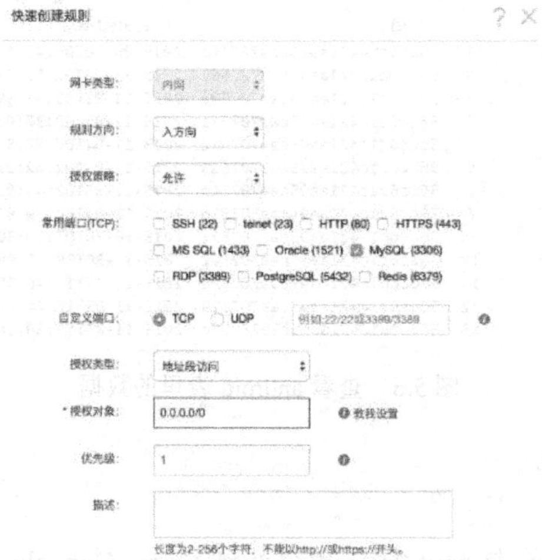

图 5.9 云服务器开启 MySQL（3306）端口

(2)停止 MySQL 服务。

/etc/init.d/mysql stop

(3)修改 my.cnf 文件,注释掉 bind-address = 127.0.0.1,输入 sq 保存并退出。

vim /etc/mysql/my.cnf

(4)启动 MySQL 服务。

/etc/init.d/mysql start

(5)输入下述命令查看当前 3306 端口的状态。

netstat -an|grep 3306

(6)修改访问权限。

```
mysql -u root -p      # 用户登录
use mysql;   # 选中MySQL数据库
GRANT ALL PRIVILEGES ON *.* TO 'root'@'%' IDENTIFIED BY '密码' WITH GRANT OPTION;     # 授权
FLUSH PRIVILEGES;     # 更新权限
EXIT #  退出MySQL
```

注意:上面设置的结果是所有 IP 都能访问数据库,如果需要指定特定 IP 才能访问的话,可以把'@'%改成特定 IP。这里使用的是 root 账户,可以通过下述命令创建一个新的用户,然后用这个用户进行访问,可以由此做一些权限控制操作。

```
CREATE USER 新用户 IDENTIFIED BY '密码';
GRANT ALL PRIVILEGES ON *.* TO '新用户'@'%' IDENTIFIED BY '密码' WITH GRANT OPTION;     # 授权
FLUSH PRIVILEGES;
```

(7)连接远程 MySQL,配置 SSH 或 SSL,默认端口是 22,如图 5.10 所示。

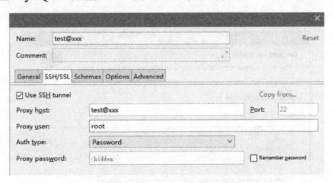

图 5.10 DataGrip 连接 MySQL

5.3 Redis 数据库

Redis 是一个使用 ANSI C 编写的开源、支持网络、基于内存、可选持久化 Key-Value 的非关系型存储数据库。它具有下述特性:

- 速度快(数据存在内存中,C 语言编写,单线程)

- 持久化（对数据的更新将异步保存到磁盘上）
- 支持多种数据结构（支持 8 种数据类型，常用 String、Hash、List、Set 和 SortSet）
- 支持多种编程语言（Python、PHP、Java、Golang 等）
- 功能丰富（发布订阅、lua 脚本、事务、pipeline）
- 简单（代码短小精悍，不依赖外部库，单线程模型）
- 主从复制
- 高可用、分布式

以上就是关于 Redis 的简介，你可以把它简单地理解成一个通过键值对保存数据的非关系型内存数据库。下面是与 Redis 有关的一些链接。

- 官网：http://redis.io/
- 官方文档：https://redis.io/documentation
- 官方下载：https://redis.io/download
- 中文官网：http://www.redis.cn/
- 中文教程（非官方）：http://www.runoob.com/redis/redis-tutorial.html

5.3.1 安装 Redis

1. Windows 环境

Windows 版本的安装包可以到 https://github.com/MicrosoftArchive/redis/releases 下载，直接下载 Redis-x64-3.2.100.ms 文件安装即可，单击 Next 按钮，如图 5.11 所示选择添加环境变量。

图 5.11　添加环境变量

安装完成后，打开"开始"菜单→计算机管理→服务，找到如图 5.12 所示的 Redis 服务。

第 5 章 用数据库存储数据

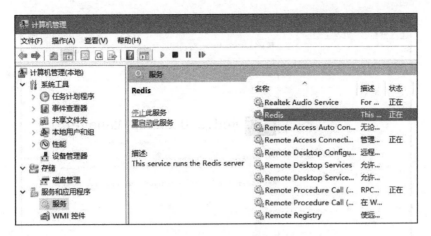

图 5.12 Redis 服务

服务已开启，接着打开 CMD 命令提示符，输入 redis-cli.exe -h 127.0.0.1-p 6379 作为一个客户端调用 Redis 服务，然后保存一个键值，根据键读取值，流程如下：

```
$ redis-cli.exe -h 127.0.0.1 -p 6379
127.0.0.1:6379> set uname "abc"
OK
127.0.0.1:6379> get uname
"abc"
```

Redis 默认安装后是没有设置密码的，为了安全建议设置密码，设置方式是修改 redis.windows.conf 和 redis.windows-service.conf 文件，找到 requirepass 这一行加上自己的密码，如下所示：

```
# Warning: since Redis is pretty fast an outside user can try up to
# 150k passwords per second against a good box. This means that you should
# use a very strong password otherwise it will be very easy to break.
#
requirepass Zpj12345
```

设置完成后需要重启 Redis 服务，后面调用时就需要输入密码了，登录后可以调用 CONFIG GET requirepass 获得登录密码，流程如下所示：

```
$ redis-cli.exe -h 127.0.0.1 -p 6379
127.0.0.1:6379> get uname
(error) NOAUTH Authentication required.
127.0.0.1:6379> AUTH Zpj12345
OK
127.0.0.1:6379> get uname
"abc"
127.0.0.1:6379> CONFIG GET requirepass
1) "requirepass"
2) "Zpj12345"
```

接下来，建议再下载安装可视化工具 Redis Desktop Manager，下载链接为 https://github.com/uglide/RedisDesktopManager/releases，安装后打开，界面如图 5.13 所示。

图 5.13 Redis Desktop Manager 界面

单击"连接到 Redis 服务器",填写 Redis 相关的信息,填写完毕后单击"测试连接",结果如图 5.14 所示,代表连接成功,单击 OK 按钮。

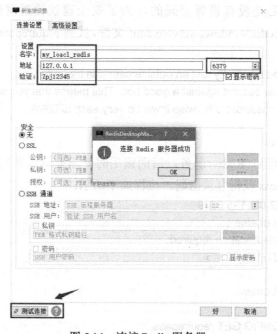

图 5.14 连接 Redis 服务器

连接完成后,在 Redis Desktop Manager 的左侧可以看到如图 5.15 所示的结构,右键单击 my_local_redis,单击 Open Console,打开终端。

图 5.15 打开终端

终端界面如图 5.16 所示，在这里输入 set uid 1，添加一个键值对。

图 5.16 终端界面

执行完后，右键单击 my_local_redis，单击 Reload Server 来刷新数据，如图 5.17 所示。

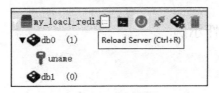

图 5.17 刷新数据

刷新后如图 5.18 所示，可以看到新插入的键值对，可以进行重命名或删除等操作。

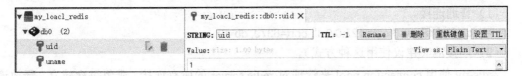

图 5.18 查看新插入的键值对

2. Mac 环境

通过 Homebrew 进行安装，安装命令如下：
```
brew install redis
```
启动 Redis 的命令如下：
```
brew service start redis
redis-server /usr/local/etc/redis.conf
```
同样可以利用 redis-cli 进入 Redis 命令行模式，Mac 下的 Redis 配置文件路径是 /usr/local/etc/redis.conf，访问密码的设置方式和 Windows 一致，修改完成后需要重启 Redis 服务。停止和重启 Redis 的命令如下：
```
brew service stop redis
```

```
brew service restart redis
```

3. Ubuntu 环境

直接通过 apt-get 命令进行安装即可，如下所示：
```
sudo apt-get -y install redis-server
```
Ubuntu 环境下的 Redis 配置文件路径是 /etc/redis/redis.conf，设置密码的方式和 Windows 环境一致，需要重启 Redis 服务。命令行开始、停止和重启 Redis 服务的命令如下：
```
sudo /etc/init.d/redis-server start
sudo /etc/init.d/redis-server stop
sudo /etc/init.d/redis-server restart
```
在 Mac 环境和 Ubuntu 环境下，可以通过安装 Redis Desktop Manager 来管理 Redis，安装比较简单，这里就不再介绍了。

5.3.2 redis-py 库的安装

通过 pip 命令安装即可，如下所示：
```
pip install redis
```

5.3.3 redis-py 基本操作示例

1. 连接 Redis 数据库

redis-py 库提供了 Redis 类和 StrictRedis 类来实现 Redis 的相关操作，前者是后者的子类，主要用于兼容旧版本库里的几个方法，官方推荐使用 StrictRedis 类。
```
import redis
```
（1）普通连接。
```
r = redis.StrictRedis(host='127.0.0.1', port=6379, db=0)
```
（2）连接池（建议使用这种方式）。

redis-py 使用 connection pool 来管理对 redis server 的所有连接，避免每次建立、释放连接的开销，这种方式可以实现多个 Redis 实例共享一个连接池。
```
pool = redis.ConnectionPool(host='127.0.0.1', port=6379, password='Zpj12345')
r = redis.StrictRedis(connection_pool=pool)
```
（3）管道。

redis-py 在默认情况下，每次都会进行连接池的连接和断开。若想一次执行多条命令，进行事务性操作，就要使用管道。
```
pool = redis.ConnectionPool(host='127.0.0.1', port=6379)
r = redis.StrictRedis(connection_pool=pool)
pipe = r.pipeline(transaction=True)
# 执行多条命令
pipe.execute()
```

2. 通用操作

```
r.delete('name')         # 根据键删除Redis中的任意数据类型
r.exists('name')         # 检测Redis的键是否存在
r.keys(pattern='*')      # 根据*、？等通配符匹配获取Redis的键
r.expire('name' ,time=3000) # 为某个键设置超时时间
r.rename('name', 'name1')   # 重命名键
r.move('name', 'db1')    # 将Redis的某个值移动到指定的db下
r.randomkey()            # 随机获取一个Redis的键（不删除）
r.type('name')           # 获取键对应值的类型
r.dbsize()               # 获得当前数据库中键的数目
r.ttl('name')            # 获得键的过期时间
r.flushdb()              # 删除当前选择数据库中所有的键
r.flushall()             # 删除所有数据库中所有的键
```

3. String 操作

设置键值对，默认不存在则创建，存在则修改：
set(name, value, ex=None, px=None, nx=False, xx=False)

- ex 为过期时间（秒）。
- px 为过期时间（毫秒）。
- nx 如果设置为 True，则只有 name 不存在时，当前 set 操作才执行，同 setnx(name, value)。
- xx 如果设置为 True，则只有 name 存在时，当前 set 操作才执行。

```
r.set(name, value)       # 设置值
r.setnx(name,value)      # 如果name键不存在，把这个键对应的值设置为value
r.setex(name, value, time) # 设置值，并指定此键值的有效期
r.setrange(name, offset, value) # 修改字符串内容，从指定字符串索引开始向后替换
r.mset({"name3":'xxx', "name4":'xxx'})    # 批量设置值
r.msetnx({"name3":'xxx', "name4":'xxx'}) # 键都不存在时才批量赋值
r.get(name)              # 获取值
r.getset(name, new_value) # 将name赋值为new_value，并返回上次的值old_value
r.mget(['name1','name2']) # 返回多个键对应的值
r.getrange(key, start, end) # 返回键为name的值的字符串，截取索引为start到end的字符
r.strlen(name)  # 返回name对应值的字节长度（一个汉字3字节）
r.append(name,value)     # 在键为name的值后追加value
r.incr(name,amount) # 字符串转化为整型，再自增属性name对应的值，当属性name不存在时，
                    # 则创建name＝amount，否则自增，amount为自增数（整数）
r.decr(name,amount)      # 自减name对应的值，当name不存在时，则创建name＝amount，
                         # 否则自减，amount为自减数（整数）
r.substr(name,start, end) # 返回键为name的值的字符串，截取索引为start到end的字符
```

4. List 操作

（1）增改操作。

```
r.lpush(name,1,2,3) # 在name对应的list中添加元素，每个新的元素都添加到列表的最左边
```

```
                                    # 不存在列表则创建列表，保存在表中的顺序为3,2,1
r.rpush(name,values)   # 同lpush，但每个新的元素都添加到列表的最右边
r.lpushx(name,value)   # 在name对应的list中添加元素，只有name已经存在时，值添加到列
                                    # 表的最左边
r.rpushx(name,value)   # 在name对应的list中添加元素，只有name已经存在时，值添加到列
                                    # 表的最右边
r.linsert(name,value,"2","YY") # 在列表内找到第一个元素2，在它前面插入YY
r.lset(name,0,"YYY") # 对list中的某一个索引位置重新赋值
r.lpop(name)   # 移除列表左侧的第一个元素，返回值则是第一个元素
r.rpoplpush('list1_name', 'list2_name') # 从一个列表取出最右边的元素，同时将其添加至另一
                                    # 个列表的最左边
```

（2）查询操作。

```
r.llen(name)   # name对应的list元素的个数
r.lindex(name,1)   # 根据索引获取列表内元素
r.lrange(name,0,-1)   # 分片获取元素
```

（3）删除操作。

```
r.lrem(name,count,value)   # 删除多个列表中特定键值的元素，count为删除个数，value为指
定的键值
r.ltrim(name, start, end)   # 截取name的列表，只保留索引为start到end的内容
r.lpop(name)       # 返回并删除键为name的列表的首个元素
r.rpop(name)       # 返回并删除键为name的列表的结尾元素
r.blpop([name1,name2],timeout=0)   # 将多个列表进行排列，从左到右移除各个列表内的元素
                                    # timeout为超时时间，获取完所有列表的元素之后，阻
                                    # 塞等待列表内有数据的时间（秒），0表示永远阻塞
r.brpop(keys, timeout)   # 同blpop，将多个列表排列，从右向左移除各个列表内的元素
```

5. Set 操作

（1）增改操作。

```
r.sadd(name,"aa","bb")      # 向键为name的集合中添加元素
r.smove(name1, name2, value)   # 将某个元素从一个集合中移动到另外一个集合
r.spop(name)   # 从集合的右侧移除一个元素，并将其返回
```

（2）查询操作。

```
r.smembers(name)     # 获取name对应的集合的所有成员
r.scard(name)     # 获取name对应的集合中的元素个数
r.sdiff([name1,name2])   # 返回给定键的集合的差集
r.sdiffstore(dest, keys, *args)   # 求差集并把结果保存到dest集合中
r.sinter([name1,name2])   # 返回多个name对应集合的交集
r.sinterstore(dest, keys, *args)   # 求交集并把结果保存到dest集合中
r.sunion([name1,name2])   # 返回多个name对应的集合的并集
r.sunionstore(dest,keys, *args)   # 求并集并把结果保存到dest集合中
r.srandmember(name,num)   # 从name对应的集合中随机获取numbers个元素
r.sismember(name, value)   # 检查value是不是name对应的集合内的元素
```

（3）删除操作。
r.srem(name,[value1, value2])   # 删除name对应的集合中的某些值

6. 有序集合操作（SortedSet）

在集合的基础上，为每个元素排序，元素的排序需要根据另一个值来进行比较，所以，对于有序集合，每一个元素有两个值，即值和分数，分数专门用于排序。

（1）增改操作。
r.zadd(name, member, score)   # 在name对应的有序集合中添加元素

（2）查询操作。
r.zcard(name)   # 获取有序集合内元素的数量
r.zcount(name,min,max)   # 获取有序集合中分数在[min,max]之间的个数
r.zincrby(name,"a1",amount=2)   # 自增zset_name对应的有序集合里a1对应的分数
# 返回键为name的zset中score在给定区间的元素
r.zrangebyscore(name, min, max, start=None, num, withscores=False)
# 返回键为name的zset（按score从大到小排序）中index从start到end的所有元素
r.zrevrange(name, start, end, withscores=False)
r.zscore(name,value)   # 获取name对应有序集合中value对应的分数
r.zrank(name, value)   # 获取value值在name对应的有序集合中的排行位置（从0开始）
r.zrevrank(name, value)   # 从大到小排序

（3）删除操作。
r.zrem(name,value,value)   # 删除name对应的有序集合中值是value的成员
r.zremrangebyrank(name, 3, 5)   # 根据排行范围删除
r.zremrangebyscore(name, 3, 5)   # 根据分数范围删除

7. 散列表操作（键值对）

（1）增改操作。
r.hset(name, key, value)   # 在name对应的hash中设置一个键值对（不存在则创建，否则修改）
r.hmset(name,mapping)   # 在name对应的hash中批量设置键值对，mapping为字典
r.hincrby(name,key,amount=2)   # 自增hash中key对应的值，不存在则创建key=amount
                                # (amount为整数)

r.hincrbyfloat(name,key,amount=1.0) # 自增hash中key对应的值，不存在则创建key=amount
                                    # (amount为浮点数)

（2）查询操作。
r.hget(name,key)   # 在name对应的hash中根据key获取value
r.hmget(name,keys, *args)   # 在name对应的hash中获取多个key的值
r.hgetall(name)   # 获取name对应hash的所有键值
r.hlen(name)   # 获取hash中键值对的个数
r.hkeys(name)   # 获取hash中所有的key的值
r.hvals(name)   # 获取hash中所有的value的值
r.hexists(name,key) # 检查name对应的hash是否存在当前传入的key

(3)删除操作。

r.hdel(name,key)   # 删除指定name对应的key所在的键值对

以上就是 Redis 中常见的几种数据结构的基本操作，下面我们通过一个实战案例来巩固 Redis 的使用。

5.3.4 实战：爬取视频弹幕并保存到 Redis

本节我们来编写爬虫爬取某个视频的所有弹幕，并保存到 Redis 数据库中。

爬取流程解析：

（1）该视频站点的弹幕保存在 XML 文件中，每个视频有其对应的 cid 和 aid，aid 是视频的编号，cid 是弹幕 XML 文件的编号。

（2）我们首先要解析页面获得 cid，然后拼接 URL（http://comment.bilibili.com/cid.xml）。

（3）解析这个 XML 文件，获取每条弹幕信息并保存到 Redis 中。

先找到 cid 所在的节点，如下所示：

`<div class="share-address"><p class="t">将视频贴到博客或论坛</p><ul><li><span class="name">视频地址</span><input id="link0" type="text" name="" value="https://www.bilibili.com/video/av28989880/"><span report-id="share_video"class="btn">复制</span></li><li> <span class="name">嵌入代码</span><input id="link2" type="text" name="" value="<iframesrc="//player.bilibili.com/player.html?aid=28989880&cid=50280136&page=1" scrolling="no" border="0" frameborder="no" framespacing="0" allowfullscreen="true"> </iframe>"><span report- id="share_html" class="btn">复制</span></li></ul></div>`

编写获取 cid 的代码：

```
import requests as r
from bs4 import BeautifulSoup
import re

video_url = 'https://www.bilibili.com/video/av28989880'
cid_regex = re.compile(r'.*?cid=(\d*?)\&amp.*', re.S)
xml_base_url = 'http://comment.bilibili.com/'

# 获取弹幕的cid
def get_cid():
    resp = r.get(video_url).text
    bs = BeautifulSoup(resp, 'lxml')
    src = bs.select('div.share-address ul li')[1].input
    cid = cid_regex.match(str(src)).group(1)
    print("获取到的cid：", cid)
```

代码执行结果如下：

获取到的cid：   50280136

获取到 cid，下面来拼接弹幕 XML 文件的链接：

```
<i>
<chatserver>chat.bilibili.com</chatserver>
<chatid>50280136</chatid>
<mission>0</mission>
<maxlimit>1000</maxlimit>
<state>0</state>
<real_name>0</real_name>
<source>e-r</source>
<d p="109.45700,1,25,16777215,1534237428,0,46a4613e,3719956501889024">
推荐观看</d>
<d p="127.26300,1,25,16777215,1534237511,0,ff166b3b,3719999883051008">
好好看</d>
<d p="308.56600,1,25,16777215,1534237617,0,ff166b3b,3720055558242304">
男主角好帅</d>
```

很明显，我们要做的就是获取每个 d 节点里的文本，然后保存，代码如下：

```python
# 解析获取弹幕
def analysis_d(cid):
    url = xml_base_url + cid + '.xml'
    resp = r.get(url)
    resp.encoding = 'utf-8'
    bs = BeautifulSoup(resp.text, 'lxml')
    d_s = bs.find_all('d')
    for d in d_s:
        print(d.text)
```

部分代码执行结果如下（总共 1000 条记录）：

```
推荐观看
好好看
男主角好帅
```

接下来把这些弹幕都保存到 Redis 中，这里使用时间戳，编写整理后的完整代码如下：

```python
import requests as r
from bs4 import BeautifulSoup
import re
import redis

video_url = 'https://www.bilibili.com/video/av28989880'
cid_regex = re.compile(r'.*?cid=(\d*?)\&amp.*', re.S)
xml_base_url = 'http://comment.bilibili.com/'

# 获取弹幕的cid
def get_cid():
    resp = r.get(video_url).text
    bs = BeautifulSoup(resp, 'lxml')
    src = bs.select('div.share-address ul li')[1].input
    cid = cid_regex.match(str(src)).group(1)
```

```
    return cid

# 解析获取弹幕
def analysis_d(cid):
    count = 1
    url = xml_base_url + cid + '.xml'
    resp = r.get(url)
    resp.encoding = 'utf-8'
    bs = BeautifulSoup(resp.text, 'lxml')
    d_s = bs.find_all('d')
    for d in d_s:
        dan_redis.set(str(count), d.text)
        count += 1
print("写入完毕~")

if __name__ == '__main__':
    # 连接redis
    pool = redis.ConnectionPool(host='127.0.0.1', port=6379, password='Zpj12345', db = 0)
    dan_redis = redis.StrictRedis(connection_pool=pool)
    analysis_d(get_cid())
```

刷新 Redis，可以看到如图 5.19 所示的结果。

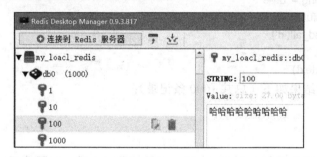

图 5.19　运行结果

1000 条数据写入成功，也可以编写下述代码，把数据打印到控制台进行查看：

```
results = dan_redis.mget(dan_redis.keys())
    print("总共有%d条数据" % len(results))
    for result in results:
        print(result.decode('utf-8'))
```

代码执行结果如下：

```
总共有1000条数据
推荐观看
好好看
男主角好帅
前排
...太长省略
```

5.4 MongoDB 数据库

本节来介绍另一个 NoSQL 数据库——MongoDB（文档型数据库），MongoDB 是由 C++ 语言编写的，基于分布式文件存储的开源数据库系统。这个数据库最大的亮点就是灵活的文档模型，JSON 格式存储最接近真实对象模型，对开发者友好，方便快速开发迭代，不用为了不断变化的需求频繁地修改数据库的字段和结构。

- 官网：https://www.mongodb.com/
- 官方文档：https://docs.mongodb.com/
- 官方下载：https://www.mongodb.com/download-center
- 中文官网：https://www.mongodb.com/cn
- 中文教程（非官方）：http://www.runoob.com/mongodb/mongodb-tutorial.html

5.4.1 安装 MongoDB

1. Windows 环境

打开上述官网下载链接，切换到如图 5.20 所示的选项卡，下载.msi 文件。
安装流程比较简单，来到如图 5.21 所示的界面，单击 Custom。

图 5.20　下载.msi 文件

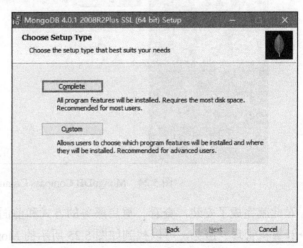

图 5.21　单击 Custom

如图 5.22 所示，选择 MongoDB 的安装路径。
如图 5.23 所示，这里可以设置 data 和 log 的路径，一般采用默认设置就可以了，单击 Next 按钮开始安装。

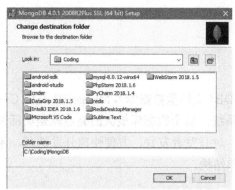 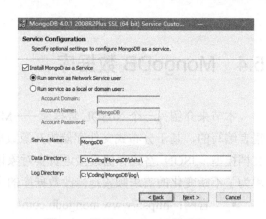

图 5.22 选择 MongoDB 的安装路径　　　　图 5.23 设置 data 和 log 的路径

另外，安装时会默认安装一个官方的 MongoDB Compass Community，安装完成后会默认打开，如图 5.24 所示。

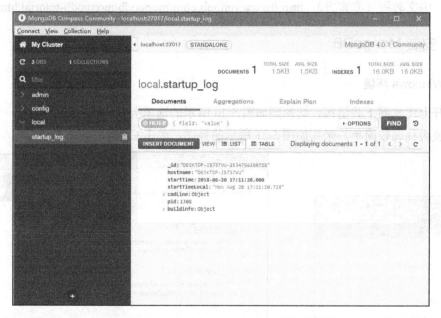

图 5.24 MongoDB Compass Community 界面

至此就完成了安装，查看、重启服务的方式和前面两个数据库一样，通过"开始"菜单→计算机管理→服务，可以找到如图 5.25 所示的 MongoDB Server 服务。

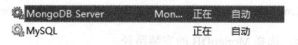

图 5.25 MongoDB Server 服务

服务启动后，在命令行输入 mongo 命令即可进入 MongoDB 的命令交互环境，部分内容如下：

```
C:\Coding\MongoDB\bin
$ mongo.exe
MongoDB shell version v4.0.1
connecting to: mongodb://127.0.0.1:27017
MongoDB server version: 4.0.1
Welcome to the MongoDB shell.
For interactive help, type "help".
```

2. Mac 环境

使用 Homebrew 安装，直接输入：
```
brew install mongodb
```
另外，还需要创建一个/data/db 文件夹，用于存放 MongoDB 的数据。

启动、停止、重启 MongoDB 服务的命令如下：
```
brew service start mongodb
sudo mongodb
brew service stop mongodb
brew service restart mongodb
```

3. Ubuntu 环境

使用 apt-get 安装，直接输入：
```
sudo apt-get install mongodb
```
安装完成后输入 mongo -version，如果出现版本号信息则代表安装成功。
```
➜  ~ mongo -version
MongoDB shell version: 2.6.10
```
可以通过下述命令开始、停止和重启 MongoDB 服务：
```
service mongodb start
service mongodb stop
service mongodb restart
```
可以输入命令 pgrep mongo -l，查看服务是否启动成功：
```
➜  ~ pgrep mongod -l
16393 mongod
```
另外还可以设置密码，找到/etc/mongodb.conf 文件，将 auth=true 前面的#号去掉，开启用户权限认证，然后重启服务。接着输入 mongo 进入命令行模式，添加账号和密码，具体流程如下：
```
> use admin
switched to db admin
> db.createUser({user:"Jay",pwd:"Zpj12345",roles:["root"]})
Successfully added user: { "user" : "Jay", "roles" : [ "root" ] }
> db.auth("Jay","Zpj12345")
1
```
创建账号后，如果没有登录就直接使用是会报错的，此时需要先输入账号和密码登录，流程如下：

```
➜  ~ mongo
MongoDB shell version: 2.6.10
connecting to: test
> show dbs;
2018-08-20T17:51:08.539+0800 listDatabases failed:{
        "ok" : 0,
        "errmsg" : "not authorized on admin to execute command { listDatabases: 1.0 }",
        "code" : 13
} at src/mongo/shell/mongo.js:47
> use admin
switched to db admin
> db.auth("Jay","Zpj12345")
1
> show dbs;
admin   0.078GB
local   0.078GB
```

5.4.2 安装 PyMongo 库

通过 pip 命令安装即可，如下所示：

```
pip install pymongo
```

5.4.3 PyMongo 基本操作示例

PyMongo 库中提供的连接数据库的方式有两种，官方建议使用 MongoClient 方式，以及 Connection 方式。

1. 连接 MongoDB 数据库

连接 MongoDB 数据库，默认没有密码，如果设置了密码，要调用 db.auth("用户名","密码")。

```
conn = pymongo.MongoClient(host='localhost', port=27017)
```

或者采用 MongoDB 连接字符串的形式也可以：

```
conn = pymongo.MongoClient('mongodb://localhost:27017')
```

2. 选择数据库

选择数据库，也可以使用 conn['test']这一方式，等价于：

```
db = conn.test
```

3. 选择 collection（集合）

选择 collection（集合），类似于关系型数据库中的表：

```
collection = db.user
print(collection)
```

代码执行结果如下：

```
Collection(Database(MongoClient(host=['localhost:27017'], document_class=dict, tz_aware=
```

False, connect=True), 'test'), 'user')

4. 创建数据库

编写代码来创建一个数据库：

db = conn['test_db']

5. 创建 collection

collection = db['test_collection']

6. 插入数据（一条）

有一点要注意，MongoDB 是有惰性的，在插入第一条数据之前，不会真生成数据库和 collection。

```
db = conn['test_db']
collection = db['test_collection']
dic = {'id': '1', 'name': 'Jay'}
# 文档在MongoDB中的存储格式是JSON，在PyMongo中一般传入字典
collection.insert_one(dic)
```

运行后可以在 MongoDB Compass Community 中看到如图 5.26 所示的结果。

图 5.26　数据插入后的结果

7. 插入数据（多条）

```
db = conn.test_db
collection = db.test_collection
data_list = [{'id': '2', 'name': 'Tom'},{'id': '3', 'name': 'Jack'}]
collection.insert_many(data_list)
```

代码执行结果如下：

{"_id":"5b7a98a6b1ad712f001b0f6e","id":"1","name":"Jay"}
{"_id":"5b7a9a69b1ad712a08671436","id":"2","name":"Tom"}
{"_id":"5b7a9a69b1ad712a08671437","id":"3","name":"Jacky"}

8. 查询数据

```
# 查找一条
print(collection.find_one({'name': 'Tom'}))
```

```
# 查找多条
data_list = [{'id': '4', 'name': 'Mary'},{'id': '4', 'name': 'Lucy'}]
collection.insert_many(data_list)
results = collection.find({'id':'4'})
for result in results:
    print(result)
```

代码执行结果如下:

{'_id': ObjectId('5b7a9a69b1ad712a08671436'), 'id': '2', 'name': 'Tom'}
{'_id': ObjectId('5b7aa083b1ad7111c046ef88'), 'id': '4', 'name': 'Mary'}
{'_id': ObjectId('5b7aa083b1ad7111c046ef89'), 'id': '4', 'name': 'Lucy'}

另外，有时我们需要做一些数字比较，比如查找 id 小于 4 的所有数据，可以采用表 5.3 中的比较符号。

表 5.3 比较符号表

符 号	描 述	使用示例
$lt	小于	{'id':{'$lt':4}}
$gt	大于	{'id':{'$gt':4}}
$lte	小于或等于	{'id':{'$lte':4}}
$gte	大于或等于	{'id':{'$gte':4}}
$ne	不等于	{'id':{'$ne':4}}
$in	在范围内	{'id':{'$in':[2,4]}}
$nin	不在范围内	{'id':{'$nin':[2,4]}}

除此之外，还支持正则匹配查询，使用$regex 来执行，比如查询 J 开头的名字，代码示例如下:

```
# 正则匹配
for result in collection.find({'name':{'$regex':'^J.*'}}):
    print(result)
```

代码执行结果如下:

{'_id': ObjectId('5b7a98a6b1ad712f001b0f6e'), 'id': '1', 'name': 'Jay'}
{'_id': ObjectId('5b7a9a69b1ad712a08671437'), 'id': '3', 'name': 'Jack'}

除了正则表达式，还有表 5.4 中的功能符号。

表 5.4 功能符号表

符 号	描 述	使用示例
$exists	属性是否存在	{'name':{'$exists':True}}
$tpye	类型判断	{'name':{'$tpye':'int'}}
$mod	数字模操作	{'id':{'$mod':[3,0]}}
$text	文字查询，属性是否包含字符串	{'name':{'$text':'Jack'}}
$where	高级条件查询	{'id':{'$where':'obj.id == obj.name'}}

9. 修改数据

（1）方法一：需要整条记录参与。

```
person = collection.find_one({'name':'Jack'})
person['name'] = 'Jacky'
collection.update({'name':'Jack'}, person)
```

代码执行结果如下：

`{"_id":"5b7a9a69b1ad712a08671437","id":"3","name":"Jacky"}`

执行后，有一个警告：

DeprecationWarning: update is deprecated. Use replace_one, update_one or update_many instead.

官方并不推荐我们使用 update() 函数去更新数据，而建议使用 update_one() 和 update_many() 函数，它们的第二个参数需要使用$类型操作符作为字典的键名。

（2）方法二：部分修改字段内容的方式。

```
result = collection.update_one({'name': 'Tom'}, {'$set': {"name": "Tony"}})
print(result)
print("匹配的数据条数：",result.matched_count, "受影响的数据条数：",result.modified_count)
```

代码执行结果如下：

```
<pymongo.results.UpdateResult object at 0x082456C0>
匹配的数据条数： 1 受影响的数据条数： 1
```

10. 删除数据

可以调用 remove() 方法移除满足条件的数据，推荐使用 delete_one() 和 delete_many() 函数进行删除，代码示例如下：

```
result= collection.delete_many({'id':{'$lte':3}})
print("删除的数据条数： ",result.deleted_count)
```

代码执行结果如下：

删除的数据条数：3

删除后剩下的数据：

`{"_id":"5b7aa083b1ad7111c046ef88","id":4,"name":"Mary"}`
`{"_id":"5b7aa083b1ad7111c046ef89","id":4,"name":"Lucy"}`

11. 计数

```
print("数据库中有%d条记录。" % collection.find().count())
```

代码执行结果如下：

数据库中有2条记录。

12. 排序

```
data_list = [{'id': 2, 'name': 'Tom'},{'id': 3, 'name': 'Jack'},{'id': 5, 'name': 'Daisy'}]
collection.insert_many(data_list)
# 降序排列，升序可以传入pymongo.ASCENDING
results = collection.find().sort('id', pymongo.DESCENDING)
```

```
for result in results:
    print(result)
```
代码执行结果如下:
{'_id': ObjectId('5b7ab69bb1ad7125c03696d8'), 'id': 5, 'name': 'Daisy'}
{'_id': ObjectId('5b7aa083b1ad7111c046ef88'), 'id': 4, 'name': 'Mary'}
{'_id': ObjectId('5b7aa083b1ad7111c046ef89'), 'id': 4, 'name': 'Lucy'}
{'_id': ObjectId('5b7ab6c4b1ad7124d0dd8a72'), 'id': 3, 'name': 'Jack'}
{'_id': ObjectId('5b7ab69bb1ad7125c03696d6'), 'id': 2, 'name': 'Tom'}

13. 偏移

有时可能只想获取某几个元素,可以利用 skip()函数偏移几个位置,代码示例如下:
```
# 跳过第一个
results = collection.find().sort('id', pymongo.ASCENDING).skip(1)
for result in results:
    print(result)
```
代码执行结果如下:
{'_id': ObjectId('5b7ab69bb1ad7125c03696d7'), 'id': 3, 'name': 'Jack'}
{'_id': ObjectId('5b7aa083b1ad7111c046ef88'), 'id': 4, 'name': 'Mary'}
{'_id': ObjectId('5b7aa083b1ad7111c046ef89'), 'id': 4, 'name': 'Lucy'}
{'_id': ObjectId('5b7ab69bb1ad7125c03696d8'), 'id': 5, 'name': 'Daisy'}

此外,还可以使用 limit()函数限制返回结果数。

以上就是 MongoDB 中常见的基本操作,下面我们通过一个实例来巩固 MongoDB 的使用。

5.4.4 实战:爬取某电商网站关键字搜索结果并保存到 MongoDB

本节介绍编写爬虫爬取某电商网站某个关键字的搜索结果,并保存到 MongoDB 中。爬取流程解析:

(1)搜索的接口为 https://search.yhd.com/c0-0/k 关键字/#page=1&sort=1。

(2)解析页面结构,获取商品节点的数据。

(3)保存到 MongoDB 中。

先找到商品信息所在的节点,内容如下:
```
<div class="mod_search_pro" defaultid="0" id="producteg_4027692" data-tcd="5.0" data-tcs="3.0" data-tpc="1">
<div pagetype="simple_table_nonFashion" class="itemBox" id="itemSearchResultCon_4027692" comproid="4027692">
<input id="shop_4027692" type="hidden" value="0">
<input id="serise_4027692" type="hidden" value="0">
<input id="shop_pm_0" type="hidden" value="0">
<div class="proImg" id="searchProImg">
<p class="ico_abs">
</p>
```

```html
<!-- 如果是双十一的活动商品 使用以下样式-->
<a class="img" style="position: relative" defaultflag="0" id="pdlink1_4027692" parentid="0" pmid="0" issnapproduct="0" isoversea="0" isgrouponprov="0" grouponid="0" groupontype="0" multiareastock="99" stockstatusmonitor="1" isotcorrx="0" specialbusinesscate="0" isreserve="0" href="//item.yhd.com/4027692.html" target="_blank" isseiralcombine="0" isone2more="0" isone2moreabtest=""
onclick="log('ProductYhd','ListYhd','1','4027692')">
<img src="//img14.360buyimg.com/n7/s230x230_jfs/t6058/19/2039729953/183751/da4a2a11/593a5851Ndbe9e3a1.jpg!cc_230x230.jpg">
<!-- 个性化打标：已购买、常浏览 -->
...
```

接着编写代码来模拟请求，以及解析相应的节点，代码如下：

```python
import pymongo
import requests as r
from lxml import etree


search_word = "羽毛球"
search_base_url = 'https://search.yhd.com/c0-0/k'

def search_goods(key):
    resp = r.get(search_base_url + key)
    resp.encoding = 'utf-8'
    html = etree.HTML(resp.text)
    ul_list = html.xpath('//div[@id="itemSearchList"]/div')
    for ul in ul_list:
        # 商品名称
        title = ul.xpath('div//p[@class="proName clearfix"]/a/@title')[0]
        # 商品链接
        link = ul.xpath('div//p[@class="proName clearfix"]/a/@href')[0]
        # 商品价格
        price = ul.xpath('div//p[@class="proPrice"]/em/@yhdprice')[0]
        # 店铺名称
        store = ul.xpath('div//p[@class="storeName limit_width"]/a/@title')
        store_name = store[0] if len(store) > 0 else ''
        # 评论数
        comment_count = ul.xpath('div//p[@class="proPrice"]/span[@class="comment"]/a/text()')[1]
        # 好评率
        favorable_rate = ul.xpath('div//span[@class="positiveRatio"]/text()')[0]
        print(title, link, price, store_name, comment_count, favorable_rate)
```

部分代码执行结果如下：

川崎Kawasaki羽毛球 比赛训练耐打9号球 77速(经典耐打 9号球)
//item.yhd.com/389949.html 39 川崎自营旗舰店 19万+ 95%
李宁/Lining 羽毛球 AE19 鹅毛球比赛训练耐打球 77速 12只装

//item.yhd.com/2359509.html 56 李宁檀华自营专卖店 7.8万+ 98%
尤尼克斯 YONEX羽毛球AS-9耐打王yy训练比赛鹅毛 12只装(耐打羽球)
//item.yhd.com/2567785.html 99 自营尤尼克斯（YONEX）专区 6.1万+ 98%
红双喜（DHS）羽毛球 12个装耐打训练羽球 402(402 耐打 12只)
//item.yhd.com/1138390.html 34 红双喜自营店 5.5万+ 97%
红双喜羽毛球402A 一桶6只装(402A 6只装) //item.yhd.com/219366.html 17 红双喜自营旗舰店 10.0万+ 94%

接着加上保存到MongoDB部分的代码，最终整理后的代码如下：

```python
import pymongo
import requests as r
from lxml import etree

search_word = "羽毛球"
search_base_url = 'https://search.yhd.com/c0-0/k'


def search_goods(key):
    data_list = []
    resp = r.get(search_base_url + key)
    resp.encoding = 'utf-8'
    html = etree.HTML(resp.text)
    ul_list = html.xpath('//div[@id="itemSearchList"]/div')
    for ul in ul_list:
        # 商品名称
        title = ul.xpath('div//p[@class="proName clearfix"]/a/@title')[0]
        # 商品链接
        link = ul.xpath('div//p[@class="proName clearfix"]/a/@href')[0]
        # 商品价格
        price = ul.xpath('div//p[@class="proPrice"]/em/@yhdprice')[0]
        # 店铺名称
        store = ul.xpath('div//p[@class="storeName limit_width"]/a/@title')
        store_name = store[0] if len(store) > 0 else ''
        # 评论数
        comment_count = ul.xpath('div//p[@class="proPrice"]/span[@class="comment"]/a/text()')[1]
        # 好评率
        favorable_rate = ul.xpath('div//span[@class="positiveRatio"]/text()')[0]
        data_list.append({'title': title, 'link': 'https:' + link, 'price': price, 'store_name': store_name, 'comment_count': comment_count,
                          'favorable_rate': favorable_rate})
    return data_list


if __name__ == '__main__':
    conn = pymongo.MongoClient(host='localhost', port=27017)
    search_goods(search_word)
    db = conn['yhd']
    collection = db['羽毛球']
```

```
search_result_list = search_goods(search_word)
collection.insert_many(search_result_list)
conn.close()
```

代码执行后可以看到 MongoDB Compass Community 中新增了一个数据库 yhd 和新集合（羽毛球），数据也被保存到集合中，如图 5.27 所示。

图 5.27 代码运行结果

这里只抓取了 30 条数据，并没有获取所有的数据，原因是这里使用了动态加载数据的反爬虫技巧，关于常见的反爬虫应对技巧会在下一章中进行详细讲解。

第 6 章 Python 应对反爬虫策略

爬取一个网站，无外乎下面的流程。

（1）分析请求：URL 规则、请求头规则、请求参数规则。

（2）模拟请求：通过 Requests 库或 urllib 库来模拟请求。

（3）解析数据：获取请求返回的结果，利用 lxml、Beautiful Soup 或正则表达式提取需要的节点数据。

（4）保存数据：把解析的数据持久化到本地，保存为二进制文件、TXT 文件、CSV 文件、Excel 文件、数据库等。

但是，随着爬取的网站越来越多，你会慢慢发现有些网站获取不到正确数据，或者根本获取不了数据，原因是这些站点使用了一些反爬虫策略，本章我们就来了解都有哪些常见的反爬虫策略，以及如何应对这些反爬虫策略。

本章主要学习内容：

- 反爬虫概述。
- 基本的反爬虫策略。
- Ajax 动态加载数据。
- Selenium 框架的使用。
- 破解两种常见的验证码。

6.1 反爬虫概述

我们都知道爬虫是为了获取数据而出现的一种自动化程序，那么反爬虫又是什么呢？

第 6 章　Python 应对反爬虫策略

本节就来给大家揭开反爬虫的面纱。

6.1.1　为什么会出现反爬虫

编写爬虫的目的是自动获取站点的一些数据，而反爬虫则是利用技术手段防止爬虫爬取数据，为什么要防止爬虫爬取数据的原因如下所示：
- 很多初级爬虫非常简单，不管服务器压力，有时甚至会使网站宕机。
- 保护数据，重要或涉及用户利益的数据不希望被别人爬取。
- 商业竞争，多发生在同行之间，如电商。

6.1.2　常见的爬虫与反爬虫大战

常见的爬虫与反爬虫大战流程如图 6.1 所示。

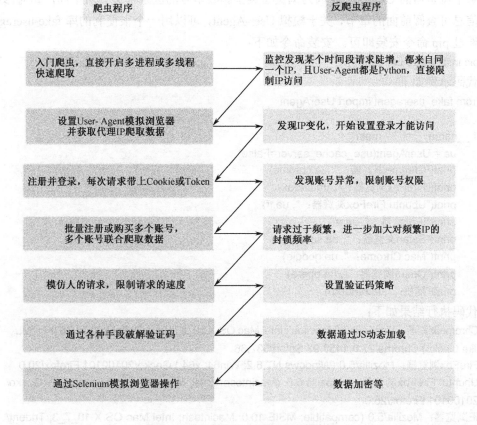

图 6.1　常见的爬虫与反爬虫大战流程

6.2 反爬虫策略

了解完反爬虫的概念，接下来了解一些基本的反爬虫策略，以及应对反爬虫的策略。

6.2.1 User-Agent 限制

服务端通过识别请求中的 User-Agent 是否为合理真实的浏览器，从而来判断是否为爬虫程序，比如 urllib 库中默认的 User-Agent 请求头为 Python-urllib/2.1，而 Requests 库中为 python-requests/2.18.4，服务器检测到这样的非真实的浏览器请求头就会进行限制，一个正常的浏览器 User-Agent 请求头示例如下：

Mozilla/6.0 (Macintosh; Intel Mac OS X 10_13_6) AppleWebKit/537.36 (KHTML, like Gecko) Chrome/68.0.3440.106 Safari/537.36

每个浏览器的 User-Agent 因为浏览器类型和版本号的区别都会有所不同，如何修改请求头信息可查阅前面的章节，关于模拟 User-Agent，可以用一个很便利的库 fake-useragent，直接通过 pip 命令安装即可。安装命令如下：

```
pip install fake-useragent
```

代码示例如下：

```
from fake_useragent import UserAgent

if __name__ == '__main__':
    ua = UserAgent(use_cache_server=False)
    print("Chrome浏览器： ", ua.chrome)
    print("FireFox浏览器： ", ua.firefox)
    print("Ubuntu FireFox浏览器： ", ua.ff)
    print("IE浏览器： ", ua.ie)
    print("Safari浏览器： ", ua.safari)
    print("Mac Chrome： ", ua.google)
    print("Opera浏览器： ", ua.opera)
    print("随机： ",ua.random)
```

代码执行结果如下：

Chrome浏览器：Mozilla/6.0 (Macintosh;Intel Mac OS X 10_8_3) AppleWebKit/537.36 (KHTML, like Gecko) Chrome/27.0.1453.93 Safari/537.36
FireFox浏览器：Mozilla/5.0 (Windows NT 6.2; Win64; x64;) Gecko/20100101 Firefox/20.0
Ubuntu FireFox浏览器： Mozilla/5.0 (Macintosh; Intel Mac OS X 10.6; rv:25.0) Gecko/20100101 Firefox/25.0
IE浏览器：Mozilla/5.0 (compatible; MSIE 10.0; Macintosh; Intel Mac OS X 10_7_3; Trident/6.0)
Safari浏览器：Mozilla/5.0 (Windows; U; Windows NT 5.1; ru-RU) AppleWebKit/533.18.1 (KHTML, like Gecko) Version/5.0.2 Safari/533.18.5
Mac Chrome：Mozilla/5.0 (Windows NT 6.2; WOW64) AppleWebKit/537.36 (KHTML, like Gecko) Chrome/30.0.1599.17 Safari/537.36

Opera浏览器：Opera/9.80 (X11; Linux x86_64; U; Ubuntu/10.10 (maverick; pl) Presto/2.7.62 Version/11.01
随机：Mozilla/5.0 (Windows NT 6.3; Win64; x64) AppleWebKit/537.36 (KHTML, like Gecko) Chrome/ 37.0.2049.0 Safari/537.36

6.2.2 302 重定向

当访问某个站点的速度过快或发出的请求过多时，会引起网络流量异常，服务器识别出是爬虫发出的请求，会向客户端发送一个跳转链接，大部分是一个图片验证链接，有时是空链接。对于这种情况，有两种可选的操作。

- 降低访问速度，比如每次请求后调用 time.sleep()休眠一小段时间，避免被封。
- 使用代理 IP 进行访问。

任务量比较小时可以采取第一种策略。另外，这个休眠时间建议使用一个随机数，比如 time.sleep(random.randint(1,10))，因为有些服务器会把定时访问判定为爬虫。

6.2.3 IP 限制

除了上述这种单位时间内访问频率过高让服务器判定为爬虫进行封禁，导致无法获取数据的情况，还有一些站点限制了每个 IP 在一定时间内访问的频次，比如每个 IP 一天只能访问 100 次，超过这个次数就不能访问了。此时降低访问速度也是没用的，只能通过代理 IP 的形式来爬取更多的数据。

6.2.4 什么是网络代理

网络代理是一种特殊的网络服务，网络终端（客户端）通过这个服务（代理服务器）和另一个终端（服务器端）进行非直接的连接，简单点说就是利用代理服务器的 IP 上网。

代理 IP 的分类（根据隐藏级别）如下。
- 透明代理：服务器知道你用了代理 IP，并且知道你的真实 IP。
- 普通代理：服务器知道你用了代理 IP，但不知道你的真实 IP。
- 高匿代理：服务器不知道你用了代理 IP，也不知道你的真实 IP。

6.2.5 如何获取代理 IP

网络代理分为免费代理和付费代理两种（有些付费代理也会提供一些免费的代理 IP，如 http://ip.zdaye.com/FreeIPlist.html），免费代理一般稳定性不高，由于免费的原因，用的人太多，导致这些 IP 早被某些站点封禁了。可能你试了几百个，里面只有几个能用的，或者一个也不能用。读者可以动手编写一个自己的代理池，定时爬取免费代理站点，同时筛选出可用的代理 IP，供自己使用。付费代理稳定性会高很多，一般是按天或按量来收费，一些常见的付费代理站点如表 6.1 所示（顺序不代表排行），有需要的读者可自行到官网查看相关介绍。

表 6.1　一些常见的付费代理站点

名　称	站　点
西瓜代理	http://www.xiguadaili.com/
大象代理	http://www.daxiangdaili.com/
快代理	https://www.kuaidaili.com
站大爷	http://ip.zdaye.com/
讯代理	http://www.xdaili.cn/
全网代理	http://www.goubanjia.com/
阿布云代理	https://www.abuyun.com/
云代理	http://www.ip3366.net/
芝麻 HTTP 代理	http://h.zhimaruanjian.com/
太阳 HTTP 代理	http://http.taiyangruanjian.com/

6.2.6　ADSL 拨号代理

ADSL 是一种比较旧的上网方式，上网方式的演变如下。

- 窄带拨号：网线→拨号 Modem→电话线→运营商机房对应的宽带设备。
- ADSL 拨号：网线→ADSL 宽带 Modem→电话线→运营商机房对应的宽带设备。
- 网线：网线→小交换机→光纤→运营商机房对应的宽带设备。
- 光纤：网线→光纤 Modem→光纤→运营商机房对应的光宽带设备。

ADSL 拨号上网需要输入 ADSL 账号和密码，每次拨号都会更换一个 IP，我们可以拿它来作为 IP 源。如果你现在使用的是 ADSL 拨号上网方式，只需要在本机不停地拨号和停止拨号，就可以一直更换 IP。如果你使用的是宽带和光纤上网方式，则可以在网上购买一台动态拨号的 VPS 主机。VPS 主机失灵后，你有两种使用方式：直接把爬虫脚本托管到 VPS 主机上，或者只是把 VPS 作为一个代理服务器，笔者倾向于后者，运行脚本需要一定的配置，意味着要支付额外的费用。

购买主机时建议选择电信线路。在百度搜索上拨号服务器关键字可以看到很多 VPS 主机，笔者选择了无极网络 http://www.5jwl.com/pppoevps/adsl.asp，需要注册一个账号，然后充值，充值完成后就可以购买服务器了。这里笔者选择了一台 6 元日租的服务器，如图 6.2 所示。

购买后需要填写云服务器的自命名和密码，如图 6.3 所示，填写完毕后单击"马上实时开通"。

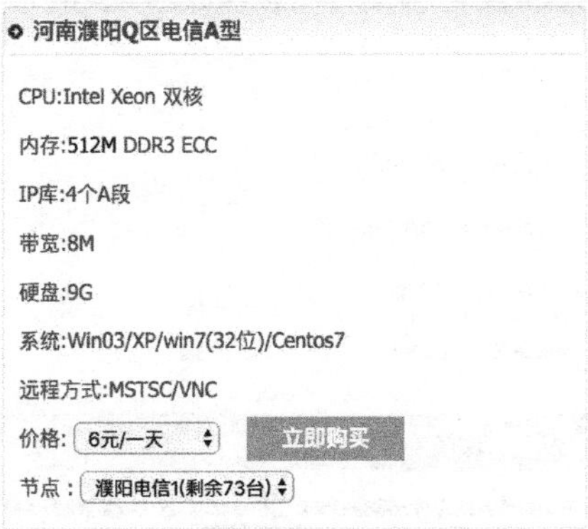

图 6.2　购买动态拨号的 VPS 主机

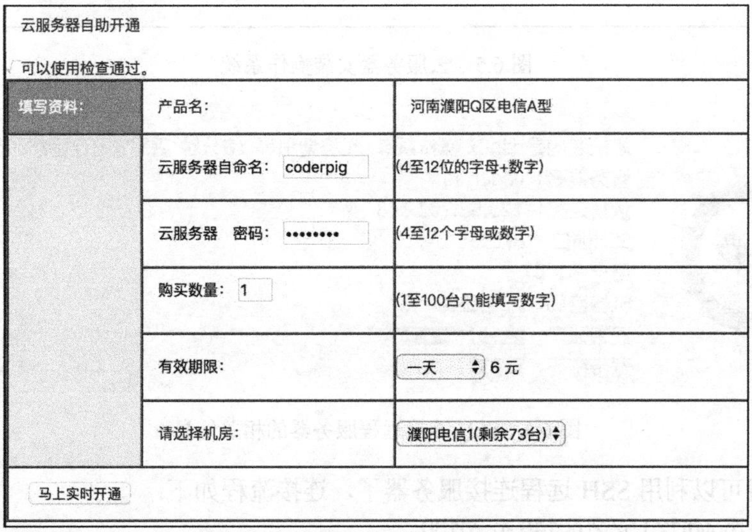

图 6.3　云服务自命名与密码设置

稍等片刻，可以在云服务器管理中看到自己购买的云服务器，如图 6.4 所示。

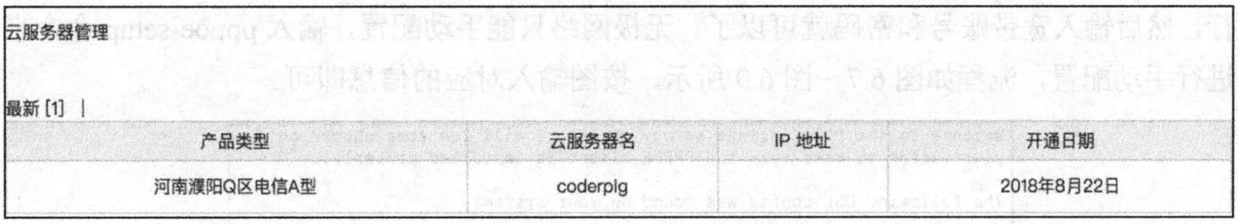

图 6.4　查看自己购买的服务器信息

接着单击"云服务器管理"，进入如图 6.5 所示的云服务器的管理面板，这里选择安装第 4 个操作系统。

单击"立即安装操作系统"后会显示如图 6.6 所示的 SSH 连接远程服务器相关的信息，建议把这些信息都保存起来，连接时会用到。

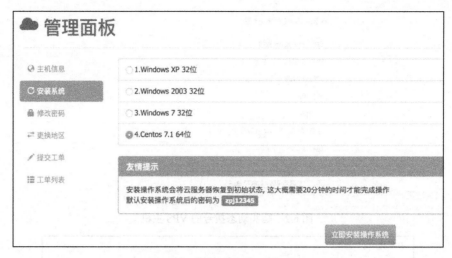

图 6.5　云服务器安装操作系统

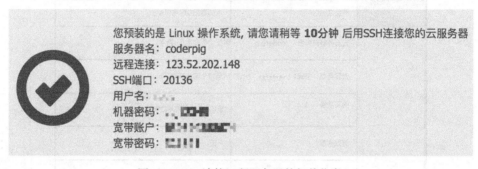

图 6.6　SSH 连接远程服务器的相关信息

接下来就可以利用 SSH 远程连接服务器了，连接流程如下：

➜　~ ssh root@123.52.202.148 -p 20136
root@123.52.202.148's password:
Last login: Wed Aug 22 02:35:45 2018 from 172.16.94.1

连接成功后，接着要进行与拨号相关的设置，一般都会有一键配置的 sh 脚本，直接执行，然后输入宽带账号和密码就可以了。无极网络只能手动配置，输入 pppoe-setup 命令来进行手动配置，流程如图 6.7～图 6.9 所示，按图输入对应的信息即可。

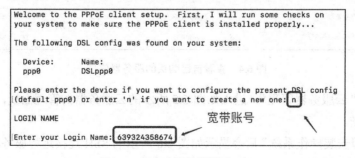

图 6.7　ADSL 拨号设置（一）

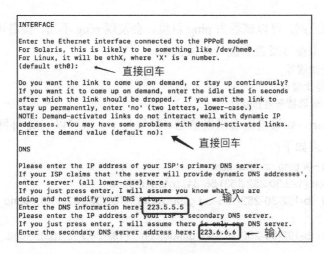

图 6.8　ADSL 拨号设置（二）

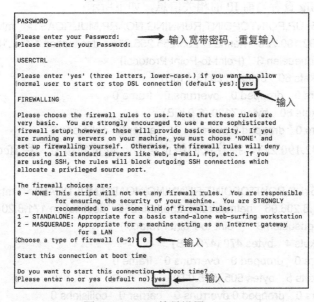

图 6.9　ADSL 拨号设置（三）

配置完成后，会出现如图 6.10 所示的内容，输入 y，至此配置就完成了。

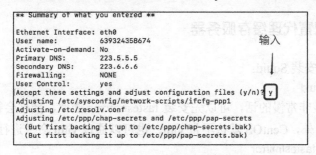

图 6.10　完成 ADSL 拨号配置

此时还是不能上网,可以试着去 ping 百度,会发现 ping 不通,接着可以调用下述三个命令进行拨号、停止拨号或查看拨号连接状态:

adsl-start   # 开始拨号
adsl-stop   # 停止拨号
pppoe-status # 查看拨号连接状态

执行完 adsl-start,如果没出现错误信息,稍等一下,就可以 ping 外网了,比如 ping 笔者的博客,部分结果如下:

```
[root@localhost ~]# ping coderpig.cn
PING coderpig.cn (192.30.252.153) 56(84) bytes of data.
64 bytes from lb-192-30-252-153-iad.github.com (192.30.252.153): icmp_seq=1 ttl=50 time=1567 ms
64 bytes from lb-192-30-252-153-iad.github.com (192.30.252.153): icmp_seq=2 ttl=50 time=1442 ms
```

可以输入 ifconfig 查看当前 IP 的相关信息,如下所示:

```
ppp0: flags=4305<UP,POINTOPOINT,RUNNING,NOARP,MULTICAST>  mtu 1492
        inet 1.192.190.223   netmask 255.255.255.255   destination 1.192.188.1
        ppp txqueuelen 3  (Point-to-Point Protocol)
        RX packets 60    bytes 3220 (3.1 KiB)
        RX errors 0   dropped 0   overruns 0   frame 0
        TX packets 80    bytes 7120 (6.9 KiB)
        TX errors 0   dropped 0 overruns 0   carrier 0   collisions 0
```

当前 IP 为 1.192.190.223,接着我们停止拨号,再重新拨号,用 ifconfig 查看 IP 信息如下:

```
ppp0: flags=4305<UP,POINTOPOINT,RUNNING,NOARP,MULTICAST>  mtu 1492
        inet 171.8.206.98   netmask 255.255.255.255   destination 171.8.204.1
        ppp txqueuelen 3  (Point-to-Point Protocol)
        RX packets 4    bytes 470 (470.0 B)
        RX errors 0   dropped 0   overruns 0   frame 0
        TX packets 5    bytes 505 (505.0 B)
        TX errors 0   dropped 0 overruns 0   carrier 0   collisions 0
```

可以看到 IP 变成了 171.8.206.98,拨号换 IP 成功,接着我们要把这个拨号服务器变成一个 HTTP 代理服务器,推荐使用 Squid 或 TinyProxy,读者选择其中一个即可。

6.2.7 Squid 配置代理缓存服务器

输入下述命令安装 Squid:

yum -y install squid

如果 yum 安装非常慢的话,可以先安装 fastestmirror 插件,插件会智能选择下载速度最快的 yum 源。另外,CentOS 默认不带 vim,也可以通过 yum 命令进行安装,命令如下:

yum install yum-fastestmirror
yum install vim

安装完后,输入下述命令把 Squid 设置为开机启动:

```
chkconfig --level 35 squid on
```
再通过下述命令修改配置文件:
```
vim /etc/squid/squid.conf
```
把如下内容的 deny 都改成 allow:
```
http_access deny !Safe_ports
http_access deny CONNECT !SSL_ports
http_access deny all
```
安装完毕后,输入下述命令进行初始化:
```
squid -z
```
执行上述命令的时候可能会报如下错误:
```
squid: relocation error: squid: symbol SSL_set_alpn_protos, version libssl.so.10 not defined in file libssl.so.10 with link time reference
```
原因是没有安装 OpenSSL,输入下述命令安装即可:
```
yum install openssl
```
安装完毕,输入下述命令可以启动、停止和重启 Squid,以及设置开机自启动:
```
# 启动
systemctl start squid.service
# 停止
systemctl stop squid.service
# 重启
systemctl restart squid.service
# 设置开机自启动
systemctl enable squid.service
```
执行完启动命令,如果没有错误信息,说明启动成功,接着就可以试试代理 IP 是否可用,用 ipconfig 获取当前 IP,Squid 默认的端口号是 3128,使用 curl 命令:
```
curl -x 1.195.143.83:3128 www.baidu.com
```
如果执行上述命令后一直出现下面的提示,基本就是防火墙的问题了。
```
curl: (7) Failed to connect to 1.195.133.113 port 3128: Connection refused
```
可以通过下述命令让防火墙开放 3128 端口,或者直接把防火墙关掉(不建议):
```
# 开放3128端口
iptables -I INPUT -p tcp --dport 3128 -j ACCEPT

# 关闭防火墙
systemctl stop firewalld.service
```
如无意外,再次使用 curl 命令可以看到如下结果:
```
➜  ~ curl -x 1.195.143.83:3128 www.baidu.com
<!DOCTYPE html>
<!--STATUS OK--><html> <head><meta http-equiv=content-type content=text/html;charset=utf-8><meta http-equiv=X-UA-Compatible content=IE=Edge><meta content=always name=referrer><link rel=stylesheet type=text/css href=http://s1.bdstatic.com/r/www/cache/bdorz/baidu.min.css><title>百度一下,你就知道
...
```

6.2.8 TinyProxy 配置代理缓存服务器

输入下述命令安装 TinyProxy：
yum install -y tinyproxy
安装完成后同样需要修改配置文件，输入以下命令：
vim /etc/tinyproxy/tinyproxy.conf
默认是不允许其他主机连接的，下面这行代码是用来设置允许连接主机 IP 的，如果想让所有主机都可以使用本机作为代理服务器，可以把下面这行代码注释掉。
allow 127.0.0.1
另外，还可以修改默认的代理端口 Port 8888，改成自己想要的端口，设置完毕后输入下述命令重启 TinyProxy：
systemctl restart tinyproxy.service
同样需要执行下述命令让防火墙开放 8888 端口：
iptables -I INPUT -p tcp --dport 8888 -j ACCEPT
接着通过 curl 命令来查看代理是否可用：
curl -x 1.195.140.107:8888 www.baidu.com

以上就是使用 ADSL 拨号切换 IP，本地主机利用这个拨号服务器完成 HTTP 代理的流程。有一个问题是：拨号时之前的那个 IP 会失效，也就是说中途可能出现 IP 失效，但可以通过购买多个拨号服务器来规避这个问题。规避这个问题的大致思路如下：

- 购买两个以上的拨号服务器，自己的云服务器提供接口给拨号服务器写入代理 IP，暴露一个接口给拨号服务器访问，使用 Redis 数据保存拨号服务器当前的代理 IP，不同的拨号服务器采用不用的 key，拨号服务器调用后更新 Redis 数据库里对应的代理 IP，还暴露一个接口给自己调用，通过这个接口可以获得其中一个拨号服务器当前的代理 IP。
- 编写一个定时脚本，定时拨号和停止拨号，拨号后调用云服务器提供的接口把当前代理 IP 发送过去。定时的时间根据拨号服务器的数量来权衡，保证随时都有一台云服务器可用。

限于篇幅就不在这里具体实现了，有兴趣的读者可以试着把程序写出来。
urllib 和 Requests 设置代理的代码示例如下。

```
# urllib设置代理
import urllib.request
proxy = urllib.request.ProxyHandler({'http': '1.195.140.107:8888'})
opener = urllib.request.build_opener(proxy, urllib.request.HTTPHandler)
urllib.request.install_opener(opener)
data = urllib.request.urlopen(url).read().decode('utf-8')

# Requests设置代理
response = requests.get(url, proxies={'http':'1.195.140.107:8888'})
```

6.2.9 Cookie 限制

有些站点需要登录后才能访问，浏览器在登录后，后续的请求都会带着这个 Cookie。我们可以在浏览器登录后，抓包找到请求里的 Cookie 字段，然后在编写爬虫时加上 Cookie 就可以规避这个问题了。但是如果访问过于频繁，超过一定的阈值，也是会被服务器封禁的，不过一般过一段时间就会解封。要避免这种情况，要么控制访问速度，要么准备多个账号的 Cookie，保存到一个 Cookie 池中，每次请求随机取出一个 Cookie 来访问。

6.3 JavaScript 反爬虫策略

在上一节中，我们介绍了几个基本的反爬虫策略。而本节要讲的是在解析内容这一步的反爬虫策略，这类策略大部分是通过 JavaScript 来实现的。站点开发者把重要的信息放在网页中，但是不写入 HTML 标签中，而浏览器会自动渲染<script>标签的 JavaScript 代码，然后将信息展示到浏览器中，由于爬虫不具备执行 JavaScript 代码的能力，所以无法将 JavaScript 产生的结果读取出来。关于 JavaScript 加载数据，在网页中最典型的应用就是 Ajax 动态加载数据。本节我们就来一一讲解这些反爬虫策略。

6.3.1 Ajax 动态加载数据

Ajax 是在不重新加载整个网页的情况下，对网页的某部分进行更新的技术。这在采用瀑布流布局或内容分页的站点中很常见，访问网页时将网页框架返回给浏览器，浏览器在交互过程中产生异步 Ajax 请求获取数据包，解析后呈现到网页上。

应对策略是抓包，比如 Chrome 浏览器会过滤 XHR（XML HTTP Request）的请求，这是浏览器后台与服务之间交换数据的文件，一般为 JSON 或 XML 格式，当然有些站点会对这个链接进行加密，如参数加密或返回加密。我们通过下面这个实例来了解 Ajax 动态加载数据，以及如何提取数据。

6.3.2 实战：爬取某素材网内容分析

打开素材网址 http://huaban.com/，在搜索框中输入"风景"，搜索相关的图片，会跳转到链接 http://huaban.com/search/?q=%E9%A3%8E%E6%99%AF，接着在分类栏中选择画板，如图 6.11 所示，选择排行第一的画板打开。打开后会跳转到 http://huaban.com/boards/279523/，页面如图 6.12 所示。

我们要爬取的就是整个画板里所有的风景图，按 F12 键打开开发者工具，单击 Elements 选项卡，页面滚动时会发现如图 6.13 所示的颜色变化，原因是页面内容发生了改变，这里就用到了瀑布流布局，即参差不齐的多栏布局，以及到达底部自动加载。

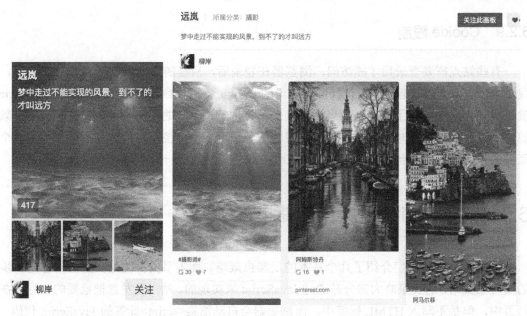

图 6.11　画板页面

图 6.12　画板详情页面

```
▸<div data-id="55309997" data-seq="55309997" data-source="photo.weibo.com"
data-created-at="1364660744" class="pin wfc " style="position: absolute;
left: 504px; top: 1596px; opacity: 1;">…</div> == $0
▸<div data-id="55308719" data-seq="55308719" data-source="null" data-
created-at="1364659995" class="pin wfc " style="po
756px; top: 1816px; opacity: 1;">…</div>
```

随着页面滚动会变化

图 6.13　变化的节点

举个例子，固定只显示 20 张图片，每次滚动会进行替换，替换后还是只有 20 张图片，只是图片内容被替换了，图片数量不变。

6.3.3　数据请求分析

不能直接通过解析页面获得所有的图片，我们可以从数据来源这个方向入手。抓包过滤 XHR，然后滚动页面，可以看到如图 6.14 所示的请求列表。

```
?jl54fywg&max=43131274&limit=20&wfl=1
?jl54fywh&max=38236762&limit=20&wfl=1
?jl54fywi&max=32423731&limit=20&wfl=1
?jl54fywj&max=14321874&limit=20&wfl=1
?jl54fywk&max=11638655&limit=20&wfl=1
?jl54fywl&max=9196633&limit=20&wfl=1
```

图 6.14　滚动页面时产生的请求

打开其中一个看看，先是返回的内容，如下所示：

```
{board: {board_id: 279523, user_id: 86804, title: "远岚", description: "梦中走过不能实现的风
```

景，到不了的才叫远方",…}}
> board: {board_id: 279523, user_id: 86804, title: "远岚", description: "梦中走过不能实现的风
景，到不了的才叫远方",…}
　　board_id: 279523
　　category_id: "photography"
　　category_name: "摄影"
　　created_at: 1329495342
　　deleting: 0
　　description:"梦中走过不能实现的风景，到不了的才叫远方"
　　extra: null
　　follow_count: 18656
　　is_private: 0
　　like_count: 4
　　pin_count: 417
　　pins: [
　　{ pin_id: 43131266, user_id: 86804, board_id: 279523, file_id: 6752323,…}
　　{pin_id: 43131266, user_id: 86804, board_id: 279523, file_id: 6752323,…}
　　{pin_id: 43131258, user_id: 86804, board_id: 279523, file_id: 1602588,…}
　　…]
}

打开 pins 节点里的一个节点，详细的节点内容如下：

```
{
        "pin_id": 43131266,
        "user_id": 86804,
        "board_id": 279523,
        "file_id": 6752323,
        "file": {
          "id": 6752323,
          "farm": "farm1",
          "bucket": "hbimg",
          "key": "f16682cbcca0b1245f0c63114e942bfb6186bca2169f5-k95VVm",
          "type": "image/jpeg",
          "width": 500,
          "height": 750,
          "frames": 1,
          "colors": [
            {
              "color": 0,
              "ratio": 0.13
            },
            {
              "color": 1447446,
              "ratio": 0.09
            }
          ],
          "theme": "000000"
```

```
            },
            "media_type": 0,
            "source": "travel.poco.cn",
            "link":
"http://travel.poco.cn/travel_lastblog.htx&amp;id=7035918&amp;stat_request_channel=2370
802616",
            "raw_text": "",
            "text_meta": null,
            "via": 43131244,
            "via_user_id": 941069,
            "original": 24113342,
            "created_at": 1359246366,
            "like_count": 2,
            "comment_count": 0,
            "repin_count": 8,
            "is_private": 0,
            "extra": null,
            "orig_source":
"http://image170-c.poco.cn/mypoco/myphoto/20120316/22/55951589201203162208363660
011957348_008_640.jpg",
            "tags": []
        },
```

从上面的节点不难看出这就是每张图片对应的详细信息，接着我们来看 URL 的构造规则，第二个 URL 的请求如下：

http://huaban.com/boards/279523/?jl54fywh&max=38236762&limit=20&wfl=1

jl54fywh 和 wfl=1 应该是固定的；limit 是加载数量，一般用于分页使用，就是一次加载 20 条新数据；max:38236762 暂时不知道是什么，不过应该是某个 id 的标识。

做分页一般都要传入一个起始值，比如上一页有 20 条数据，那么下一页就应该从第 21 条开始，也有一种做法是传入上一次请求的最后一条数据的标识，让后台去判断从哪里开始，这里采用了第二种方案，我们复制 38236762，打开上一页第一个请求并搜索，搜索结果如图 6.15 所示。

```
 19: {pin_id: 38236762, user_id: 86804, board_id: 279523, file_id: 9167401,…}
    board_id: 279523
    comment_count: 0
    created_at: 1356198546
    extra: null
  ▶ file: {id: 9167401, farm: "farm1", bucket: "hbimg",…}
    file_id: 9167401
    is_private: 0
    like_count: 0
    link: "http://weibo.com/1686815607/zaUmYdWt5"
    media_type: 0
    orig_source: null
    original: 38164435                    ← 最后一条数据
    pin_id: 38236762
    raw_text: 冬。
```

图 6.15 搜索结果

果然，每次请求拿到的最后一张图片的 pin_id 就是下一个请求的 max 参数。接着点开其中一张图片，跳转到这样的链接：http://huaban.com/pins/122400757/，不难发现详情页的 URL 拼接规则 http://huaban.com/pins/+ pin_id，接着是获得大图的链接，右键复制大图链接如下：

http://img.hb.aicdn.com/5795fda44b7d4cd90dc05b2e4b8e2d04b4bd4d5210777-snS38Y_fw658

多复制几个链接进行对比：

http://img.hb.aicdn.com/40841524d3cca65745ce896f390e68b93603858b367cd-CMFosV_fw658
http://img.hb.aicdn.com/1a25e9dbd36ebf4ee0b84c334aa4165540f40761d6a1-7EKg82_fw658
http://img.hb.aicdn.com/5a918ddefc2e4ebaf5916cbaa72718ef12003c0e12d0f-Z5Jkia_fw658

对比上述链接不难看出这样的规律：请求基地址（http://img.hb.aicdn.com/）是固定的；结尾的（_fw658）和中间的字符串是变化的。所以我们要做的就是找到这个字符串的出处，全局搜索一下，在请求返回数据里找到这个值；file 字段里的 key 字段对应的值如下：

```
"file": {
        "id": 6752323,
        "farm": "farm1",
        "bucket": "hbimg",
        "key": "5795fda44b7d4cd90dc05b2e4b8e2d04b4bd4d5210777-snS38Y",
```

至此整个流程就一清二楚了，接下来我们分析程序流程，并编写代码。

6.3.4 编写代码

程序的大概流程如下：
（1）请求面板页面，解析页面，获取 key 并保存，返回图片列表最后一个 pin_id。
（2）循环模拟 Ajax 请求，直到返回的数据为空，同样获取 key 保存，每次请求返回最后一个 pin_id。
（3）读取保存图片 key 的文件，遍历拼接图片 URL，把图片下载到本地。
详细代码如下：

```
import requests as r
import os
import re
import json

# 图片URL拼接的前缀和后缀
img_start_url = 'http://img.hb.aicdn.com/'
img_end = '_fw658'
# 图片key的保存文件
pic_key_file = 'pin_ids.txt'
# 获取pins的正则
```

```python
boards_pattern = re.compile(r'pins":(.*)};')
# 修改pin_id的正则
max_pattern = re.compile(r'(?<=max=)\d*(?=&limit)')
# 图片保存路径
pic_download_dir = os.path.join(os.getcwd(), 'HuaBan/')
# Ajax模拟的请求头
ajax_headers = {
    'Host': 'huaban.com',
    'Accept': 'application/json',
    'X-Request': 'JSON',
    'X-Requested-With': 'XMLHttpRequest'
}

# 以追加的形式向文件中写入内容
def write_str_data(content, file_path):
    try:
        with open(file_path, 'a+', encoding='utf-8') as f:
            f.write(content + "\n", )
    except OSError as reason:
        print(str(reason))

# 按行读取文件里的内容，添加到列表中，返回
def load_data(file_path):
    if os.path.exists(file_path):
        data_list = []
        with open(file_path, "r+", encoding='utf-8') as f:
            for ip in f:
                data_list.append(ip.replace("\n", ""))
        return data_list

# 获得borads页数据，提取key列表写入文件，并返回最后一个pid_id用于后续查询
def get_boards_index_data(url):
    print("请求：" + url)
    resp = r.get(url).text
    result = boards_pattern.search(resp)
    json_dict = json.loads(result.group(1))
    for item in json_dict:
        write_str_data(item['file']['key'], pic_key_file)
    # 返回最后一个pin_id
    pin_id = json_dict[-1]['pin_id']
    return pin_id

# 模拟Ajax请求更多数据
def get_json_list(url):
    print("请求：" + url)
    resp = r.get(url, headers=ajax_headers)
```

```python
        if resp is None:
            return None
        else:
            json_dict = json.loads(resp.text)
            pins = json_dict['board']['pins']
            if len(pins) == 0:
                return None
            else:
                for item in pins:
                    write_str_data(item['file']['key'], pic_key_file)
        return pins[-1]['pin_id']

# 下载图片的方法
def download_pic(key):
    url = img_start_url + key + img_end
    resp = r.get(url).content
    try:
        print("下载图片: " + url)
        pic_name = key + ".jpg"
        with open(pic_download_dir + pic_name, "wb+") as f:
            f.write(resp)
    except (OSError, r.HTTPError, r.ConnectionError, Exception) as reason:
        print(str(reason))

if __name__ == '__main__':
    if not os.path.exists(pic_download_dir):
        os.makedirs(pic_download_dir)
    # 判断图片key的保存文件是否存在，存在的话删除
    if os.path.exists(pic_key_file):
        os.remove(pic_key_file)
    # 一个画板链接，可自行替换
    boards_url = 'http://huaban.com/boards/279523/'
    board_last_pin_id = get_boards_index_data(boards_url)
    board_json_url = boards_url + '?jl58nz3i&max=43131274&limit=20&wfl=1'
    while True:
        board_last_pin_id=get_json_list(max_pattern.sub(str(board_last_pin_id), board_json_url))
        if board_last_pin_id is None:
            break
    pic_url_list = load_data(pic_key_file)
    for key in pic_url_list:
        download_pic(key)
    print("所有图片下载完成～")
```

代码执行后，控制台部分输出结果如下：

请求：http://huaban.com/boards/279523/
请求：http://huaban.com/boards/279523/?jl58nz3i&max=43131274&limit=20&wfl=1

...
下载图片：
http://img.hb.aicdn.com/5795fda44b7d4cd90dc05b2e4b8e2d04b4bd4d5210777-snS38Y_fw658
...
所有图片下载完成~

打开 HuaBan 文件夹可以看到所有图片都已经下载到本地，如图 6.16 所示。

图 6.16　将图片下载到本地

6.4　Selenium 模拟浏览器操作

在上一节中，对于 Ajax 动态加载数据这种反爬虫策略，我们可以通过抓包分析 Ajax 接口规律，然后模拟请求来获取数据。但并不是所有接口都那么简单，大部分 Ajax 请求的参数都是会加密的，可能你花了很多时间也破解不了。还有些站点是通过 JS 生成页面的，如果用 Chrome 抓包时发现 Elements 里的代码和 Network 里抓到的页面内容不一致，说明这个网页很可能是通过 JS 动态生成的。

对于这种反爬虫策略，我们可以通过一些模拟浏览器运行的库来应对，浏览器中显示什么内容，爬取的就是什么内容。常用的库有 Selenium 和 Splash，本节我们对 Selenium 进行详细讲解。

6.4.1　Selenium 简介

Selenium 是一个用于 Web 应用程序测试的工具，通过它我们可以编写代码，让浏览器完成如下任务：

- 自动加载网页，获取当前呈现页面的源码。

- 模拟单击和其他交互方式,最常用的是模拟表单提交(如模拟登录)。
- 页面截屏。
- 判断网页某些动作是否发生等。

Selenium 是不支持浏览器功能的,需要和第三方的浏览器一起搭配使用,支持下述浏览器,需要把对应的浏览器驱动下载到 Python 的对应路径下。

- Chrome:https://sites.google.com/a/chromium.org/chromedriver/home
- Firefox:https://github.com/mozilla/geckodriver/releases
- PhantomJS:http://phantomjs.org/
- IE:http://selenium-release.storage.googleapis.com/index.html
- Edge:https://developer.microsoft.com/en-us/microsoft-edge/tools/webdriver/
- Opera:https://github.com/operasoftware/operachromiumdriver/releases

6.4.2 安装 Selenium

直接利用 pip 命令进行安装,命令如下:

pip install selenium

接着下载浏览器驱动,笔者使用的是 Chrome 浏览器,以此为例,其他浏览器可自行搜索相关文档。打开 Chrome 浏览器输入:

chrome://version

即可查看 Chrome 浏览器版本的相关信息,主要是关注版本号:

Google Chrome   69.0.3486.0 (正式版本) (32 位)
修订版本
472d1caeb99d99a8952e7170bbf435bd92902d73-refs/branch-heads/3486@{#1}
操作系统   Windows
JavaScript   V8 6.9.323
Flash   30.0.0.154 C:\Users\CoderPig\AppData\Local\Google\Chrome\User Data\PepperFlash\30.0.0.154\pepflashplayer.dll
用户代理   Mozilla/5.0 (Windows NT 10.0; WOW64) AppleWebKit/537.36 (KHTML, like Gecko) Chrome/69.0.3486.0 Safari/537.36
命令行   "C:\Users\CoderPig\AppData\Local\Google\Chrome\Application\chrome.exe" --flag-switches-begin --flag-switches-end
可执行文件路径   C:\Users\CoderPig\AppData\Local\Google\Chrome\Application\chrome.e

大版本号是 69,接下来到下面这个网站查看对应的驱动版本号:https://chromedriver.storage.googleapis.com/2.41/notes.txt,可以看到如下的版本号信息。

----------ChromeDriver v2.41 (2018-07-27)----------
Supports Chrome v67-69
Resolved issue 2458: Chromedriver fails to start with whitelisted-ips option [[Pri-1]]
Resolved issue 2379: Returned capabilities should include remote debugging port [[Pri-2]]
Resolved issue 1005: driver.manage().window().getSize() is not implemented on Android [[Pri-2]]
Resolved issue 2474: desktop launcher error messages are not readable by users [[Pri-]]

Resolved issue 2496: Fail fast when not able to start binary [[Pri-]]
Resolved issue 1990: Close Window return value does not conform with spec [[Pri-]]

这里读者应按照自己的版本号找到对应的驱动版本，比如笔者的 69 应该下载 v2.41 这个版本的驱动，链接为 https://chromedriver.storage.googleapis.com/index.html?path=2.41/，打开后可以看到如图 6.17 所示的页面，选择对应系统的压缩包下载即可。

Index of /2.41/

Name	Last modified	Size
Parent Directory		
chromedriver_linux64.zip	2018-07-27 19:25:01	3.76MB
chromedriver_mac64.zip	2018-07-27 20:45:35	5.49MB
chromedriver_win32.zip	2018-07-27 21:44:20	3.39MB
notes.txt	2018-07-27 21:58:29	0.02MB

图 6.17　下载驱动

下载完成后，把压缩文件解压，把解压后的 chromedriver.exe 复制到 Python 的 Scripts 目录下，在 64 位的浏览器上也是可以正常使用的。Mac 系统需要把解压后的文件复制到 usr/local/bin 目录下，Ubuntu 系统需要复制到 usr/bin 目录下。

下面我们编写一个简单的代码来进行测试：

```python
from selenium import webdriver
browser = webdriver.Chrome()    # 调用本地的Chrome浏览器
browser.get('http://www.baidu.com')    # 请求页面，会打开一个浏览器窗口
html_text = browser.page_source    # 获得页面代码
browser.quit()    # 关闭浏览器
print(html_text)
```

执行这段代码后，会自动调用 Chrome 浏览器并访问百度，可以看到浏览器顶部有如图 6.18 所示的提示，并且控制台会输出 HTML 代码，和 Chrome 的 Elements 页面结构完全一致。

图 6.18　Selenium 模拟打开百度

6.4.3　Selenium 常用函数

Selenium 作为自动化测试的工具，提供了很多自动化操作的函数，下面介绍几个常用函数，更多内容可以访问官方 API 文档来学习：http://seleniumhq.github.io/selenium/docs/api/py/api.html。

1. 定位元素

- find_element_by_class_name：根据 class 定位。
- find_element_by_css_selector：根据 css 定位。
- find_element_by_id：根据 id 定位。
- find_element_by_link_text：根据链接的文本来定位。
- find_element_by_name：根据节点名定位。
- find_element_by_partial_link_text：根据链接的文本来定位，只要包含在整个文本中即可。
- find_element_by_tag_name：通过 tag 定位。
- find_element_by_xpath：使用 xpath 进行定位。

另外，如果把 element 改为 elements 会定位所有符合条件的元素，返回一个 List。比如 find_elements_by_class_name，Selenium 定位到节点位置会返回一个 WebElement 类型的对象，可以调用下述方法来提取需要的信息。

- 获取属性：element.get_attribute()。
- 获取文本：element.text。
- 获取标签名称：element.tag_name。
- 获取节点 id：element.id。

2. 鼠标动作

有时需要在页面上模拟鼠标操作，比如单击、双击、右键单击、按住、拖曳等，可以导入 ActionChains 类：selenium.webdriver.common.action_chains.ActionChains，使用 ActionChains(driver).函数名的形式调用对应节点的行为。

- click(element)：单击某个节点。
- click_and_hold(element)：单击某个节点并按住不放。
- context_click(element)：右键单击某个节点。
- double_click(element)：双击某个节点。
- drag_and_drop(source,target)：按住某个节点拖曳到另一个节点。
- drag_and_drop_by_offset(source, xoffset, yoffset)：按住节点，沿着 x 轴和 y 轴方向拖曳特定距离。
- key_down：按下特殊键，只能用 Ctrl、Alt 或 Shift 键，比如 Ctrl+C。
- key_up：释放特殊键。
- move_by_offset(xoffset, yoffset)：按偏移移动鼠标。
- move_to_element(element)：鼠标移动到某个节点的位置。
- move_to_element_with_offset(element, xoffset, yoffset)：鼠标移到某个节点并偏移。
- pause(second)：在一个时间段内暂停所有的输入，单位秒。
- perform()：执行操作，可以设置多个操作，调用 perform() 才会执行。

- release(): 释放鼠标按键。
- reset_actions(): 重置操作。
- send_keys(keys_to_send): 模拟按键。
- send_keys_to_element(element, *keys_to_send): 和 send_keys 类似。

3. 弹窗

对应类为 selenium.webdriver.common.alert.Alert，使用得不多，如果触发了某个事件，弹出了对话框，可以通过调用这个方法获得对话框：alert = driver.switch_to_alert()，alert 对象可以调用下述方法。

- accept(): 确定。
- dismiss(): 关闭对话框。
- send_keys(): 传入值。
- text(): 获得对话框文本。

4. 页面前进、后退、切换

代码示例如下：

```
# 切换窗口

driver.switch_to.window("窗口名")
# 或通过window_handles来遍历
for handle in driver.window_handles:
    driver.switch_to_window(handle)
driver.forward()        # 前进
driver.back()           # 后退
```

5. 页面截图

代码示例如下：
```
driver.save_screenshot("截图.png")
```

6. 页面等待

现在越来越多的网页采用了 Ajax 技术，这样程序便不能确定何时某个元素完全加载出来了。如果实际页面等待的时间过长，会导致某个 dom 元素还没加载出来，但是代码直接使用了这个 WebElement，那么就会抛出 NullPointer 异常。为了避免这种元素定位困难，Selenium 提供了两种等待方式：一种是显式等待，另一种是隐式等待。

显式等待：指定某个条件，然后设置最长等待时间。如果在这个时间内还没有找到元素，便会抛出异常，代码示例如下：

```
from selenium import webdriver
from selenium.webdriver.common.by import By
# WebDriverWait 库，负责循环等待
from selenium.webdriver.support.ui import WebDriverWait
```

```
# expected_conditions 类,负责条件出发
from selenium.webdriver.support import expected_conditions as EC

driver = webdriver.PhantomJS()
driver.get("http://www.xxxxx.com/loading")
try:
    # 每隔10s查找页面元素 id="myDynamicElement",直到出现才返回
    element = WebDriverWait(driver, 10).until(
        EC.presence_of_element_located((By.ID, "myDynamicElement"))
    )
finally:
    driver.quit()
```

如果不写参数,程序会默认每隔 0.5s 调用一次来查看元素是否已经生成,如果本来元素就是存在的,那么会立即返回。表 6.2 是一些内置的等待条件,可以直接调用这些条件,而不用自己编写。

表 6.2 Selenium 等待条件

等 待 条 件	描 述
title_is	标题是内容
title_contains	标题包含某内容
presence_of_element_located	节点加载出来,传入定位元组
visibility_of_element_located	节点可见,传入定位元组
visibility_of	可见,传入节点对象
presence_of_all_elements_located	所有节点加载出来
text_to_be_present_in_element	某个节点文本包含某文字
text_to_be_present_in_element_value	某个节点值包含某文字
frame_to_be_available_and_switch_to_it	加载并切换
invisibility_of_element_located	节点不可见
element_to_be_clickable	节点可单击
staleness_of	判断节点是否仍在 dom 中,常用于判断页面是否已刷新
element_to_be_selected	节点可选择,传入节点对象
element_located_to_be_selected	节点可选择,传入定位元组
element_selection_state_to_be	传入节点对象和状态,相等则返回 True,否则返回 False
element_located_selection_state_to_be	传入定位元组和状态,相等则返回 True,否则返回 False
alert_is_present	是否出现警告

隐式等待就是简单地设置一个等待时间,单位为秒。代码示例如下:

```
from selenium import webdriver

driver = webdriver.PhantomJS()
driver.implicitly_wait(10) # seconds
driver.get("http://www.xxxxx.com/loading")
myDynamicElement = driver.find_element_by_id("myDynamicElement")
```

如果不设置，默认等待时间为 0。

7. 执行 JS 语句

driver.execute_script(js语句)

比如，滚动到底部的代码示例如下：

js = document.body.scrollTop=10000
driver.execute_script(js)

8. Cookies

有些站点需要登录后才能访问，用 Selenium 模拟登录后获取 Cookies，然后供爬虫使用的场景很常见，Selenium 提供了获取、增加、删除 Cookies 的函数，代码示例如下：

# 获取Cookies
browser.get_cookies()
# 增加Cookies
browers.add_cookie({xxx})
# 删除Cookies
browser.delete_cookie()

6.5 实战：爬取某网站的特定图

该网站的特定图专题链接为 http://jandan.net/pic，想爬取的是如图 6.19 所示的图片。

图 6.19 特定图

右键单击并复制一张图的链接，接着在 Elements 中搜索，可以看到如图 6.20 所示的 JS 动态加载数据出现在箭头所指的位置。

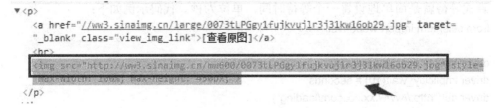

图 6.20 JS 动态加载数据

接着在 Network 选项卡中搜索，发现找不到页面节点中显示的文本数据，说明数据是通过 JS 动态加载的，这时 Selenium 就可以登场了。通过 Selenium 获得浏览器执行完 JS 后的页面代码，定位到图片所在节点，获取图片 URL，循环直到读取每一个这样的页面并到达尾页，最后把图片都下载到本地。详细的实现代码如下：

```
import os
from selenium import webdriver
import redis
import requests as r
from bs4 import BeautifulSoup

# 请求基地址
base_url = 'http://jandan.net/pic'
# 图片的保存路径
pic_save_path = os.path.join(os.getcwd(), 'JianDan/')
# 图片需要作为Reids键用
pic_count = 0

# 下载图片用headers
pic_headers = {
    'Host': 'wx2.sinaimg.cn',
    'User-Agent': 'Mozilla/5.0 (Windows NT 10.0; Win64; x64) AppleWebKit/537.36 (KHTML, like Gecko) '
                  'Chrome/61.0.3163.100 Safari/537.36 '
}

# 打开浏览器模拟请求
def browser_get():
    browser = webdriver.Chrome()
    browser.get(base_url)
    html_text = browser.page_source
    page_count = get_page_count(html_text)
    # 循环拼接URL访问
    for page in range(page_count, 0, -1):
        page_url = base_url + '/page-' + str(page)
        print('解析：' + page_url)
        browser.get(page_url)
        html = browser.page_source
        get_meizi_url(html)
    # 没有更多页面了，关闭浏览器
    browser.quit()

# 获取总页码
def get_page_count(html):
    bs = BeautifulSoup(html, 'lxml')
    page_count = bs.find('span', attrs={'class': 'current-comment-page'})
```

```python
        return int(page_count.get_text()[1:-1]) - 1

# 获取每页的图片
def get_meizi_url(html):
    soup = BeautifulSoup(html, 'html.parser')
    ol = soup.find('ol', attrs={'class': 'commentlist'})
    href = ol.findAll('a', attrs={'class': 'view_img_link'})
    global pic_count
    for a in href:
        dan_redis.set(str(pic_count), a['href'])
        pic_count += 1

# 下载图片
def download_pic(url):
    correct_url = url
    if url.startswith('//'):
        correct_url = url[2:]
    if not url.startswith('http'):
        correct_url = 'http://' + correct_url
    print("下载：", correct_url)
    try:
        resp = r.get(correct_url, headers=pic_headers).content
        pic_name = correct_url.split("/")[-1]
        with open(pic_save_path + pic_name, "wb+") as f:
            f.write(resp)
    except (OSError, r.ConnectionError, r.HTTPError, Exception) as reason:
        print(str(reason))

if __name__ == '__main__':
    pool = redis.ConnectionPool(host='127.0.0.1', port=6379, password='Zpj12345', db=1)
    dan_redis = redis.StrictRedis(connection_pool=pool)
    if not os.path.exists(pic_save_path):
        os.makedirs(pic_save_path)
    browser_get()
    results = dan_redis.mget(dan_redis.keys())
    for result in results:
        download_pic(result.decode('utf-8'))
    print("图片下载完毕！")
```

代码执行后，控制台部分输出结果如下：

解析：http://jandan.net/pic/page-212
解析：http://jandan.net/pic/page-211
...
解析：http://jandan.net/pic/page-1
下载：http://wx1.sinaimg.cn/large/537e7cfdgy1fu6yu1b2x9j20is0pf0wh.jpg
下载：http://ws3.sinaimg.cn/large/00745YaMgy1fu3jle14suj313n1mb1kx.jpg
...

图片下载完毕！

在 Redis 中可以看到如图 6.21 所示的 6275 条记录。

图 6.21 查看 Redis 中保存的图片记录

图片也下载到了 JianDan 文件夹中，如图 6.22 所示。

图 6.22 下载到本地的无聊图

6.6 PhantomJS

PhantomJS 是没有界面的浏览器，特点是会把网站加载到内存并执行页面上的 JavaScript，因为不会展示图形界面，所以运行起来比完整的浏览器要高效。在一些 Linux 的主机上没有图形化界面，不能使用有界面的浏览器，可以通过 PhantomJS 来解决这个问题。

6.6.1 在 Windows 上安装 PhantomJS

（1）在官网下载 http://phantomjs.org/download.html 页面上的压缩包。
（2）解压 phantomjs-2.1.1-windows.zip。
（3）配置环境变量。
（4）打开命令行窗口，输入 phantomjs --version 验证是否配置成功。

6.6.2 在 Mac 上安装 PhantomJS

直接通过 brew 命令安装，如下所示：

brew install phantomjs

6.6.3 在 Ubuntu 上安装 PhantomJS

可以通过 apt-get 命令安装，如下所示：
apt-get install phantomjs

6.6.4 关于 PhantomJS 的重要说明

2018 年 4 月，PhantomJS 的维护者（Maintainer）宣布退出 PhantomJS，意味着这个项目可能不会再进行维护了。Chrome 和 Firefox 也开始提供 Headless 模式。所以，估计使用 PhantomJS 的用户也会慢慢迁移到这两个浏览器上。Windows Chrome 需要 60.0 版本以上才能支持 Headless 模式，启用 Headless 模式也非常简单，代码示例如下：

chrome_options = Options()
chrome_options.add_argument('--headless')
chrome_options.add_argument('--disable-gpu')
browser = webdriver.Chrome(chrome_options=chrome_options)

Selenium 官方文档也对此进行了说明，如图 6.23 所示。

Changes to Supported Browsers

Native support has been removed for Opera and PhantomJS as the WebDriver implementations for these browsers are no longer under active development.

For Opera, users should be able to simply rely on testing Chrome as the Opera browser is based on Chromium (and the operadriver was a thin wrapper around chromedriver). For PhantomJS, users should use Chrome or Firefox in headless mode.

图 6.23　Selenium 官方说明

运行 Selenium 时，如果使用了 PhantomJS 也会出现这样的警告：
UserWarning: Selenium support for PhantomJS has, been deprecated, please use headless versions of Chrome or Firefox instead

建议是：对通过 JavaScript 加载的站点，不应该上来就使用 Selenium 抓取数据，而是应该尝试去分析和破解 JavaScript。

6.7　常见验证码策略

验证码可谓是站点开发者的最爱，生成技术门槛低，集成第三方技术就可以了。但验证码的类型五花八门，对于爬虫开发者来说简直是噩梦。从最开始的数学算式求结果，到普通的图片验证码，之后图片验证码又复杂化，并出现了逻辑判断计算、字符粘连变形、前置噪声多色干扰、多语种字符混搭等验证码。后来又出现了滑动验证码，并且不断复杂化，如需要把缺失的图片滑动到缺失位置（Bilibili）。此外，还有回答问题验证（虎扑）、选择点触图片验证（12306）、高数题目、化学表达式填写等。本节我们来介绍两个非常经典的破解验证码的例子。

6.7.1 图片验证码

对于简单的数字图片验证码,最简单的应对方法就是对验证码图片做灰度和二值化处理,然后用 OCR 库识别图片里的文字,高级一点的方法可以利用深度学习训练一个识别验证码图片的模型。这里我们以知乎登录的验证码为例,讲解如何利用 OCR 技术来识别简单的图形验证码。tesseract-ocr 库是谷歌提供的免费的 ORC 文字识别引擎,仓库地址为 https://github.com/tesseract-ocr/tesseract,稳定版本是 3.0,最新的 4.0 版本还处于研发阶段,对中文的识别率比较低。

1. Windows 环境

(1)先下载 tesseract,它为 tesserocr 提供支持,下载地址为 https://digi.bib.uni-mannheim.de/tesseract/,笔者下载的是 tesseract-ocr-setup-3.05.02-20180621.exe。下载完安装包后,默认安装就可以了,选择 Additional language data(download)选项的页面,安装 OCR 识别支持的语言包。如果不需要支持多国语言,也可以不勾选(默认包含英文字库),安装完成后可以输入下述命令查看 tesseract 是否安装成功(如果没有成功,可以自己配置环境变量)。

```
$ tesseract
Usage:
  tesseract --help | --help-psm | --help-oem | --version
  tesseract --list-langs [--tessdata-dir PATH]
  tesseract --print-parameters [options...] [configfile...]
  tesseract imagename|stdin outputbase|stdout [options...] [configfile...]
```

(2)安装 tesserocr。

直接通过 pip 命令安装:

```
pip install -i tesserocr
```

一般是不会安装成功的,基本会报如下所示的错误:

```
Command "c:\users\coderpig\appdata\local\programs\python\python36\python.exe -u -c "import setuptools, tokenize;__file__='C:\\Users\\CoderPig\\AppData\\Local\\Temp\\pip-install-s9jchp4e\\tesserocr\\setup.py';f=getattr(tokenize,'open',open)(__file__);code=f.read().replace('\r\n', '\n');f.close();exec(compile(code, __file__, 'exec'))" install --record C:\Users\ CoderPig\AppData\Local\Temp\pip-record-v5hz5u6j\install-record.txt--single-version-externally-managed --compile" failed with error code 1 in C:\Users\CoderPig\AppData\Local\Temp\pip- install-s9jchp4e\tesserocr\
```

如果出现这个错误,可以在 https://github.com/simonflueckiger/tesserocr-windows_build/releases 下载对应的 WHL 文件,如果是本地安装,可以输入 Python,查看如图 6.24 所示的信息。

图 6.24 查看 Python 环境信息

对应的安装包就是 tesserocr-2.2.2-cp36-cp36m-win_amd64.whl,下载到本地后用 pip 命令进行安装,结果如下所示:

```
$ pip install C:\Users\CoderPig\Downloads\tesserocr-2.2.2-cp36-cp36m-win_amd64.whl
Processing c:\users\coderpig\downloads\tesserocr-2.2.2-cp36-cp36m-win_amd64.whl
Installing collected packages: tesserocr
Successfully installed tesserocr-2.2.2
```

执行 Python 命令后，输入 import tesserocr 看是否报错，没报错则说明安装成功。

（3）安装 pillow 库。

pillow 库是一个图片处理模块，可以通过 pip 命令直接安装：

```
pip install pillow
```

2. Mac 环境

直接顺序执行下述命令安装即可：

```
brew install imagemagick
brew install tesseract --all-languages

pip3 install tesserocr pillow
```

3. Ubuntu 环境

直接顺序执行下述命令安装即可：

```
sudo apt-get install tesseract-ocr
sudo pip install pytesseract
sudo pip install Image
```

6.7.2 实战：实现图片验证码自动登录

我们利用 Selenium+tesserocr 写一个模拟登录某网站的实战例子，登录地址是 https://www.zhihu.com/signup，打开后是默认的注册页，如图 6.25 所示。

需要单击"登录"切换到登录窗口，刚进去是不需要验证码的，刷新一下页面就可以看到图片验证码了，如图 6.26 所示。

图 6.25　知乎注册页

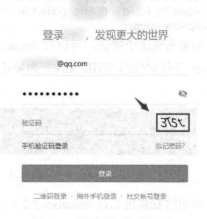

图 6.26　图片验证码登录页

我们要做的就是使用 Selenium 模拟登录，然后来到这个页面输入账号和密码，获取验证码图片进行识别，识别完成后填充验证码，单击"登录"按钮。下面通过我们编写代码来破解登录验证码。

1. 识别验证码

右键单击验证码图片，保存到本地，接着编写代码来进行识别。为了提高识别率，依次对图片进行转灰度和二值化处理，再使用 tesserocr 进行识别。

```
# OCR识别验证码
def fetch_code(file):
    image = Image.open(file)
    # 转灰度处理
    image = image.convert('L')
    # 二值化处理
    table = []
    for i in range(256):
        if i < 150:
            table.append(0)
        else:
            table.append(1)
    # 通过表格转换为二进制图片
    image = image.point(table, "1")
    # 调用图片识别
    result = tesserocr.image_to_text(image)
    print(result)
```

执行后直接报错，错误如下：

Failed to init API, possibly an invalid tessdata path: 路径

解决方法是：只要把 C:\Program Files (x86)\Tesseract-OCR 里的 tessdata 文件夹复制到上述路径的 Scripts 文件夹中即可，如 C:\Users\CoderPig\PycharmProjects\Book\venv\Scripts。复制后就可以正常运行了。调用这个方法，控制台打印的是 BWSK，结果完全错误，难道是我们处理后的图片出了问题？我们调用 image.show() 把图片显示出来，如图 6.27 所示。

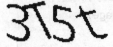

图 6.27　显示图片

图片是正常的，但是 tesserocr 无法识别出正确的验证码，我们尝试用其他的 OCR 库，这里笔者选用的是百度 OCR。文字识别-Python SDK 文档地址是 https://cloud.baidu.com/product/ocr.html。

配置流程：

（1）注册一个百度账号（https://passport.baidu.com/v2/?reg）。

（2）开通文字识别服务（https://cloud.baidu.com/product/ocr.html）。

（3）创建一个应用，记下 API Key 和 Secret Key，如图 6.28 所示。

图 6.28　创建应用

（4）单击右上角的用户中心，记下自己的用户 ID，如图 6.29 所示。

图 6.29　查看并记录用户 ID

（5）通过 pip 命令安装 baidu-aip：

pip install baidu-aip

安装完成后，我们把 tesserocr 改成百度 OCR，代码如下：

```
# 百度OCR初始化配置
config = {
    'appId': '你的用户ID',
    'apiKey': '你的API Key',
    'secretKey': '你的Secret Key'
}
client = AipOcr(**config)

# 读取图片
def get_file_content(file_path):
    with open(file_path, 'rb') as fp:
        return fp.read()

# 百度OCR文字识别
def baidu_ocr(file):
    image = get_file_content(file)
    # 调用通用文字识别，图片参数为本地图片
    result = client.basicGeneral(image)
    if 'words_result' in result:
        return '\n'.join([w['words'] for w in result['words_result']])

if __name__ == '__main__':
    baidu_ocr('code.png')
```

运行后，控制台直接打印出 None，我们直接把上面的 result 打印出来，内容如下：
{'log_id': 8630646220340990358, 'error_code': 216201, 'error_msg': 'image format error'}

error_msg 里提示图片格式错误，但是图片格式为 PNG，而且能正常打开，最后发现是图片太小的原因，验证码图片尺寸只有 150×60，我们把图片放大 8 倍，然后保存，放大的方法如下：

```python
# 重置图片大小
def resize_pic(file, width=1200, height=480):
    img = Image.open(file)
    try:
        new_img = img.resize((width, height), Image.BILINEAR)
        new_img.save(os.path.join(os.getcwd(), os.path.basename(file)))
    except Exception as e:
        print(e)

if __name__ == '__main__':
    resize_pic('code.png')
    baidu_ocr('code.png')
```

打印结果如下:

{'log_id': 2540262968782740352, 'words_result_num': 1, 'words_result': [{'words': '35'}]}

能识别出其中的两个字符"35",百度 OCR 还提供了一个高精度版的文字识别方法,把上面的 basicGeneral 改为 basicAccurate,然后运行,执行结果如下:

{'log_id': 3241737028968208822, 'words_result_num': 1, 'words_result': [{'words': '35'}]}

尽管使用了高精度识别模式,但是识别结果还是 35,我们把转灰度和二值化处理加上试试。

```python
# 重置图片大小,并进行转灰度和二值化处理
def resize_pic(file, width=1200, height=480):
    img = Image.open(file)
    try:
        new_img = img.resize((width, height), Image.BILINEAR)
        # 转灰度处理
        new_img = new_img.convert('L')
        # 二值化处理
        table = []
        for i in range(256):
            if i < 150:
                table.append(0)
            else:
                table.append(1)
        # 通过表格转换为二进制图片
        new_img = new_img.point(table, "1")
        new_img.save(os.path.join(os.getcwd(), os.path.basename(file)))
    except Exception as e:
        print(e)
```

代码执行结果如下:

{'log_id': 7482375264398919769, 'words_result_num': 1, 'words_result': [{'words': ' 3\\St'}]}

还是没有识别出完整的验证码,简单的 OCR 文字识别只能做到这里了,程序识别不了,接下来我们试试打码平台,这里选择的是比较专业的超级鹰验证码识别平台,官网地址是 http://www.chaojiying.com/,除了提供多种类型的文字类验证,还支持坐标选择计算类的验证。使用超级鹰验证码识别,需要先注册一个账号,按量收费,识别验证码要消耗题分,1 元可购买 1000 题分,不同类型的验证码消耗的题分不一样,可以通过网址 http://www.

chaojiying.com/price.html 进行查阅。读者可以充值 1 元试试识别效率，打开 http://www.chaojiying.com/demo.html，页面如图 6.30 所示，然后上传我们的验证码图片。

图 6.30　超级鹰验证码识别平台

稍等片刻后，顶部会弹出一个如图 6.31 所示的对话框。

图 6.31　验证码识别结果

识别成功后，我们再试试该网站另外一种样式的验证码，如图 6.32 所示。

图 6.32　第二种样式的验证码

识别结果如图 6.33 所示。

图 6.33　验证码识别结果

可以看到效率非常高，官方并没有给出 API 文档，直接给出了一个 Demo：http://www.chaojiying.com/api-14.html，不过是 Python 2.x 的代码，感觉有点复杂，简化后的代码如下：

```
from hashlib import md5
# 超级鹰参数
cjy_params = {
    'user': 'CoderPig',
```

```python
    'pass2': md5('xxx'.encode('utf8')).hexdigest(),
    'softid': '897137',
}
# 超级鹰请求头
cjy_headers = {
    'Connection': 'Keep-Alive',
    'User-Agent': 'Mozilla/4.0 (compatible; MSIE 8.0; Windows NT 5.1; Trident/4.0)',
}
# 超级鹰识别验证码
def cjy_fetch_code(im, codetype):
    cjy_params.update({'codetype': codetype})
    files = {'userfile': ('ccc.jpg', im)}
    resp = r.post('http://upload.chaojiying.net/Upload/Processing.php', data=cjy_params, files=files,
                    headers=cjy_headers).json()
    # 错误处理
    if resp.get('err_no', 0) == 0:
        return resp.get('pic_str')
# 调用代码
if __name__ == '__main__':
    im = open('code.png', 'rb').read()
    print(cjy_fetch_code(im, 1902))
```

代码执行后的输出结果为 3t5t。

2. 模拟登录

接下来我们利用 Selenium 来模拟登录。进入注册页面后，判断是不是注册页面，单击"登录"按钮跳转到登录页面。找到账号及密码输入框，输入账号及密码，然后查看验证码位置是否有验证码。有的话把验证码下载到本地，然后调用超级鹰的接口，识别出验证码，填充到验证码位置，单击"登录"按钮。具体实现代码如下：

```python
# 打开浏览器模拟请求
def auto_login():
    browser = webdriver.Chrome()
    while True:
            browser.get(zhihu_login_url)
            # 判断是否处于注册页（如果是，单击"登录"按钮进行切换）
            signup_switch_bt = browser.find_element_by_xpath('//div[@class="SignContainer-switch"]/span')
            if signup_switch_bt.text == '登录':
                signup_switch_bt.click()
                # 输入用户名
            username_input = browser.find_element_by_xpath('//input[@name="username"]')
            username_input.send_keys('xxx')
            # 输入密码
```

```
                password_input = browser.find_element_by_xpath('//input[@name="password"]')
                password_input.send_keys('xxx')
                # 等待验证码刷新
                time.sleep(5)
                # 判断是否包含英文字符验证码,是的话处理,否则跳出
                if is_elements_existed(browser, "//div[@class='Captcha-englishContainer']"):
                    iflen(browser.find_element_by_xpath("//img[@class='Captcha-englishImg']").get_attribute('src')) > 30:
                        code_img = browser.find_element_by_xpath('//img[@alt="图形验证码"]')
                        code = cjy_fetch_code(base64.b64decode(code_img.get_attribute('src')[22:].replace("%0A", "")), 1902)
                        # 输入验证码
                        code_input = browser.find_element_by_xpath('//input[@name="captcha"]')
                        code_input.send_keys(code)
                        time.sleep(2)
                        # 单击登录按钮
                        login_bt = browser.find_element_by_xpath('//button[@type="submit"]')
                        login_bt.click()
                        time.sleep(3)
                        break
                else:
                    continue
    time.sleep(10)
    # 打印当前的网页链接,以此判断是否跳转成功
    print(browser.current_url)
```

在模拟登录这里遇到两个问题,耗费了笔者很长的时间去排错,这里说明一下。

- 该网站的验证码并不是返回一张图片,而是用 Base64 对二进制内容进行编码,直接复制 src 中的内容来解码是可以成功生成正确的图片的,但程序读取 src 属性时会把回车符转换成%0A,如果直接转码会一直报错,直接调用 replace 方法把所有的%0A 替换掉,另外开头的 data:image/jpg;base64 需要删掉,调用 base64.b64decode 就可以转成正确的二进制内容了。
- 破解拿到正确的验证码,配合账号、密码,单击"登录"按钮却没有登录成功,一直提示 Missing argument grant_type,需要把 Chrome 降级到 60.0 版本,然后使用 2.3 的 chromedriver 驱动包,就不会出现这个错误警告了。

模拟登录后,可以看到控制台输出如下结果:

{'err_no': 0, 'err_str': 'OK', 'pic_id': '6041619311702200001', 'pic_str': 'nmjh', 'md5': 'fe65c413d3b22b6503a04c5eba4281dc'}
https://www.zhihu.com/

在浏览器右上角可以看到如图 6.34 所示的用户头像。

图 6.34　登录成功后显示的用户头像

登录成功，拿到 Cookies，就可以编写爬虫爬取需要的数据了。

6.7.3　实战：实现滑动验证码自动登录

前面介绍了如何实现图片验证码自动登录，下面我们试着实现滑动验证码自动登录，大部分站点使用的都是极验公司提供的滑动行为验证，这里选择的网站链接为 https://passport.bilibili.com/login，打开后可以看到如图 6.35 所示的登录页面。

图 6.35　某站点登录页面

把鼠标移动到滑块上，可以看到如图 6.36 所示的滑动验证码。

图 6.36　滑动验证码示意

这类滑动验证码，只需要把滑块移动到缺失位置即可，一般的流程如下：

（1）移动到滑块节点上，弹出没缺口的图片，获取并保存该图片。
（2）单击滑动按钮，弹出带缺口的图片，获取并保存该图片。
（3）对比两张图片所有的 RBG 像素点，得到不一样的像素点的 x 值，这个 x 值就是滑块大概的滑动距离。

(4) 模拟人滑动的习惯（匀加速后匀减速），把滑动总距离分成多个小段轨迹。
(5) 按轨迹滑动，完成验证后登录。

流程看上去还是比较简单的，但是定位时可以发现，并没有找到完整和有缺口的图片，而 Chrome 抓包得到的图片如图 6.37 和图 6.38 所示。

图 6.37　抓包得到的验证码图片（一）

图 6.38　抓包得到的验证码图片（二）

不难发现图片被分割成了许多块，然后打乱拼接成图 6.37 和图 6.38 所示的图片，而滑动验证码的滑块可以直接获取到，如图 6.39 所示。

图 6.39　验证码滑块

分析页面节点，每张拼接的图片块标签如下：
`<div class="gt_cut_fullbg_slice" style="background-image: url(&quot;https://static.geetest.com/pictures/gt/ec93bce96/ec93bce96.webp&quot;); background-position: -157px -58px;"></div>`

从上面的节点可以获取两个有用的信息，即打乱的图片 URL 和图片块的位置。

1. 下载两张乱序图片到本地

下载两张乱序图片到本地，获取每张图片块的坐标，代码如下：

```
# 下载缺失的图片中每个小方块的坐标
def fetch_images():
    html = etree.HTML(browser.page_source)
    cut_bg = html.xpath('//div[@class="gt_cut_bg gt_show"]/div')
    full_bg = html.xpath('//div[@class="gt_cut_fullbg gt_show"]/div')
    # 提取两个打乱顺序的webp图片URL替换为jpg
    cut_bg_url = url_fetch_regex.search((cut_bg[0].get('style'))).group(1).replace('webp', 'jpg')
```

```
    full_bg_url = url_fetch_regex.search((full_bg[0].get('style'))).group(1).replace('webp', 'jpg')
    with open(cut_image_file, 'wb+') as f: f.write(r.get(cut_bg_url).content)
    with open(full_image_file, 'wb+') as f: f.write(r.get(full_bg_url).content)
    # 采集图片定位坐标
    cut_bg_location_list = []
    full_bg_location_list = []
    for cut in cut_bg:
        cut_result = bg_postion_regex.search(cut.get('style'))
        full_result = bg_postion_regex.search(cut.get('style'))
        cut_bg_location_list.append({'x': int(cut_result.group(1)), 'y': int(cut_result.group(2))})
        full_bg_location_list.append({'x': int(full_result.group(1)), 'y': int(full_result.group(2))})
    print(cut_bg_location_list)
    return cut_bg_location_list, full_bg_location_list
```

调用函数代码部分输出结果如下：

[{'x': '-157', 'y': '-58'}, {'x': '-145', 'y': '-58'}, {'x': '-265', 'y': '-58'}, {'x': '-277', 'y': '-58'}, {'x': '-181', 'y': '-58'}, {'x': '-169', 'y': '-58'}, {'x': '-241', 'y': '-58'}, {'x': '-253', 'y': '-58'}, {'x': '-109', 'y': '-58'}, {'x': '-97', 'y': '-58'}, {'x': '-289', 'y': '-58'}, {'x': '-301', 'y': '-58'}, {'x': '-85', 'y': '-58'}, {'x': '-73', 'y': '-58'}, {'x': '-25', 'y': '-58'}, {'x': '-37', 'y': '-58'}, {'x': '-13', 'y': '-58'}, {'x': '-1', 'y': '-58'}, {'x': '-121', 'y': '-58'}, {'x': '-133', 'y': '-58'}, {'x': '-61', 'y': '-58'}, {'x': '-49', 'y': '-58'}, {'x': '-217', 'y': '-58'}, {'x': '-229', 'y': '-58'}, {'x': '-205', 'y': '-58'}, {'x': '-193', 'y': '-58'}, {'x': '-145', 'y': '0'}, {'x': '-157', 'y': '0'}, {'x': '-277', 'y': '0'}, {'x': '-265', 'y': '0'}, {'x': '-169', 'y': '0'}, {'x': '-181', 'y': '0'}, {'x': '-253', 'y': '0'}, {'x': '-241', 'y': '0'}, {'x': '-97', 'y': '0'}, {'x': '-109', 'y': '0'}, {'x': '-301', 'y': '0'}, {'x': '-289', 'y': '0'}, {'x': '-73', 'y': '0'}, {'x': '-85', 'y': '0'}, {'x': '-37', 'y': '0'}, {'x': '-25', 'y': '0'}, {'x': '-1', 'y': '0'}, {'x': '-13', 'y': '0'}, {'x': '-133', 'y': '0'}, {'x': '-121', 'y': '0'}, {'x': '-49', 'y': '0'}, {'x': '-61', 'y': '0'}, {'x': '-229', 'y': '0'}, {'x': '-217', 'y': '0'}, {'x': '-193', 'y': '0'}, {'x': '-205', 'y': '0'}]

结合如图6.40所示的正常图片（截图），我们来研究图片块坐标的规律。

从下载到本地的图片，我们可以知道分辨率是312×116，取一小部分乱序图，如图6.41所示。

图6.40　正常图片（截图）

图6.41　局部乱序图

截取其中的几个坐标进行分析，依次是（-157,-58）、（-145,-58）、（-265,-58）、（-277,-58），HTML 中的定位坐标轴如图 6.42 所示。

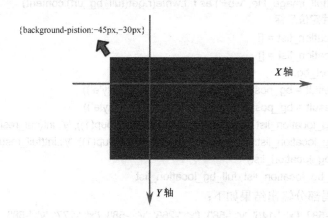

图 6.42　HTML 定位坐标轴

所以 Y 轴坐标为-58 的是上面的部分，而 0 则是下面的部分，计算得出每个图块的宽度是 12px（312/26=12），迭代 image 的 crop 函数，裁剪出每一个图块放到数组中，接着迭代这个列表，调用 image 的 paste 函数按位置贴图即可。实现代码如下：

```
def restore_images(file, location_list):
    im = image.open(file)
    # 分段分成上面的图和下面的图列表
    below_list = []
    above_list = []
    for location in location_list:
        if location['y'] == -58:
            above_list.append(im.crop((abs(location['x']), 58, abs(location['x']) + 12, 116)))
        if location['y'] == 0:
            below_list.append(im.crop((abs(location['x']), 0, abs(location['x']) + 12, 58)))
    # 创建一张一样大的图片
    new_im = image.new('RGB', (312, 116))
    # 遍历坐标粘贴上面的图片
    x_offset = 0
    for im in above_list:
        new_im.paste(im, (x_offset, 0))
        x_offset += im.size[0]
    # 遍历坐标粘贴下面的图片
    x_offset = 0
    for im in below_list:
        new_im.paste(im, (x_offset, 58))
        x_offset += im.size[0]
    # 保存图片
    new_im.save('1.jpg')
browser.quit()
```

代码执行结果如图 6.43 所示。

图 6.43 合成后的图片

尽管图片合成成功了，但是很别扭，连接处有很多细线，我们再回头看该网站合成后的验证码图片分辨率为 260×116，可能需要重新计算，260/26=10，试着把上述代码中的创建图片尺寸改为 321×116，每个切片宽度从 12 改为 10，修改后的代码如下：

```python
def restore_images(file, location_list):
    im = image.open(file)
    # 分段分成上面的图和下面的图列表
    below_list = []
    above_list = []
    for location in location_list:
        if location['y'] == -58:
            above_list.append(im.crop((abs(location['x']), 58, abs(location['x']) + 10, 116)))
        if location['y'] == 0:
            below_list.append(im.crop((abs(location['x']), 0, abs(location['x']) + 10, 58)))
    # 创建一张一样大的图片
    new_im = image.new('RGB', (260, 116))
    # 遍历坐标粘贴上面的图片
    x_offset = 0
    for im in above_list:
        new_im.paste(im, (x_offset, 0))
        x_offset += im.size[0]
    # 遍历坐标粘贴下面的图片
    x_offset = 0
    for im in below_list:
        new_im.paste(im, (x_offset, 58))
        x_offset += im.size[0]
    # 保存图片
    new_im.save('1.jpg')
    browser.quit()
```

代码执行后合成的图片如图 6.44 所示。

图 6.44 合成后的验证码图片

2. 对比两张图的所有像素点，得到不一样的像素点的 x 值

调用上述方法获取到了两张图片，接下来就是识别缺口了。遍历图片中的每个像素点，获取对应像素的 RGB 数据，如果这个差距在某个范围内，则说明两个像素点相同，继续对比下一个像素点。直到出现两个像素点差距超过一定范围，这个位置就是缺口位置，返回当前的 X 轴坐标。实现代码如下：

```python
# 判断两个像素点是否相同
def is_pixel_equal(img1, img2, x, y):
    pix1 = img1.load()[x, y]
    pix2 = img2.load()[x, y]
    scope = 30    # 像素阈值，可以按需调整
    return abs(pix1[0] - pix2[0] < scope) and abs(pix1[1] - pix2[1] < scope) and abs(pix1[2] - pix2[2] < scope)

# 获得缺口偏移量
def get_offset(img1, img2):
    left = 60
    for x in range(left, img1.size[0]):
        for y in range(img1.size[1]):
            if not is_pixel_equal(img1, img2, x, y):
                return x
    return left

# 代码调用处
location_lists = fetch_images()
offset = (get_offset(restore_images(cut_image_file, location_lists[0]),
                    restore_images(full_image_file, location_lists[1])))
print("滑块偏移量：", offset)
```

代码执行结果如下：

```
滑块偏移量： 119
```

3. 计算滑块的滑动轨迹，模拟滑动验证

构造一个滑块滑动距离的列表，这里平均除以 4，然后滑块滑动，每次滑动休眠 0.05s。

```python
# 滑块匀速滑动轨迹构造
def get_track(distance):
    track = []
    current = 0
    while current < distance:
        move = distance / 4
        current += move
        track.append(round(move))
    return track

# 滑块滑动的方法
```

```
def move_slider(slider, track):
    ActionChains(browser).click_and_hold(slider).perform()
    for x in track:
        ActionChains(browser).move_by_offset(xoffset=x, yoffset=0).perform()
        time.sleep(0.05)
    ActionChains(browser).release().perform()

# 调用处：
    b_track = get_track(offset-6)
    b_slider = get_slider()
    move_slider(b_slider, b_track)
```

代码执行后，自动打开浏览器，然后会自动滑动滑块进行验证，滑动验证速度极快，只需要 0.1s，如图 6.45 所示。

图 6.45 滑动验证成功

滑动太快很容易被判定为爬虫，并且匀速运动不符合人的操作习惯，正常人滑动滑块一般是先匀加速后再匀减速，我们可以参考物理学里的加速度计算公式，代码示例如下：

```
def get_person_track(distance):
    track = []
    current = 0
    mid = distance * 4 / 5   # 减速阈值
    t = 0.2   # 计算间隔
    v = 0   # 初速度
    while current < distance:
        a = 2 if current < mid else -3
        v0 = v   # 初速度v0
        v = v0 + a * t   # 当前速度
        move = v0 * t + 1 / 2 * a * t * t   # 移动距离
        current += move
        track.append(round(move))
    return track
```

4. 模拟登录

先获取账号和密码的页面节点，输入账号及密码，执行此滑动验证码，单击"登录"按钮即可，整理后的代码如下：

```
import time
from selenium import webdriver
from selenium.webdriver.support.wait import WebDriverWait
```

```python
from selenium.webdriver import ActionChains
from lxml import etree
import requests as r
import re
import PIL.Image as image

full_image_file = 'full.jpg'
cut_image_file = 'cut.jpg'
bilibili_login_url = 'https://passport.bilibili.com/login'
url_fetch_regex = re.compile('url\(\"(.*?)\"\);')
bg_postion_regex = re.compile('position: (.*?)px (.*?)px;')

def auto_login():
    # 输入账号及密码
    input_user = browser.find_element_by_xpath('//input[@id="login-username"]')
    input_user.send_keys("13798983314")
    input_passwd = browser.find_element_by_xpath('//input[@id="login-passwd"]')
    input_passwd.send_keys("zpj12345")
    # 验证码自动验证
    location_lists = fetch_images()
    offset = (get_offset(restore_images(cut_image_file, location_lists[0]),
                        restore_images(full_image_file, location_lists[1])))
    print("滑块偏移量：", offset)
    b_track = get_track(offset - 6)
    b_slider = get_slider()
    move_slider(b_slider, b_track)
    time.sleep(1)
    # 单击登录
    login_bt = browser.find_element_by_xpath('//a[@class="btn btn-login"]')
    login_bt.click()

# 下载缺失的图片，每个小方块的坐标
def fetch_images():
    html = etree.HTML(browser.page_source)
    cut_bg = html.xpath('//div[@class="gt_cut_bg gt_show"]/div')
    full_bg = html.xpath('//div[@class="gt_cut_fullbg gt_show"]/div')
    # 提取两个打乱顺序的webp图片URL替换为jpg
    cut_bg_url = url_fetch_regex.search((cut_bg[0].get('style'))).group(1).replace('webp', 'jpg')
    full_bg_url = url_fetch_regex.search((full_bg[0].get('style'))).group(1).replace('webp', 'jpg')
    with open(cut_image_file, 'wb+') as f: f.write(r.get(cut_bg_url).content)
    with open(full_image_file, 'wb+') as f: f.write(r.get(full_bg_url).content)
    # 采集图片定位坐标
    cut_bg_location_list = []
    full_bg_location_list = []
```

```python
    for cut in cut_bg:
        cut_result = bg_postion_regex.search(cut.get('style'))
        full_result = bg_postion_regex.search(cut.get('style'))
        cut_bg_location_list.append({'x': int(cut_result.group(1)), 'y': int(cut_result.group(2))})
        full_bg_location_list.append({'x': int(full_result.group(1)), 'y': int(full_result.group(2))})
    return cut_bg_location_list, full_bg_location_list

# 合并还原图片
def restore_images(file, location_list):
    im = image.open(file)
    # 分段分成上面的图和下面的图列表
    below_list = []
    above_list = []
    for location in location_list:
        if location['y'] == -58:
            above_list.append(im.crop((abs(location['x']), 58, abs(location['x']) + 10, 116)))
        if location['y'] == 0:
            below_list.append(im.crop((abs(location['x']), 0, abs(location['x']) + 10, 58)))

    # 创建一张一样大的图片
    new_im = image.new('RGB', (260, 116))
    # 遍历坐标粘贴上面的图片
    x_offset = 0
    for im in above_list:
        new_im.paste(im, (x_offset, 0))
        x_offset += im.size[0]
    # 遍历坐标粘贴下面的图片
    x_offset = 0
    for im in below_list:
        new_im.paste(im, (x_offset, 58))
        x_offset += im.size[0]
    # 保存图片
    new_im.save(file)
    return new_im

# 判断两个像素点是否相同
def is_pixel_equal(img1, img2, x, y):
    pix1 = img1.load()[x, y]
    pix2 = img2.load()[x, y]
    scope = 20    # 像素阈值
    return abs(pix1[0] - pix2[0] < scope) and abs(pix1[1] - pix2[1] < scope) and abs(pix1[2] - pix2[2] < scope)

# 获得缺口偏移量
```

```python
def get_offset(img1, img2):
    left = 60
    for x in range(left, img1.size[0]):
        for y in range(img1.size[1]):
            if not is_pixel_equal(img1, img2, x, y):
                return x
    return left

# 获取滑块
def get_slider():
    while True:
        try:
            slider = browser.find_element_by_xpath("//div[@class='gt_slider_knob gt_show']")
            break
        except:
            time.sleep(0.5)
    return slider

# 滑块匀速滑动轨迹构造
def get_track(distance):
    track = []
    current = 0
    while current < distance:
        move = distance / 4
        current += move
        track.append(round(move))
    return track

# 先加速后减速滑动轨迹构造
def get_person_track(distance):
    track = []
    current = 0
    mid = distance * 4 / 5   # 减速阈值
    t = 0.2   # 计算间隔
    v = 0    # 初速度
    while current < distance:
        a = 2 if current < mid else -3
        v0 = v   # 初速度v0
        v = v0 + a * t   # 当前速度
        move = v0 * t + 1 / 2 * a * t * t   # 移动距离
        current += move
        track.append(round(move))
    return track

# 滑块滑动的方法
```

```python
def move_slider(slider, track):
    ActionChains(browser).click_and_hold(slider).perform()
    for x in track:
        ActionChains(browser).move_by_offset(xoffset=x, yoffset=0).perform()
        time.sleep(0.05)
    ActionChains(browser).release().perform()

if __name__ == '__main__':
    browser = webdriver.Chrome()
    wait = WebDriverWait(browser, 20)
    browser.get(bilibili_login_url)
    # 休眠2秒等待登录页加载完毕
    time.sleep(1)
    auto_login()
    time.sleep(5)
    print(browser.current_url)
    browser.quit()
```

代码执行后，自动登录跳转，控制台打印结果如下：

```
滑块偏移量： 180
https://www.bilibili.com/
```

在页面右上角可以看到如图 6.46 所示的用户头像。

图 6.46 登录成功后的用户头像

第 7 章

Python 爬虫框架 Scrapy（上）

经过前面章节的学习，相信读者掌握了大部分站点的爬取方法，本章我们要介绍的是爬虫框架 Scrapy。读者可能会有些疑惑，都能手写爬虫了，为什么还要另外花时间和精力去学习一个框架呢？

打个比方，编写爬虫可以看成行军打仗，基本的角色有两个：士兵和将军，士兵冲锋陷阵，而将军更多地是调兵遣将。框架就像一个将军，里面包含了爬虫的全部流程、异常处理和任务调度等。除了可以让我们少写一些烦琐的代码，学习框架还可以学到编程思想和提升编程能力。Python 中比较流行的爬虫框架有 Pyspider 和 Scrapy，本章我们学习的是 Python 中应用最广泛的爬虫框架——Scrapy。

本章主要学习内容：

- Scrapy 框架简介与安装。
- 使用 Scrapy 爬取某网站每日壁纸。
- Scrapy 架构简介。
- Spiders 爬虫。
- Request 类和 Response 类。
- Item 类。
- Item Pipeline 项目管道。
- 使用 Scrapy 爬取某站点绘画频道的图片

7.1 Scrapy 框架简介与安装

Scrapy，谐音读作西瓜皮，是用 Python 语言开发的一个快速、高层次的屏幕/Web 抓取框架，用于抓取 Web 站点并从页面中提取结构化数据。

Scrapy 使用 Twisted 异步网络请求框架来处理网络通信，不需要额外实现异步框架，而且包含各种中间件接口，能灵活地实现各种需求。Scrapy 的用途广泛，常用于数据挖掘、监测和自动化测试。

7.1.1 Scrapy 相关信息

- 官网：https://scrapy.org/
- 官方文档：https://doc.scrapy.org/en/latest/
- 中文文档：https://scrapy-chs.readthedocs.io

7.1.2 Scrapy 的安装

Windows 环境和 Ubuntu 环境下可以直接通过 pip 命令安装，或者通过 Anaconda 安装，命令如下：

```
# 使用pip命令安装Scrapy
pip install Scrapy
# pip安装PyWin32
pip install pywin32

# 使用Anaconda安装Scrapy：
conda install Scrapy
```

在执行 pip 命令安装时可能会报错，出现如下错误信息（滚动底部）：

```
error: Microsoft Visual C++ 14.0 is required. Get it with "Microsoft Visual C++ Build Tools":
http://landinghub.visualstudio.com/visual-cpp-build-tools
```

只需要访问 https://www.lfd.uci.edu/~gohlke/pythonlibs/，找到如图 7.1 所示的 Twisted，然后下载对应的版本即可。

Twisted, an event-driven networking engine.
Twisted-18.7.0-cp27-cp27m-win32.whl
Twisted-18.7.0-cp27-cp27m-win_amd64.whl
Twisted-18.7.0-cp34-cp34m-win32.whl
Twisted-18.7.0-cp34-cp34m-win_amd64.whl
Twisted-18.7.0-cp35-cp35m-win32.whl
Twisted-18.7.0-cp35-cp35m-win_amd64.whl
Twisted-18.7.0-cp36-cp36m-win32.whl
Twisted-18.7.0-cp36-cp36m-win_amd64.whl
Twisted-18.7.0-cp37-cp37m-win32.whl
Twisted-18.7.0-cp37-cp37m-win_amd64.whl

图 7.1 下载对应版本的 Twisted

在命令行输入 Python，查看自己的计算机对应的版本：

```
λ python
Python 3.7.0 (v3.7.0:1bf9cc5093, Jun 27 2018, 04:06:47) [MSC v.1914 32 bit (Intel)] on win32
Type "help", "copyright", "credits" or "license" for more information.
```

笔者的环境是 Python 3.7.0 和 Win32，所以下载的是 Twisted-187.0-cp37-cp37m-win32.whl，下载后直接执行 pip 命令安装 whl 文件即可，如果出现如下所示的错误提示：

```
Twisted-18.7.0-cp37-cp37m-win_amd64.whl is not a supported wheel on this platform.
```

说明版本下错了，试试其他版本。最后出现如下所示的信息，代表安装成功：

```
Installing collected packages: Twisted
Successfully installed Twisted-18.7.0
```

接着再重复执行 pip install Scrapy 安装 Scrapy，出现如下所示的信息，代表 Scrapy 安装成功：

```
Installing collected packages: Scrapy
Successfully installed Scrapy-1.5.1
```

在 Mac 上构建 Scrapy 的依赖库需要 C 编译器及开发头文件，一般由 Xcode 提供，直接执行下述命令安装依赖库：

```
xcode-select --install
```

接着通过 pip 命令进行安装：

```
pip install Scrapy
```

在安装时，可能会出现如下错误：

```
Found existing installation: six 1.4.1
```

出现该错误的原因是 six 库的版本太低了，可以用下述命令升级 six：

```
sudo pip install Scrapy --upgrade --ignore-installed six
```

安装完 Scrapy，可以在终端输入 scrapy，以此验证 Scrapy 是否安装成功，出现如下信息代表安装成功：

```
$ scrapy
Scrapy 1.5.1 - no active project

Usage:
  scrapy <command> [options] [args]

Available commands:
  bench         Run quick benchmark test
  fetch         Fetch a URL using the Scrapy downloader
  genspider     Generate new spider using pre-defined templates
  runspider     Run a self-contained spider (without creating a project)
  settings      Get settings values
  shell         Interactive scraping console
  startproject  Create new project
  version       Print Scrapy version
  view          Open URL in browser, as seen by Scrapy

  [ more ]      More commands available when run from project directory

Use "scrapy <command> -h" to see more info about a command
```

或者输入 scrapy version -v 命令查看库里相关模块的版本,示例如下:
```
$ scrapy version -v
Scrapy        : 1.5.1
lxml          : 4.2.5.0
libxml2       : 2.9.8
cssselect     : 1.0.3
parsel        : 1.5.0
w3lib         : 1.19.0
Twisted       : 18.7.0
Python        : 3.7.0 (v3.7.0:1bf9cc5093, Jun 26 2018, 23:26:24) - [Clang 6.0 (clang-600.0.57)]
pyOpenSSL     : 18.0.0 (OpenSSL 1.1.0i  14 Aug 2018)
cryptography  : 2.3.1
Platform      : Darwin-17.7.0-x86_64-i386-64bit
```

7.2 实战:爬取某网站每日壁纸

在详细学习 Scrapy 的结构之前,我们先编写一个简单的脚本来初步了解 Scrapy 和前面写的爬虫有什么区别,本节爬取的目标是某网站的壁纸(https://cn.bing.com),用 Chrome 打开后可以看到如图 7.2 所示的页面。

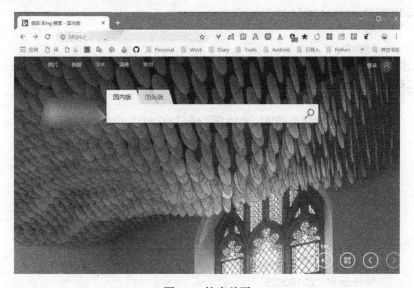

图 7.2　搜索首页

7.2.1　抓取目标分析

单击右下角的左右箭头可以切换壁纸,页面没有刷新,猜测是通过 JS 动态加载的,按 F12 键打开 Chrome 抓包,过滤 XHR,可以看到下面的请求:

https://cn.bing.com/HPImageArchive.aspx?format=js&idx=1&n=1&nc=1537931810126&pid=hp
https://cn.bing.com/HPImageArchive.aspx?format=js&idx=2&n=1&nc=1537931810380&pid=hp

分析可变参数，nc=1537931810126 明显就是时间戳，转换后就知道是当前的时间，而 idx=1 可能是分页游标 index 的简称，n 可能是显示的图片个数，单击到最左边发现 idx=7，所以最多只能获取 7 张壁纸，我们只需要模拟 7 次这样的请求，就可以拿到每天的壁纸了。还有一个参数 n=1，这个参数可能是页数，我们试下改成 7，看一下返回的图及个数是不是也为 7。如果是的话，直接请求下述 URL 即可：

https://cn.bing.com/HPImageArchive.aspx?format=js&idx=0&n=7&nc=1537932319209&pid=hp

复制到浏览器中打开，可以看到如下所示的 JSON 数据：

```
{
    "images": [
        {
            "startdate": "20180925",
            "fullstartdate": "201809251600",
            "enddate": "20180926",
            "url": "/az/hprichbg/rb/JacobHashimoto_ZH-CN8083666733_1920x1080.jpg",
            "urlbase": "/az/hprichbg/rb/JacobHashimoto_ZH-CN8083666733",
            "copyright": "圣科尼利厄斯教堂内的艺术装置'The Eclipse'，美国纽约市总督岛 (© Timothy Schenck/Jacob Hashimoto Studio)",
            "copyrightlink": "/search?q=%e8%89%ba%e6%9c%af%e8%a3%85%e7%bd%ae%e2%80%98The+Eclipse%e2%80%99&form=hpcapt&mkt=zh-cn",
            "title": "",
            "quiz": "/search?q=Bing+homepage+quiz&filters=WQOskey:%22HPQuiz_20180925_JacobHashimoto%22&FORM=HPQUIZ",
            "wp": false,
            "hsh": "3ca818322f381cbb1cd25b4647aa7ad1",
            "drk": 1,
            "top": 1,
            "bot": 1,
            "hs": []
        },
        {
            "startdate": "20180924",
            "fullstartdate": "201809241600",
            "enddate": "20180925",
            "url": "/az/hprichbg/rb/GiantSequoia_ZH-CN12159357875_1920x1080.jpg",
            "urlbase": "/az/hprichbg/rb/GiantSequoia_ZH-CN12159357875",
            "copyright": "国家公园内的巨杉，美国加利福尼亚州 (© Yva Momatiuk and John Eastcott/Minden Pictures)",
            "copyrightlink": "/search?q=%e7%ba%a2%e6%9d%89%e6%a0%91&form=hpcapt&mkt=zh-cn",
```

```
            "title": "",
            "quiz": "/search?q=Bing+homepage+quiz&filters=WQOskey:%22HPQuiz_20180924_
GiantSequoia%22&FORM=HPQUIZ",
            "wp": true,
            "hsh": "e246ffad4b9551d413b2fdf91e0c67c4",
            "drk": 1,
            "top": 1,
            "bot": 1,
            "hs": []
        },
...
```

分析完请求链接和相应结果，我们要做的就是使用 Scrapy 模拟请求这个链接，解析 JSON 来获得图片 URL。

7.2.2 创建爬虫脚本

逻辑弄清楚了，接下来新建一个 Scrapy 项目进行爬虫的辨析。Scrapy 创建项目需要通过命令行，这里我们新建一个爬虫项目 bing，命令如下：

```
scrapy startproject bing
```

执行后，输出创建成功的信息：

```
New Scrapy project 'bing', using template directory 'c:\\users\\coderpig\\appdata\\local\\
programs\\python\\python37-32\\lib\\site-packages\\scrapy\\templates\\project', created in:
    E:\Code\Python\bing

You can start your first spider with:
    cd bing
    scrapy genspider example example.com
```

在命令行输入命令 tree /f，可以自动生成项目结构，如下所示：

```
E:.
│   scrapy.cfg              # 项目的配置文件
└───bing                    # 项目的Python模块，会从这里引用代码
    │   items.py            # 项目的目标文件
    │   middlewares.p       # 中间件文件
    │   pipelines.py        # 项目的管道文件
    │   settings.py         # 项目的设置文件
    │   __init__.py
    ├───spiders             # 存储爬虫代码目录
    │   │   __init__.py
    │   │
    │   └───__pycache__
    └───__pycache__
```

每个文件都有具体的作用，我们先执行下述命令生成一个爬虫，而不用自己手写：

```
scrapy genspider BingWallpaper "cn.bing.com"
```

运行后，控制台输出成功创建的信息：
Created spider 'BingWallpaper' using template 'basic' in module:
　　bing.spiders.BingWallpaper

可以看到在 spiders 下生成了一个文件 BingSpider.py，里面定义了一个 BingWallpaperSpider 类，内容如下：

```
# -*- coding: utf-8 -*-
import scrapy
class BingWallpaperSpider(scrapy.Spider):
    name = 'BingWallpaper'
    allowed_domains = ['cn.bing.com']
    start_urls = ['http://cn.bing.com/']
    def parse(self, response):
        pass
```

从上面的代码，我们知道生成的 BingWallpaperSpider 类继承了 scrapy.Spider 类，默认实现下述三个属性和一个函数。

- name：爬虫的识别名称必须唯一，每个爬虫必须定义不同的名字。
- allowed_domains：搜索的域名范围，或者说是爬虫的约束范围，只爬取该域名下的网页，不存在的 URL 会被忽略。
- start_urls：爬取的 URL 元组，爬虫会从这里开始抓取数据。
- parse：解析函数。默认情况下，初始 URL 请求完成下载后执行，参数是每个 URL 传回的 Response 对象，主要作用是解析返回的网页数据（response.body）、提取结构化数据（生成 item）和生成下一页 URL 请求。

7.2.3　编写爬虫脚本

我们修改上述代码，模拟请求，然后把返回的结果打印出来，修改后的代码如下：

```
# -*- coding: utf-8 -*-
import scrapy
import time
class BingWallpaperSpider(scrapy.Spider):
    name = 'BingWallpaper'
    allowed_domains = ['cn.bing.com']
    start_urls = [
'https://cn.bing.com/HPImageArchive.aspx?format=js&idx=1&n=7&nc={ts}&pid=hp'.format(ts=int(time.time()))]
    def parse(self, response):
        self.logger.debug(response.body.decode('utf8'))
```

7.2.4 运行爬虫脚本

编写完成，准备运行这个脚本，但是我们发现 PyCharm 中运行的按钮是灰色的，需要在命令行中执行下述命令来运行爬虫：

```
scrapy crawl BingWallpaper
```

爬虫运行后，在控制台打印部分输出结果如下：

```
2018-09-26 18:22:48 [scrapy.core.engine] DEBUG: Crawled (200) <GET
https://cn.bing.com/robots.txt> (referer: None)
2018-09-26 18:22:48 [scrapy.core.engine] DEBUG: Crawled (200) <GET
https://cn.bing.com/HPImageArchive.aspx?format=js&idx=1&n=7&nc=1537957367&pid=hp
> (referer: None)
2018-09-26 18:22:48 [BingWallpaper] DEBUG:
{"images":[{"startdate":"20180924","fullstartdate":"201809241600","enddate":"20180925","url
":"/az/hprichbg/rb/GiantSequoia_ZH-CN12159357875_1920x1080.jpg","urlbase":"/az/hprich
bg/rb/GiantSequoia_ZH-CN12159357875","copyright":"国家公园内的巨杉，美国加利福尼亚
州 (© Yva Momatiuk and John Eastcott/Minden Pi
ctures)","copyrightlink":"/search?q=%e7%ba%a2%e6%9d%89%e6%a0%91&form=hpcapt&
mkt=zh-cn","title":"","quiz":"/search?q=Bing+homepage+quiz&filters=WQOskey:%22HPQuiz
_20180924_GiantSequoia%22&FORM=HPQUIZ","wp":true,"hsh":"e246ffad4b9551d413b2f
df91e0c67c4","drk":1,"top":1,"bot":1,"hs":[]},{"startdate":"20180923","fullstartdate":"20180923
1600","enddate":"20180924","url":"/az/hprichbg/rb/QinhuaiRiver_ZH-CN10131273425_1920
x1080.jpg","urlbase":"/az/hprichbg/rb/QinhuaiRiver_ZH-CN10131273425","copyright":"【今日
中秋节】桨声灯影里的秦淮河，中国南京 (© zyxeos30/Getty Images)","copyrightlink":"
/search?q=%e4%b8%ad%e7%a7%8b%e8%8a%82&form=hpcapt&mkt=zh-cn","title":"","qui
z":"/search?q=Bing+homepage+quiz&filters=WQOskey:%22HPQuiz_20180923_QinhuaiRiv
er%22&FORM=HPQUIZ","wp":true,"hsh":"f4c0fa7187a6d268893dda47f47ec560","drk":1,"to
p":1,"bot":1,"hs":[]},
...
```

7.2.5 解析数据

返回的是 JSON 数据，我们直接用 Python 自带的 JSON 库解析即可，修改后的代码如下：

```python
# -*- coding: utf-8 -*-
import scrapy
import time
import json
class BingWallpaperSpider(scrapy.Spider):
    name = 'BingWallpaper'
    allowed_domains = ['cn.bing.com']
    start_urls = [
```

```
'https://cn.bing.com/HPImageArchive.aspx?format=js&idx=1&n=7&nc={ts}&pid=hp'.format(ts
=int(time.time()))]]
    def parse(self, response):
        json_result = json.loads(response.body.decode('utf8'))
        images = json_result['images']
        if images is not None:
            for image in images:
                self.logger.debug(image['url'])
```

代码执行后,部分输出结果如下,可以看到获取到了图片的地址:

```
2018-09-26 19:35:33 [scrapy.core.engine] DEBUG: Crawled (200) <GET https://cn.bing.com/
robots.txt> (referer: None)
2018-09-26 19:35:33 [scrapy.core.engine] DEBUG: Crawled (200) <GET
https://cn.bing.com/HPImageArchive.aspx?format=js&idx=1&n=7&nc=1537961732&pid=hp
> (referer: None)
2018-09-26           19:35:33           [BingWallpaper]           DEBUG:
/az/hprichbg/rb/GiantSequoia_ZH-CN12159357875_1920x1080.jpg
2018-09-26           19:35:33           [BingWallpaper]           DEBUG:
/az/hprichbg/rb/QinhuaiRiver_ZH-CN10131273425_1920x1080.jpg
2018-09-26           19:35:33           [BingWallpaper]           DEBUG:
/az/hprichbg/rb/ShenandoahAutumn_ZH-CN12756614363_1920x1080.jpg
2018-09-26           19:35:33           [BingWallpaper]           DEBUG:
/az/hprichbg/rb/MunichTuba_ZH-CN7797561799_1920x1080.jpg
2018-09-26           19:35:33           [BingWallpaper]           DEBUG:
/az/hprichbg/rb/ImaginePeace_ZH-CN12572046001_1920x1080.jpg
2018-09-26           19:35:33           [BingWallpaper]           DEBUG:
/az/hprichbg/rb/BlackpoolTowerBallroom_ZH-CN8455917047_1920x1080.jpg
2018-09-26           19:35:33           [BingWallpaper]           DEBUG:
/az/hprichbg/rb/DriftwoodPirate_ZH-CN11949090819_1920x1080.jpg
```

至此,一个简单的 Scrapy 爬虫就编写完了。

7.3 Scrapy 架构简介

通过上一节简单的实战项目,我们对如何使用 Scrapy 编写爬虫有了一个基本的认识,接下来介绍 Scrapy 的架构。

7.3.1 Scrapy 架构图

Scrapy 的架构如图 7.3 所示,箭头代表数据流向。

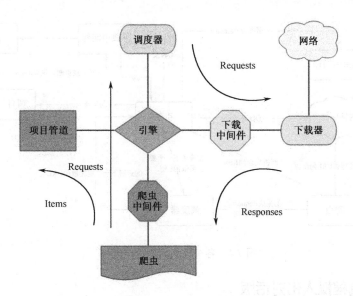

图 7.3　Scrapy 架构图

架构中每个模块的作用如下。

- Scrapy 引擎（Engine）：Scrapy 框架的核心，用于控制数据流在框架内部的各个组件间流动，在相应动作发生时触发相关事件。
- Scrapy 调度器（Scheduler）：请求调度，从引擎接收到 Request，然后添加到队列中，在后续引擎请求它们时提供给引擎。
- Scrapy 下载器（Downloader）：获取到页面数据后提供给引擎，然后提供给爬虫。
- 下载中间件（Downloader Middleware）：下载器和引擎之间的特定钩子，可以在下载器把 Response 传递给引擎前做一些处理。
- 爬虫（Spider）：产生 Request，交给下载器下载后返回 Response，解析提取出 Item 或需要另外跟进的 URL 的类。
- 爬虫中间件（Spider Middleware）：爬虫和引擎之间的特定钩子，可以在 Spider 输入和输出两个阶段做一些处理。
- 项目管道（Item Pipeline）：用于处理爬虫产生的 Item，进行一些加工，如数据清洗、验证和持久化。

7.3.2　各个模块间的协作流程

了解了每个模块的作用后，我们来看看各个模块是如何进行协作的，如图 7.4 所示。

重复图 7.4 中的步骤，直到调度器中没有更多的 Request，然后引擎关闭此网站。

注意：只有当调度器中不存在任何 Request 时，程序才会停止，对于下载失败的 URL，Scrapy 也会重新下载。

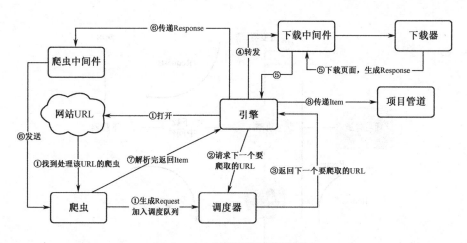

图 7.4　各个模块间的协作流程

7.3.3　协作流程拟人化对话版

读者直接看上面的流程应该会觉得枯燥难懂，我们试着把上述流程变成拟人化对话来方便理解。

引擎："Spider，你想处理哪个网站？"

Spider："用户要我处理 xxx.com。"

引擎："Spider，你把第一个要处理的 URL 给我吧。"

Spider："给你第一个要处理的 URL：xxx.com。"

引擎："Scheduler，帮我把这个 Request 请求加到队列里。"

Scheduler："收到，正在帮你处理，稍等。"

引擎："Scheduler，把你处理好的 Request 请求给我。"

Scheduler："给你我处理好的 Request 请求。"

引擎："Downloader 器，你按照下载中间件的配置帮我下载这个 Request 请求。"

Downloader："下载完了，给你。"如下载失败，引擎会告诉 Scheduler 该 Request 下载失败，稍后重试。

引擎："Spider，下载好的东西你自己处理一下。"

Spider："引擎，这是我处理完的数据，两个结果，要跟进的 URL，还有获取到的 Item 数据。"

引擎："管道，这里有一个 Item，帮忙处理。Scheduler，这是需要跟进的 URL，帮我处理一下。"

管道："好的，现在就处理。"

经过这样的对话，相信读者对各个模块的协作流程已经有了一定的认识，接下来我们详细介绍每个模块。

7.4 Spider 详解

在实战案例中,我们利用 Scrapy Genspider 生成了一个爬虫项目,默认生成了一个爬虫类,然后可以执行 scrapy crawl 爬虫名命令来运行爬虫。其实还可以把 Spider 当作单独的 Python 文件执行,直接使用 scrapy runspider 爬虫文件命令即可执行单个爬虫文件,示例如下:

```
scrapy runspider BingWallpaper.py
```

这也说明了 Spider 的重要性,其他的 Item 和 Pipeline 可有可无,而 Settings 等也可以采用默认配置,唯独 Spider 需要我们自行编写,爬取站点的链接配置、抓取和解析逻辑都在 Spider 中完成。

7.4.1 Spider 的主要属性和函数

前面已经介绍过 name、allowed_domains、start_urls 这三个属性和 parse()函数,下面介绍其他内容。

- start_requests()函数:对于固定的 URL,可以用 start_urls 存储,而有时我们需要对请求进行一些定制,比如使用 POST 请求、动态拼接参数、设置请求头等,就需要借助 start_requests()函数了。该函数必须返回一个可迭代对象(iterable),该对象包含用于爬取的第一个 Request。另外,要注意 Spider 中未指定 start_urls 时,该函数才会生效。
- custom_settings:字典,专属于本 Spider 类的配置,该配置会覆盖项目中的 settings.py 的值,慎用。有些值覆盖了也不一定会起作用,该设置须在初始化前被更新,并且必须定义成类变量。
- settings:settings 对象,利用它可以直接获取项目的全局设置变量。
- crawler:定义 Spider 实例绑定的 crawler 对象,该属性在初始化 Spider 类时由 from_crawler()函数设置,crawler 对象包含了很多项目组件,利用它可以获取项目的一些配置信息。
- closed(reason):Spider 关闭时,该函数会被调用,参数是一个字符串,即结束原因,一般会在这个函数里写一些释放资源的收尾代码。

另外还有一点要注意,parse()函数作为默认的回调函数,在 Request 没有指定回调方法时会调用它,该回调方法的返回值只能是 Request、字典和 Item 对象,或者它们的可迭代对象。

7.4.2 Spider 运行流程

首先,了解 Scrapy 中第一个 Request 是如何产生的,先从源码层面来入手这个过程,直接打开 Spider 类。start_urls 属性最先在 __init__ 构造函数中出现：

```
def __init__(self, name=None, **kwargs):
    if name is not None:
        self.name = name
    elif not getattr(self, 'name', None):
        raise ValueError("%s must have a name" % type(self).__name__)
    self.__dict__.update(kwargs)
    if not hasattr(self, 'start_urls'):
        self.start_urls = []
```

hasattr()函数的作用是判断对象是否包含对应的属性，这里的代码就是检验是否设置了 start_urls 属性，没有的话，初始化为一个空列表。接着，在 start_requests()函数中可以找到 start_urls：

```
def start_requests(self):
    cls = self.__class__
    if method_is_overridden(cls, Spider, 'make_requests_from_url'):
        warnings.warn(
            "Spider.make_requests_from_url method is deprecated; it "
            "won't be called in future Scrapy releases. Please "
            "override Spider.start_requests method instead (see %s.%s)." % (
                cls.__module__, cls.__name__
            ),
        )
        for url in self.start_urls:
            yield self.make_requests_from_url(url)
    else:
        for url in self.start_urls:
            yield Request(url, dont_filter=True)
```

上面的 warn()里的描述文字的大概意思是：make_requests_from_url 方法已经被弃用，在以后的版本里不会再去调用此方法，请重写 start_requests 方法来代替。所以这里我们直接看 else 里的代码即可，遍历 start_urls 列表，然后为每个 URL 生成一个 Request 对象，交给 Scrapy 下载并返回 Response。另外，这个方法只会调用一次。再接着就是 parse()函数了：

```
def parse(self, response):
    raise NotImplementedError('{}.parse callback is not defined'.format(self.__class__.__name__))
```

parse()函数必须实现，否则会抛出 NotImplementedError 异常，是 Request 类的默认回调函数，在该函数中处理 Response 类的默认回调函数，根据不同的返回结果，可以进行不同的后续操作。

- 字典或 Item：通过 Feed Exports 等组件把返回结果写入到文件中，或者通过 Item Pipeline 进行数据清洗，然后写入数据库等。
- 链接：有时解析后可能是一个 URL，在获取下一页或上一页时最常用，利用这个链接构造 Request 并设置新的回调函数，然后返回这个 Request，等待调度器调度。

通过不断重复解析 Response 获取数据，构造新的 Request，直到完成整个站点的爬取。

7.5 Request 类和 Response 类

在 Spider 中生成 Request 后，经过一系列的调度传递到 Downloader（下载器），下载器执行后返回一个 Response 对象，返回到发出请求的爬虫程序，然后在回调方法中解析这个 Response，接下来我们详细介绍这两个类。

7.5.1 Request 详解

常用参数与方法如下。
- url：设置请求的 URL。
- method：设置请求方法，默认为 GET。
- body：设置请求体。
- callback：设置请求完成后返回的 Response 类的回调函数。
- headers：设置请求的 Headers 数据。
- cookies：设置页面的 Cookies，可以是 dict 或 list[dict]。
- encoding：设置请求的转换编码。
- priority：链接优先级，优先级越高，越优先爬取。
- dont_filter：指定请求是否被 Scheduler 过滤（Scheduler 默认过滤重复请求），慎用。
- errback：设置处理异常的回调函数。
- copy()：复制当前 Request。
- replace()：对 Request 对象参数进行替换。
- meta：一个包含 Request 任意元数据的 dict，主要用于解析函数间的值传递、浅拷贝。

举个简单的例子：prase_1 函数中给 Item 某些字段提取了值，但另外一些值需要在 parse_2 中提取，这时就需要把 parse_1 中的 Item 传递给 parse_2 进行处理，因为 parse_2 是回调函数，显然无法只以设置外参的方式传递，此时就可以利用 meta 这个属性了，最典型的就是爬取电商站点，大图都需要打开，能拿到商品名称和价格，但是还想获得单击商品后显示的大图，假设大图的链接在代码中，简单的示例代码如下：

```
def parse_1(self, response):
    item['title'] = response.css('xxx').extract_first()
    item['price'] = response.css('xxx').extract_first()
    next_url = response.css('xxx').extract_first()
    yield scrapy.Request(next_url, callback=self.parse_2, meta={'item': item})
def parse2(self, response):
    item = response.meta['item']
    item[imgae] = response.css('xxx').extract_first()
    return item
```

有一点要注意，Request.meta 属性可以包含任何数据，但是要注意一些特殊的键，避免重名，Scrapy 及其内置扩展识别如下：

```
dont_redirect
dont_retry
handle_httpstatus_list
handle_httpstatus_all
dont_merge_cookies
cookiejar
dont_cache
redirect_urls
bindaddress
dont_obey_robotstxt
download_timeout
download_maxsize
download_latency
proxy
```

Request 的主要子类为 FormRequest，一般登录时会用到，实现对某些表单字段的预填充。通过 FormRequest.from_response() 函数实现，示例代码如下：

```
# 从respongse返回一个request（FormRequest）
def parse(self, response):
    return scrapy.FormRequest.from_response(
        response,
        formdata={'user': 'jay', 'pawd': '12345'},
        callback=self.after_login
    )
```

7.5.2 Response 类常用参数、方法与子类

常用参数与方法如下。

- url：响应对应的 URL。
- status：响应对应的 HTTP 状态码，默认为 200。
- body：请求返回的 HTML。
- headers：获得请求头。
- cookies：获得页面 Cookies。
- request：获得生成此响应的 Request 对象。

Response 子类如下。

- TextResponse：在 Response 的基础上添加编码能力，仅用于二进制数据，如图像、声音和媒体文件。
- HtmlResponse：选择和提取 HTML 数据。
- XmlResponse：选择和提取 XML 数据。

· 210 ·

7.5.3 选择器

Scrapy 内置了一个 Selector 提取模块，支持 Xpath 选择器、CSS 选择器和正则表达式，使用下述对应的方法解析即可。

```
# 下述两种方法返回一个SelectorList变量，是一个列表类型的数据，可以利用索引取出某个
# Selector元素，但是并不是真正的文本内容，可以调用extract()提取具体内容列表，或者调用
# extract_first()专门提取单一元素
response.xapth('xxx')         # Xpath选择器
response.css('xxx') # CSS选择器
# 输出结果是正则表达式的分组，顺序输出，如果只想选取第一个元素，可以调用re_first()函数，
# 和普通正则表达式的find_all和find有点类似，另外要注意Response对象不能直接调用re()和
# re_first()，
# 可以先调用xpath()函数再进行正则匹配
response.xpath('xxx').re(xxx)       # 正则表达式
# 另外Xpath选择器和CSS选择器支持嵌套选择，比如
response.Xpath("//tr").css("td")
```

Xpath 和正则表达式的语法在前面的章节已经介绍过了，这里着重介绍 CSS 选择器语法，CSS 三大类的选择器写法如下。

- 标签选择器：div{ color:red; border:1px; }
- 类选择器：.text{ color:red; border:1px; }
- id 选择器：#id { color:red; border:1px; }

举个简单的例子，爬取百度首页的图标：

```
<div id="lg">
    <img hidefocus="true" class="index-logo-src" src="//www.baidu.com/img/bd_logo1.png"
        width="270" height="129" usemap="#mp">
    <img hidefocus="true" class="index-logo-srcnew"
        src="//www.baidu.com/img/bd_logo1.png?qua=high" width="270"
        height="129" usemap="#mp">
    ...
</div>
```

我们利用 CSS 选择器来提取图标的 URL 地址：

```
self.logger.debug(response.css('#lg > img[hidefocus="true"]::attr(src)').extract_first())
```

部分输出结果如下：

```
2018-09-30 16:26:05 [scrapy.extensions.telnet] DEBUG: Telnet console listening on 127.0.0.1:6023
2018-09-30 16:26:05 [scrapy.core.engine] DEBUG: Crawled (200) <GET https://www.baidu.com> (referer: None)
2018-09-30 16:26:05 [BingWallpaper] DEBUG: //www.baidu.com/img/bd_logo1.png
2018-09-30 16:26:05 [scrapy.core.engine] INFO: Closing spider (finished)
```

这里注意，Scrapy 默认会遵守 Robots 协议，需要在 settings.py 文件中禁用，找到：

```
# Obey robots.txt rules
ROBOTSTXT_OBEY = True
```

把 True 修改为 False 即可。另外，上述方法可以通过::attr()函数获得节点的属性，还可以通过::text 获得文本。

7.5.4 Scrapy Shell

在编写 Spider 时，我们经常需要修改相关代码，以测试我们编写的 Xpath 和 CSS 表达式能否获取到正确的结果。每次都启动 Spider 显得有些烦琐，Scrapy 提供了一个交互终端，可以在未启动 Spider 的情况下尝试调试爬取代码，命令如下：

```
scrapy shell url
```

以百度首页（https://www.baidu.com）为例，部分结果如下：

```
scrapy shell "https://www.baidu.com"
2018-10-06 11:21:14 [scrapy.core.engine] INFO: Spider opened
2018-10-06 11:21:14 [scrapy.core.engine] DEBUG: Crawled (200) <GET https://www.baidu.com> (referer: None)
[s] Available Scrapy objects:
[s]   scrapy     scrapy module (contains scrapy.Request, scrapy.Selector, etc)
[s]   crawler    <scrapy.crawler.Crawler object at 0x10f52d8d0>
[s]   item       {}
[s]   request    <GET https://www.baidu.com>
[s]   response   <200 https://www.baidu.com>
[s]   settings   <scrapy.settings.Settings object at 0x110fb8b00>
[s]   spider     <DefaultSpider 'default' at 0x11125abe0>
[s] Useful shortcuts:
[s]   fetch(url[, redirect=True]) Fetch URL and update local objects (by default, redirects are followed)
[s]   fetch(req)        Fetch a scrapy.Request and update local objects
[s]   shelp()           Shell help (print this help)
[s]   view(response)    View response in a browser
```

Scrapy Shell 根据下载页面自动创建了一些对象供我们使用。

- scrapy：Scrapy 模块。
- crawler：当前的 crawler 对象。
- request：最近获取到的页面的 Request 对象。
- response：最近获取到的页面的 Response 对象。
- settings：当前的 Scrapy 项目的 settings.py。
- spider：处理 URL 的 Spider。

还有一些快捷命令如下。

- shelp()：打印可用对象及快捷命令的帮助列表。
- fetch(url 或 request)：根据给定的 URL 或 Request 获取到一个 Response，并更新相关对象。
- view(response)：在浏览器中打开给定的 Response，会在 Response 的 body 中添加一个 tag，使外部链接（图片、CSS 等）能正常显示。

7.6　Item 详解

Scrapy 提供了一个公共的数据输出格式类 Item，和 Python 中的字典类似，但是多了一些额外的保护机制，避免拼写错误和定义字段错误，字段使用 scrapy.Field 赋值。使用代码示例如下：

```
class MyItem(scrapy.item):
    name = scrapy.Field()
    age = scrapy.Field()
# 创建
my_item = MyItem(name = "小猪", age = 25)
# 获取字段
my_item['name'] # 如果不存在此字段，会报KeyError错误
my_item.get('name') # 如果不存在此字段，返回none
'name' in my_item
'name' in my_item.fields
# 设置字段值
my_item['name'] = "小杰"
# 访问所有的填充值，和字典一样的API
product.keys = ['name', 'age']
product.items = [('name','小杰'),('age',25)]
# Item继承（加入新字段或改动某些字段的元数据）
class MySuperItem(MyItem):
    sex = scrapy.Field()
    age = scrapy.Field(serializer = str)
```

7.7　Item Pipeline 详解

Item Pipeline 的调用发生在 Spider 解析完 Response 产生 Item 后，会把 Item 传递给项目管道，可以在管道中完成一连串的处理，比如数据清洗、去样重复数据，最后将处理的结果持久化到本地（写入文件或保存到数据库中）。

7.7.1　自定义 Item Pipeline 类

在 pipelines.py 文件中定义一个 Pipeline 类，有如下几个核心方法。

- process_item(self, item, spider)：必须实现，处理 Item 的方法，在这里进行数据处理和持久化操作。
- open_spider(spider)：Spider 开启时自动调用，可以在此做一些初始化操作，比如创建数据库连接等。
- close_spider(spider)：Spider 关闭时自动调用，可以在此做一些收尾操作，比如关

闭数据库连接等。
- from_crawler(cls, crawler)：类方法，用@classmethod 标识，一种依赖注入方式，参数是 crawler。通过它，我们可以拿到 Scrapy 的所有核心组件，比如全局信息。

代码示例如下：

```python
class BcyPipeline():
    def __init__(self):
        self.host = 'localhost'
        self.database = 'bcy'
        self.user = 'root'
        self.password = 'Zpj12345'
        self.port = 3306
    def open_spider(self, spider):
        self.db = pymysql.connect(self.host, self.user, self.password, self.database, charset='utf8', port=self.port)
        self.cursor = self.db.cursor()
    def close_spider(self, spider):
        self.db.close()
    def process_item(self, item, spider):
        data = dict(item)
        keys = ', '.join(data.keys())
        values = ', '.join(["%s"] * len(data))
        sql = "INSERT INTO draw (%s) VALUES (%s)" % (keys, values)
        self.cursor.execute(sql, tuple(data.values()))
        self.db.commit()
        return item
```

7.7.2　启用 Item Pipeline

创建完自定义的 Item Pipeline 后，我们还需要在 settings.py 文件中把 ITEM_PIPELINES 注释打开，并加上我们的 Item Pipeline，代码梳理如下：

```python
ITEM_PIPELINES = {
    'Bcy.pipelines.BcyPipeline':300
}
```

这里 300 代表执行的先后顺序，Item 按数字从小到大的顺序通过 Item Pipeline，通常在 1～1000 之间。

7.8　实战：完善爬取每日壁纸的脚本

在本章第一个实战案例中我们已经用 Scrapy 爬取到图片链接了，接下来完善代码，利用 Scrapy 自带的 ImagesPipeline 完成图片的下载。

7.8.1 定义 BingItem

要使用 ImagesPipeline 下载图片,我们需要先定义一个 BingItem,要包含 image_urls 和 images 字段。完整代码如下:

```python
import scrapy
class BingItem(scrapy.Item):
    image_urls = scrapy.Field()
    images = scrapy.Field()
```

7.8.2 使用 ImagesPipeline

ImagesPipeline 的工作流程如下:

(1) 把图片 URL 放到 image_urls 中,image_urls 传入的必须是一个可迭代对象,而不能是字符串。

(2) 爬虫回调处理完返回 Item,进入项目管道。

(3) 项目进入 ImagePipeline,image_urls 组内的 URL 将被 Scrapy 的调度器和下载器安排下载。

(4) 图片下载结束后,图片下载路径、URL 等信息会保存到 images 字段中。

打开 settings.py 启用 ImagesPipeline 组件:

```python
ITEM_PIPELINES = {
    # 引入Scrapy提供的ImagesPipeline组件
    'scrapy.pipelines.images.ImagesPipeline': 300,
}
```

还需要对 ImagesPipeline 进行一些辅助配置:

```python
# ImagesPipeline辅助配置项
# 图片存储路径(绝对路径或相对路径)
IMAGES_STORE = 'out/res/pic/'
# BingItem中定义的存储图片链接的image_urls字段
IMAGES_URLS_FIELD = 'image_urls'
# BingItem中定义的images字段
IMAGES_RESULT_FIELD='images'
```

除此之外,还有一些可选的配置,按需启用即可:

```python
# 过期时间,单位为天(可选)
IMAGES_EXPIRES = 120
# 过滤小图片(可选)
IMAGES_MIN_HEIGHT = 110
IMAGES_MIN_WIDTH = 110
# 是否允许重定向(可选)
MEDIA_ALLOW_REDIRECTS = True
# 生成缩略图(可选)
IMAGES_THUMBS = {
    'small': (50, 50),
```

```
    'big': (270, 270),
}
```

7.8.3 修改 Spider 代码

修改爬虫代码提取 URL，新建一个 BingItem()实例，image_urls 传入 URL 列表，最后 yield 返回这个 Item 实例，具体代码如下：

```
def parse(self, response):
    json_result = json.loads(response.body.decode('utf8'))
    images = json_result['images']
    if images is not None:
        item = BingItem()
        url_list = []
        for image in images:
            url_list.append('https://cn.bing.com' + image['url'])
        item['image_urls'] = url_list
        yield item
```

7.8.4 运行爬虫脚本

编写完成后准备执行爬虫，前面的章节我们是通过下述命令行来启动爬虫的：
scrapy crawl BingWallpaper

每次运行调试都需要输入一遍命令，有些烦琐，我们可以在项目中编写一个 py 文件来执行这个命令，然后每次运行这个 py 文件就可以了，比如在项目中新建一个 run.py 文件（该文件必须和 scrapy.cfg 文件在同一目录下）。

```
from scrapy import cmdline
cmdline.execute(["scrapy", "crawl", "BingWallpaper"])
```

以后直接运行这个 run.py 就可以了，而不需要再打开命令行手动输入，运行后终端的部分输出信息如下：

```
DEBUG: Scraped from <200 https://cn.bing.com/HPImageArchive.aspx?format=js&idx=1&n=7&nc=1539080342&pid=hp>
{'image_urls': [{'image_urls': ['https://cn.bing.com/az/hprichbg/rb/SandiaSunrise_ZH-CN11155504388_1920x1080.jpg','https://cn.bing.com/az/hprichbg/rb/HumanTower_ZH-CN8948459298_1920x1080.jpg']...
'images': [{'checksum': '6ebfdb5210fce5986b88d07053ac94af',
            'path': 'full/885648740905a26703e18c1ae24f23c480ecc822.jpg',
            'url':
'https://cn.bing.com/az/hprichbg/rb/SandiaSunrise_ZH-CN11155504388_1920x1080.jpg'},
           {'checksum': 'cc9b95c89f3277b20f6f7aa04ff541ec',
            'path': 'full/092235104f84cb2f4de8808c10f655298313f65c.jpg',
            'url':
'https://cn.bing.com/az/hprichbg/rb/HumanTower_ZH-CN8948459298_1920x1080.jpg'},...
```

打开对应的文件夹，如图 7.5 所示，壁纸都下载到本地了。

图 7.5　下载到本地的图片

7.9　设置请求头

Scrapy 默认的请求头格式是：Scrapy/1.1.2(+http://scrapy.org)，看到这样的请求头，服务器可能直接把这个爬虫封掉，所以我们需要修改请求头，有下述几种修改请求头的方法。

7.9.1　构造 Request 时传入

我们可以在构造 Request 时通过 headers 参数传入，示例如下：

```
headers = {
        'User-Agent': 'Mozilla/5.0 (Windows NT 10.0; Win64; x64) AppleWebKit/537.36 (KHTML, like Gecko) '
    'Chrome/68.0.3440.106 Safari/537.36',
        'Host': 'bcy.net',
        'Origin': 'https://bcy.net',
}
def start_requests(self):
    yield Request(url, headers= headers, callback=parse)
```

7.9.2　修改 settings.py 文件

除了上面设置请求头的方式外，还可以在 settings.py 文件中进行全局设置，对所有爬虫都会生效，使用示例如下：

```
DEFAULT_REQUEST_HEADERS = {
    'User-Agent': 'Mozilla/5.0 (Windows NT 10.0; Win64; x64) AppleWebKit/537.36 (KHTML, like Gecko) '
                    'Chrome/68.0.3440.106 Safari/537.36',
    'Host': 'bcy.net',
    'Origin': 'https://bcy.net',
}
```

7.9.3 为爬虫添加 custom_settings 字段

还有一种方法是在爬虫中添加 custom_settings 字段，示例如下：

```
custom_settings = {
    'User-Agent': 'Mozilla/5.0 (Windows NT 10.0; Win64; x64) AppleWebKit/537.36 (KHTML, like Gecko) '
                  'Chrome/68.0.3440.106 Safari/537.36',
}
```

另外，需要设置 headers 的优先级（从低到高）：settings.py→custom_settings→headers。

7.10 下载中间件详解

Downloader Middleware（下载中间件）是处于 Request 和 Response 之间的处理模块。该模块作用于 Request 执行下载前和生成 Response 被 Spider 解析前。在 Scrapy 中有两个过程会经过下载中间件：一是 Scheduler 从队列里取出 Request 给 Downloader 执行下载时；二是 Downloader 下载时得到 Response 返回给 Spider 时。

7.10.1 自定义 Downloader Middleware 类

主要实现以下三个核心方法。

- process_request(request, spider)：Downloader 下载执行前调用。
- process_response(request, response, spider)：生成 Response 在被 Spider 解析前调用。
- process_exception(request, response, spider)：Downloader 或 process_request()函数抛出异常时调用。

使用 Scrapy 的第一个感觉就是快，很快就访问了很多请求，但是问题来了，这样快速、频繁地请求，可能会导致我们的 IP 被服务器 block，我们需要为请求设置代理，这里自定义一个代理下载中间件。另外，有一点要注意：并不是每个请求都直接通过代理，因为使用代理访问站点的速度比正常访问慢多了。

所以，在第一次请求失败后才启用代理，这一步可以通过判断 retry_times 是否为空。打开 middlewares.py 文件，新增一个类 ProxyMiddleware，代码如下：

```
class ProxyMiddleware(object):
    def __init__(self):
        self.proxy_ip_list = self.load_list_from_file()
    @staticmethod
    def load_list_from_file():
        data_list = []
        with open(os.path.join(os.getcwd(),'FirstSpider/proxy_ip.txt'), "r+", encoding='utf-8') as f:
            for ip in f:
```

```
                data_list.append(ip.replace("\n", ""))
        return data_list
    def process_request(self, request, spider):
        if request.meta.get('retry_times'):
            proxy = self.proxy_ip_list[random.randint(0, 175)]
            if proxy:
                proxy_ip = 'https://{proxy}'.format(proxy=proxy)
                logging.debug("使用了代理：", proxy_ip)
                request.meta['proxy'] = proxy_ip
```

7.10.2 启用自定义的代理下载中间件

直接打开 settings.py 文件，启用中间件：

```
DOWNLOADER_MIDDLEWARES = {
    'FirstSpider.middlewares.ProxyMiddleware':555
}
```

7.11 实战：爬取某站点绘画频道的图片

Scrapy 介绍得差不多了，最后通过一个稍微复杂一点的例子来巩固学到的知识。

7.11.1 分析爬取的站点

爬取的目标是某绘画频道（https://bcy.net/illust/toppost100?type=lastday）里所有的图片链接和作者名称，并保存到 MySQL 数据库中，站点界面如图 7.6 所示。

接着我们来分析如何爬取此绘画频道的数据，向下滚动页面，发现加载了更多内容，由此猜测是 Ajax 加载的，滚动到底部，发现如图 7.7 所示的分页选项。

图 7.6 站点绘画频道首页

图 7.7 底部分页选项

选项是日期，按 F12 键打开开发者工具，用 Network 抓包，打开 8 月 24 日的内容，查看请求的数据包，可以看到如下请求信息：

Request URL: https://bcy.net/illust/toppost100?type=lastday&date=20180824
Request Method: GET
Status Code: 200 OK
Remote Address: 123.58.9.84:443
Referrer Policy: no-referrer-when-downgrade

type=lastday&date=20180824

单击 Elements 选项卡，查看每个图片节点的结构，如下：

```
<ul class="l-clearfix gridList smallCards js-workTopList">
    <li class="js-smallCards _box" data-since="2"><a href="/item/detail/6592201966875574531" class="db posr ovf"    target="_blank" title=" 风雪白噬君">
<span class="list__badge list__badge1">1</span><img class="cardImage"src="https://img9.bcyimg.com/user/97894983560/item/c0jmd/fcf127891742460dbe64f2a04615c5ef.jpg/2X3">
</a><footer class="l-clearfix">
        <a href="/u/97894983560" target="_blank" class="_avatar _avatar--user _avatar--xxxsm mr5 vam"><img src="https://user.bcyimg.com/Public/Upload/avatar/97894983560/189246041b434bc9a258095e99ce0857/fat.jpg/amiddle"></a>
        <a href="/u/97894983560" target="_blank" class="name"><span class="fz12 lh18 username cut dib vam">风雪白噬君</span></a>
        <div class="l-right">
        </div>
    </footer>
</li>
...
```

这样的节点有 30 个，从上面的抓包信息不难得出模拟请求的相关信息。

- 请求基地址：https://bcy.net/illust/toppost100
- 请求方式：GET
- 请求参数：type（固定）= lastday，date=日期

继续滚动加载，过滤 XHR，查看 Ajax 动态加载数据的接口，请求接口信息如下：

Request URL: https://bcy.net/illust/index/ajaxloadtoppost?p=1&type=lastday&date=20180824
Request Method: GET
Status Code: 200 OK
Remote Address: 123.58.9.84:443
Referrer Policy: no-referrer-when-downgrade

p=1&type=lastday&date=20180824

查看 Ajax 返回的数据结构，如下：

```
<li class="js-smallCards _box" data-since="3"><a href="/item/detail/6592124459757338887" class="db posr ovf"    target="_blank" title=" 大暑">
```

```
    <span class="list__badge">31</span> <img class="cardImage" src="https://img9.bcyimg.
com/user/3462989/item/c0jmd/c364f9a46e994ffbb3b46f76632ced27.png/2X3"/>
</a>
    <footer class="l-clearfix">
        <a href="/u/3462989" target="_blank" class="_avatar _avatar--user _avatar--xxxsm
mr5 vam"><img src="https://user.bcyimg.com/Public/Upload/avatar/3462989/e3e61c8af7b4
4936816a258ca11fed96/fat.jpg/amiddle"></a>
        <a href="/u/3462989" target="_blank" class="name"><span class="fz12 lh18
username cut dib vam">大暑</span></a><div class="l-right">
        </div>
    </footer>
</li>
```

返回的数据不是 JSON 而是 XML 的，不难看出每个<li class="js-smallCards _box">包裹着一个元素，全局搜索共有 20 个，说明每次加载 20 个，每天的图片就是 50（30+20）张。整理 Ajax 模拟请求的相关信息。

- 请求基地址：https://bcy.net/illust/index/ajaxloadtoppost
- 请求方式：GET
- 请求参数：p（固定）= 1，type（固定）= lastday，date=日期

两个要爬取的接口都清晰了，不过在排查分页时，发现日期范围有个问题，就是起始日期的问题。如果超过了这个起始时间，返回的结果默认是今天的数据，这里就不在程序里过滤了，手动测试可以得出起始的时间为 2015 年 9 月 18 日。

7.11.2 新建项目与明确爬取目标

通过命令行创建 Scrapy 项目：
```
scrapy startproject bcy
```
创建完成后，在 PyCharam 中打开命令行创建的项目，接着明确要爬取的数据：图片 URL 和作者名称。自定义一个 BcyItem 类，代码如下：
```
class BcyItem(scrapy.Item):
    author = scrapy.Field()
    pic_url = scrapy.Field()
```

7.11.3 创建爬虫爬取网页

通过命令行创建爬虫脚本：
```
scrapy genspider bcy "bcy.net"
```
修改爬虫，先定义一个构造日期范围列表的函数，然后重写 start_requests 方法，构造初始 Request。
```
from scrapy import Request, Spider
import datetime
class BcySpider(Spider):
    name = 'bcy'
```

```
        allowed_domains = ['bcy.net']
        index_url = 'https://bcy.net/illust/toppost100?type=lastday&date={d}'
        ajax_url = 'https://bcy.net/illust/index/ajaxloadtoppost'
        date_list = []    # 日期范围列表
        index_header = {
            'User-Agent': 'Mozilla/5.0 (Windows NT 10.0; Win64; x64) AppleWebKit/537.36 (KHTML, like Gecko) '
            'Chrome/68.0.3440.106 Safari/537.36',
            'Host': 'bcy.net',
            'Origin': 'https://bcy.net',
        }
        def start_requests(self):
            self.init_date_list()
            for date in self.date_list:
                yield Request(self.index_url.format(d=date), headers= self.index_header, callback=self.parse_index)
        # 构造一个日期列表
        def init_date_list(self):
            begin_date = datetime.datetime.strptime("20150918", "%Y%m%d")
            end_date = datetime.datetime.strptime("20180826", "%Y%m%d")
            while begin_date <= end_date:
                date_str = begin_date.strftime("%Y%m%d")
                self.date_list.append(date_str)
                begin_date += datetime.timedelta(days=1)
        def parse_index(self, response):
            self.logger.debug(response)
```

爬虫运行后，在控制台打印部分输出结果如下：

2018-08-26 20:23:48 [bcy] DEBUG: <200 https://bcy.net/illust/toppost100?type=lastday&date=20160301>
2018-08-26 20:23:48 [bcy] DEBUG: <200 https://bcy.net/illust/toppost100?type=lastday&date=20160303>
2018-08-26 20:23:48 [bcy] DEBUG: <200 https://bcy.net/illust/toppost100?type=lastday&date=20160229>
2018-08-26 20:23:48 [bcy] DEBUG: <200 https://bcy.net/illust/toppost100?type=lastday&date=20160302>
2018-08-26 20:23:48 [bcy] DEBUG: <200 https://bcy.net/illust/toppost100?type=lastday&date=20160304>
2018-08-26 20:23:48 [bcy] DEBUG: <200 https://bcy.net/illust/toppost100?type=lastday&date=20160305>

这里可以正常访问，不过控制台日志刷新得太快，往往还没得及细看就跳过了。我们可以利用 Scrapy 提供的 Feed Exports 命令将结果保存到文件中，而且支持多种输出格式，示例如下：

```
scrapy crawl bcy -o bcy.json
scrapy crawl bcy -o bcy.jl
scrapy crawl bcy -o bcy.csv
```

```
scrapy crawl bcy -o bcy.xml
scrapy crawl bcy -o bcy.marshal
scrapy crawl bcy -o ftp://user:password@ftp@xxx.xxx.com/path/to/bcy.json
```

7.11.4 设置代理

这里我们编写一个代理中间件，在 middlewares.py 文件中新增一个类：

```python
class ProxyMiddleware(object):
    def __init__(self):
        self.proxy_ip_list = self.load_list_from_file()
    @staticmethod
    def load_list_from_file():
        data_list = []
        with open(os.path.join(os.getcwd(),'FirstSpider/proxy_ip.txt'), "r+", encoding='utf-8') as f:
            for ip in f:
                data_list.append(ip.replace("\n", ""))
        return data_list
    def process_request(self, request, spider):
        if request.meta.get('retry_times'):
            proxy = self.proxy_ip_list[random.randint(0, 175)]
            if proxy:
                proxy_ip = 'https://{proxy}'.format(proxy=proxy)
                logging.debug("使用了代理：", proxy_ip)
                request.meta['proxy'] = proxy_ip
```

接着打开 settings.py 文件，启用代理中间件：

```python
DOWNLOADER_MIDDLEWARES = {
    'FirstSpider.middlewares.ProxyMiddleware':555
}
```

7.11.5 解析数据

代理设置完成，接着进行数据提取，parse 函数的第二个参数就是请求返回的结果，我们可以直接对这个 response 对象包含的内容进行解析，提取的代码如下：

```python
def parse(self, response):
    self.logger.debug(response)
    items = response.xpath('//li[@class="js-smallCards _box"]')
    for item in items:
        # 提取作者
        self.logger.debug(item.xpath('a[@class="db posr ovf"]/@title').extract_first())
        # 提取图片URL
        self.logger.debug((item.xpath('a/img/@src').extract_first().replace('/2X3', '')))
```

运行并打印结果：

```
2018-08-26 21:37:44 [scrapy.core.engine] DEBUG: Crawled (200) <GET
```

```
https://bcy.net/illust/toppost100?type=lastday&date=20150918> (referer: None)
2018-08-26 21:37:44 [bcy] DEBUG: <200
https://bcy.net/illust/toppost100?type=lastday&date=20150918>
2018-08-26 21:37:44 [bcy] DEBUG:    愚子CiteMer
2018-08-26 21:37:44 [bcy] DEBUG:
https://img9.bcyimg.com/drawer/1491/post/177hn/58accb305b6211e587a65bb331dba25b.png
2018-08-26 21:37:44 [bcy] DEBUG:    大蛮狗
2018-08-26 21:37:44 [bcy] DEBUG:
https://img9.bcyimg.com/drawer/12550/post/177ho/503fcba05c5211e5a77ebd8a1e13d351.jpg
2018-08-26 21:37:44 [bcy] DEBUG:    黑色禁药的窝
2018-08-26 21:37:44 [bcy] DEBUG:
https://img9.bcyimg.com/drawer/18190/post/177hn/6c630ce05bbf11e5858c374f7c6ec8ce.jpg
```

7.11.6 存储数据

拿到数据后,接着把这些数据存储到 MySQL 数据库中,我们需要自定义一个 Item Pipeline 类,在 pipelines.py 类中新增一个 MySQLPipeline 管道类,用于持久化数据。

```
class MySQLPipeline():
    def __init__(self):
        self.host = 'localhost'
        self.database = 'bcy'
        self.user = 'root'
        self.password = 'Zpj12345'
        self.port = 3306
    def open_spider(self, spider):
        self.db = pymysql.connect(self.host, self.user, self.password, self.database, charset='utf8', port=self.port)
        self.cursor = self.db.cursor()
    def close_spider(self, spider):
        self.db.close()
    def process_item(self, item, spider):
        data = dict(item)
        keys = ', '.join(data.keys())
        values = ', '.join(["%s"] * len(data))
        sql = "INSERT INTO draw (%s) VALUES (%s)" % (keys, values)
        self.cursor.execute(sql, tuple(data.values()))
        self.db.commit()
        return item
```

接着修改 settings.py 文件启用 MySQLPipeline,启用代码如下:

```
ITEM_PIPELINES = {
    'FirstSpider.pipelines.MySQLPipeline': 300,
}
```

然后修改 Spider 中的函数,修改后的代码如下:

```
    def parse_index(self, response):
        self.logger.debug(response)
```

```
        items = response.xpath('//li[@class="js-smallCards _box"]')
        for item in items:
            bcy_item = BcyItem()
            bcy_item['author'] = item.xpath('a[@class="db posr ovf"]/@title').extract_first()
            bcy_item['pic_url'] = item.xpath('a/img/@src').extract_first().replace('/2X3', '')
            yield bcy_item
```

最后在命令行执行下述命令，创建数据库：

```
Create Database If Not Exists bcy Character Set UTF8MB4;
use bcy
CREATE TABLE IF Not Exists draw(id INT AUTO_INCREMENT PRIMARY KEY, author TEXT, pic_url TEXT);
desc draw;

# 生成的表结构如下：
+---------+---------+------+-----+---------+----------------+
| Field   | Type    | Null | Key | Default | Extra          |
+---------+---------+------+-----+---------+----------------+
| id      | int(11) | NO   | PRI | NULL    | auto_increment |
| author  | text    | YES  |     | NULL    |                |
| pic_url | text    | YES  |     | NULL    |                |
+---------+---------+------+-----+---------+----------------+
```

接着运行爬虫，运行完成后输入命令：SELECT * FROM draw;，数据库部分结果如下：

```
+----+--------------------+-------------------------------------------------------------------+
| id | author             | pic_url                                                           |
+----+--------------------+-------------------------------------------------------------------+
| 1  | 酒笙清栀           | https://img9.bcyimg.com/drawer/1491/post/177hn/58accb305b6211e587a65bb331dba25b.png  |
| 2  | 深海未眠           | https://img9.bcyimg.com/drawer/12550/post/177ho/503fcba05c5211e5a77ebd8a1e13d351.jpg |
| 3  | 夜未央             | https://img9.bcyimg.com/drawer/18190/post/177hn/6c630ce05bbf11e5858c374f7c6ec8ce.jpg |
| 4  | 七秒梦             | https://img9.bcyimg.com/drawer/13728/post/177hn/6972b8a05b9c11e5b49821e253298a60.jpg |
| 5  | 王温暖             | https://img9.bcyimg.com/drawer/15742/post/177hn/9b4d3f405bb411e5a611e19393f42de7.jpg |
| 6  | 南枝向暖北枝寒     | https://img9.bcyimg.com/drawer/16922/post/177f5/cbbc11304b1311e5b36e37bb337ff189.
```

| jpg |
| 7 | 根正苗红红领JING |
https://img5.bcyimg.com/drawer/6688/post/177ho/3d9038305c7c11e58c2cc55d499761a7.
jpg |
| 8 | 小李啊呜 |
https://img9.bcyimg.com/drawer/6131/post/177ho/1a058f605c7111e59c2b5dd8e4a4412f.
jpg |
| 9 | 斑斑宝宝 |
https://img5.bcyimg.com/drawer/4156/post/177hn/094f2b305b9b11e5aeea21abd28ac539.
jpg |
| 10 | 梦幻天 |
https://img9.bcyimg.com/drawer/14287/post/177hn/9cefd1e05b9711e5922a07856038d3ae.
jpg |

7.11.7 完善代码

数据都保存到 MySQL 中了，接下来把 Ajax 部分的代码也加上，最后的 bcy.py 文件内容如下：

```python
from scrapy import Request, Spider, Selector
import datetime
from FirstSpider.items import *
def parse_index(response):
    items = response.xpath('//li[@class="js-smallCards _box"]')
    for item in items:
        bcy_item = BcyItem()
        bcy_item['author'] = item.xpath('a[@class="db posr ovf"]/@title').extract_first()
        bcy_item['pic_url'] = item.xpath('a/img/@src').extract_first().replace('/2X3', '')
        yield bcy_item
class BcySpider(Spider):
    name = 'bcy'
    allowed_domains = ['bcy.net']
    index_url = 'https://bcy.net/illust/toppost100?type=lastday&date={d}'
    ajax_url = 'https://bcy.net/illust/index/ajaxloadtoppost?p=1&type=lastday&date={d}'
    date_list = []  # 日期范围列表
    ajax_headers = {
        'User-Agent': 'Mozilla/5.0 (Windows NT 10.0; Win64; x64) AppleWebKit/537.36 (KHTML, like Gecko) '
                      'Chrome/68.0.3440.106 Safari/537.36',
        'Host': 'bcy.net',
        'Origin': 'https://bcy.net',
        'X-Requested-With': 'XMLHttpRequest'
    }
    def start_requests(self):
        self.init_date_list()
        for date in self.date_list:
```

```
            yield Request(self.index_url.format(d=date), callback=parse_index)
        for date in self.date_list:
            yield Request(self.ajax_url.format(d=date), callback=parse_index)
    # 构造一个日期列表
    def init_date_list(self):
        begin_date = datetime.datetime.strptime("20150918", "%Y%m%d")
        end_date = datetime.datetime.strptime("20180827", "%Y%m%d")
        while begin_date <= end_date:
            date_str = begin_date.strftime("%Y%m%d")
            self.date_list.append(date_str)
            begin_date += datetime.timedelta(days=1)
```

最后开启爬虫，等待片刻，执行下述 SQL 语句（查询最后五条），看爬取了多少条数据。
SELECT * FROM draw order by id desc limit 0,5;
输出结果如下：

```
+--------+------------------------+-----------------------------------------------------------------------+
| id     | author                 | pic_url                                                               |
+--------+------------------------+-----------------------------------------------------------------------+
| 60534  | 猫月mooneko            | https://img5.bcyimg.com/user/101913830410/item/c0jmg/bedee740eae542db97b82fefca476d9e.jpg |
| 60533  | 尖椒鸡翅扣扣           | https://img5.bcyimg.com/user/3297461/item/c0jmg/4mvbivbz2oowxzhy2xtqyrzno5ikakeh.jpg |
| 60532  | 安里阀                 | https://img5.bcyimg.com/user/101669648277/item/c0jmh/fe44724d0588444da3ce69bfa4dab925.jpg |
| 60531  | 懒的骨九                | https://img9.bcyimg.com/user/3244162/item/c0jmf/ebbc88339b944ff0b01356ebdac6a9ab.jpg |
| 60530  | 九卿卿卿卿卿卿          | https://img9.bcyimg.com/user/2118342/item/c0jmf/suycfjt1whspwq5nvvkdkgxzfohwe9uw.jpg |
+--------+------------------------+-----------------------------------------------------------------------+
```

从数据库的记录中可以知道我们总共爬取了 60 534 条数据，这里只是把解析后的图片 URL 存储到数据库中，读者可以根据本章第一个实战案例，自行添加把图片下载到本地的代码。

第 8 章 Python 爬虫框架 Scrapy（下）

在上一章中我们对 Scrapy 爬虫框架的每个部分进行了详细的介绍，本章主要介绍实际开发中 Scrapy 的使用技巧。

本章主要学习内容：
- Scrapy 对接 Selenium。
- 用 Scrapy 实现一个简单的代理池。
- 用 Scrapyrt 调度 Scrapy。
- 用 Docker 部署 Scrapy。

8.1 Scrapy 对接 Selenium

在第 6 章我们介绍过一种反爬虫策略就是通过 JS 动态加载数据，应对这种策略的两种方法如下：
- 分析 Ajax 请求，找出请求接口的相关规则，直接去请求接口获取数据。
- 使用 Selenium 模拟浏览器渲染后抓取页面内容。

8.1.1 如何对接

单独使用 Scrapy 是无法抓取 JS 动态渲染页面的，可以利用 Scrapy 对接 Selenium 来处理 JS。对接的方法也很简单，自定义一个下载中间件，在 process_request()方法中对抓取请求进行处理，启动浏览器进行页面渲染，再将渲染后的结果构造成一个 HtmlResponse 对象返回。

8.1.2 对接示例：爬取某网站首页文章

对接流程很简单，我们通过一个爬取某网站首页文章的例子来进行讲解。首先，打开 middlewares.py 文件，新建一个 JSSeleniumMiddleware 类，在 __init__ 函数中完成初始化浏览器，在 __del__ 函数中关闭浏览器，在 process_request 函数中请求该网站的首页，并返回一个 HtmlResponse 对象，具体代码如下：

```python
class JSSeleniumMiddleware:
    def __init__(self):
        self.browser = webdriver.Chrome()
    def __del__(self):
        self.browser.close()
    def process_request(self, request, spider):
        self.browser.get("https://www.jianshu.com/")
        return HtmlResponse(url='https://www.jianshu.com/', body=self.browser.page_source, request=request,
                            encoding='utf-8', status=200)
```

接着在 Settings.py 文件中启用这个下载中间件：

```
DOWNLOADER_MIDDLEWARES = {
    'jianshuspider.middlewares.JSSeleniumMiddleware': 543,
}
```

然后，修改我们的爬虫文件，把 parse 中的内容打印出来：

```python
# -*- coding: utf-8 -*-
from scrapy import Spider, Request
class JianshuSpider(Spider):
    name = 'jianshu'
    allowed_domains = ['www.jianshu.com']
    start_urls = ['http://www.jianshu.com/']
    def start_requests(self):
        yield Request('https://www.jianshu.com', callback=self.parse)
    def parse(self, response):
        self.logger.debug(response.body.decode('utf8'))
```

运行后，可以看到控制台打印出的部分信息如下：

```
<li id="note-34403329" data-note-id="34403329" class="">
  <div class="content">
    <a class="title" target="_blank" href="/p/1c0b5f1bf431">为什么月薪2万以上的人从不发朋友圈？</a>
    <p class="abstract">
      1 朋友圈是一个很神奇的地方。 可以发自拍、晒美食、秀恩爱，还可以打卡旅行目的地。
    </p>
    <div class="meta">
      <a class="nickname" target="_blank" href="/u/a0508cfcb728">tiancaiant</a>
      <a target="_blank" href="/p/1c0b5f1bf431#comments">
```

```
            <i class="iconfont ic-list-comments"></i> 128
</a>    <span><i class="iconfont ic-list-like"></i> 167</span>
        <span><i class="iconfont ic-list-money"></i> 1</span>
    </div>
  </div>
</li>
```

可以看到 Selenium 渲染 JS 后的页面代码都原封不动地传递过来了，接着我们编写一个 JianshuspiderItem 类，以保存文章名、文章部分内容、文章链接和作者名称。

```
class JianshuspiderItem(Item):
    title = Field()
    content = Field()
    url = Field()
    nickname = Field()
```

接下来，我们用 Xpath 选择器来提取这些内容，修改爬虫部分代码：

```
# -*- coding: utf-8 -*-
from scrapy import Spider, Request
from jianshuspider.items import JianshuspiderItem
class JianshuSpider(Spider):
    name = 'jianshu'
    allowed_domains = ['www.jianshu.com']
    start_urls = ['http://www.jianshu.com/']
    def start_requests(self):
        yield Request('https://www.jianshu.com', callback=self.parse)
    def parse(self, response):
        li_s = response.xpath('//ul[@class="note-list"]/li')
        for li in li_s:
            item = JianshuspiderItem()
            item['title'] = li.xpath('.//div/a[@class="title"]/text()').extract_first()
            item['content'] = str(li.xpath('.//div/p[@class="abstract"]/text()').extract_first()).replace(" ", "").replace("\n", "")
            item['url'] = 'https://www.jianshu.com/p/' + str(li.xpath('.//div/a[@class="title"]/@href').extract_first())
            item['nickname'] = li.xpath('.//div/a[@class="nickname"]/text()').extract_first()
            self.logger.info(str(item))
```

部分输出结果如下：

```
2018-10-14 17:40:51 [jianshu] INFO: {'content': '行走郊外，路边满是姹紫嫣红的鲜花。忽然，在山坡...',
 'nickname': '王慧玉',
 'title': '又见曼珠沙华',
 'url': 'https://www.jianshu.com/p//p/fed7647d2790'}
2018-10-14 17:40:51 [jianshu] INFO: {'content': '我生活在–深圳(非市区)，月薪4000左右，家庭成员有姐弟3个和父母，我排行老三^_^，标准的工薪阶...',
 'nickname': '孑然一身',
 'title': '月入4000的我如何安排自己的生活？',
 'url': 'https://www.jianshu.com/p//p/96853436bf78'}
```

数据提取完成后需要 Item Pipeline 类，将解析的结果保存到 MongoDB 中。打开 pipelines.py 文件，自定义一个 MongoPipeline 类，代码如下：

```
class MongoPipeline(object):
    def open_spider(self, spider):
        self.client = pymongo.MongoClient(host='localhost', port=27017)
        self.db = self.client['js']
    def process_item(self, item, spider):
        self.db['index_article'].insert(dict(item))
    def close_spider(self, spider):
        self.client.close()
```

接着在 Settings.py 文件中启用 MongoPipeline 类，修改后的配置如下：

```
ITEM_PIPELINES = {
    'jianshuspider.pipelines.MongoPipeline': 300,
}
```

把 Spider 解析部分代码的 self.logger.info(str(item))修改为 yield item，运行爬虫后，可以看到 MongoDB 中已经保存了文章的相关信息，如图 8.1 所示。

图 8.1 将文章信息保存到 MongoDB 中

另外，每次运行爬虫都会弹出 Chorme 浏览器，有时可能需要把脚本挂到云服务器上，而服务器上是无页面的，这时可以采用 Chrome 的 Headless 模式（Chrome 69 以上版本）。核心代码如下：

```
chrome_options = Options()
chrome_options.add_argument('--headless')
chrome_options.add_argument('--disable-gpu')
browser = webdriver.Chrome(chrome_options=chrome_options)
```

8.2 实战：用 Scrapy 实现一个简单的代理池

在第 6 章中介绍过，在爬取站点时，使用代理 IP 是一种非常有效的反反爬虫策略，而代理 IP 的获取又分为免费和收费方式。免费的代理 IP 可以从一些代理站点（如西刺代理等）获取，但是免费的代理 IP 质量非常低，大部分是不能使用的，能使用的代理 IP 寿命极短，可能几分钟后就不能用了。而收费的代理 IP 的价格也不同，高质量的收费代理 IP 价格都比较高。

所以，本节我们用 Scrapy 来一步步实现一个简单的代理池，爬取免费代理站点的代理 IP 并保存，然后去校验代理 IP 是否可用，提取出可用的代理 IP 并保存。在爬取相关站点时，只需要从保存的可用代理 IP 中提取一个就可以了。

8.2.1 代理池的设计

在开始实现代理池前，我们需要两个核心程序。
- IP 获取程序：爬取免费代理 IP 站点，解析获得代理 IP，保存到 Redis 数据库中。
- IP 检测程序：从 Redis 数据库中取出所有代理 IP，访问目标站点看是否可用，不可用的删除。

接着我们要考虑一个问题：IP 获取程序和 IP 检测程序什么时候运行。

如果等我们爬取站点时才去执行的话，效率会非常低，毕竟爬取和检测是一个耗时的过程，对此我们需要另外编写一个调度程序，来调度这两个程序的执行。

还有一个问题是：如何制订调度策略。因为免费代理 IP 的存活期比较短，所以检测 IP 可用的程序执行的频度需要高一些，比如每隔 20 秒执行一次，验证代理池里的 IP 是否可用，及时移除失效的代理 IP。

接着是爬取 IP 的程序，当代理池中的可用 IP 少于 10 个时，就会执行一次爬取 IP 的程序。另外，要设置一个保护期，当爬取完 IP 时，在一个时间段（10 分钟）里，不再触发 IP 获取的爬虫，除非代理池中已无可用代理，以避免调用过于频繁被免费代理站点 block。

最后就是校验代理 IP 是否可用的方法，即直接访问测试页面，返回码不是 200 或出现超时等异常，则认为此代理 IP 为不可用代理 IP，从代理池中移除。

8.2.2 创建项目

打开命令行，输入下述命令新建一个爬虫项目——proxy_ips：

λ scrapy startproject proxy_ips

接着，创建一个 proxy_spider.py 文件，在里面定义一个爬取代理 IP 的爬虫——FetchIp Spider，基本代码如下：

from scrapy import Spider

```
# 获取代理IP的爬虫
class FetchIpSpider(Spider):
    name = "fetch_ip"
    def parse(self, response):
        pass
```

8.2.3 编写获取 IP 的爬虫

接着我们来编写获取 IP 的爬虫，在 Start requests()函数中请求代理站点，然后在 Pare_xicic 回调函数中完成 response 的解析：

```
class FetchIpSpider(Spider):
    name = "fetch_ip"
    def start_requests(self):
        yield Request(url="http://www.xicidaili.com/nn/", callback=self.parse_xici)
    def parse_xici(self, response):
        self.logger.debug(response.body.decode('utf8'))
```

在运行脚本之前，需要修改 settings.py 文件，先把遵守 robots.txt 规定设置为 False，接着设置一个正常浏览器的 User-Agent，否则访问会报 503 错误。修改后的内容如下：

```
ROBOTSTXT_OBEY = False
DEFAULT_REQUEST_HEADERS = {
    'Accept': 'text/html,application/xhtml+xml,application/xml;q=0.9,*/*;q=0.8',
    'Accept-Language': 'en',
    'User-Agent': 'Mozilla/5.0 (Windows NT 10.0; Win64; x64) AppleWebKit/537.36 (KHTML, like Gecko) '
                  'Chrome/68.0.3440.106 Safari/537.36',

}
```

运行后可以看到终端输出部分内容如下：

```
<tr class="odd">
    <td class="country"><img src="http://fs.xicidaili.com/images/flag/cn.png" alt="Cn" /></td>
    <td>106.75.226.36</td>
    <td>808</td>
    <td>
      <a href="/2018-09-13/shandong">山东济南</a>
    </td>
    <td class="country">高匿</td>
    <td>HTTPS</td>
    <td class="country">
      <div title="5.295s" class="bar">
        <div class="bar_inner slow" style="width:68%">
        </div>
      </div>
    </td>
```

```html
<td class="country">
    <div title="1.059s" class="bar">
        <div class="bar_inner medium" style="width:84%">
        </div>
    </div>
</td>
<td>29天</td>
<td>18-10-12 16:50</td>
</tr>
```

拿到数据了,我们要爬取的代理站点页面结构如图8.2所示。

国家	IP地址	端口	服务器地址	是否匿名	类型	速度	连接时间	存活时间	验证时间
	106.75.226.36	808	山东济南	高匿	HTTPS			29天	18-10-12 17:10
	118.190.95.35	9001	广西	高匿	HTTP			112天	18-10-12 17:10
	61.135.217.7	80	北京	高匿	HTTP			882天	18-10-12 17:10
	106.75.164.15	3128	山东济南	高匿	HTTPS			10天	18-10-12 17:09
	124.235.181.175	80	吉林长春	高匿	HTTP			12天	18-10-12 17:05

图8.2 代理站点页面结构

我们最后想拿到的代理 IP 的格式是：https://106.75.226.36:808，所以我们要做的就是按照这样的格式去提取页面对应的数据，然后拼接。另外，这里还需要丢弃一些速度比较慢的节点，响应时间超过 2s 的就直接跳过了。然后，通过 CSS、Xpath 和正则来提取想要的数据，这里我们使用 Scrapy Shell 交互终端来进行调试，在终端输入：

scrapy shell -s USER_AGENT="Mozilla/5.0 (Windows NT 10.0; Win64; x64; rv:61.0) Gecko/20100101 Firefox/61.0" http://www.x icidaili.com/nn/

然后在上面测试数据提取，限于篇幅就不一一解析了，直接给出修改后的代码：

```python
def parse_xici(self, response):
    for tr in response.css('#ip_list tr'):
        td_list = tr.css('td::text')
        if len(td_list) < 3:
            continue
        ip_address = td_list[0].extract()   # IP
        port = td_list[1].extract()   # 端口
        if len(td_list) == 11:
            proto = td_list[4].extract()
        else:
            proto = td_list[5].extract()   # 协议类型
        proxy_ip = '%s://%s:%s' % (proto.lower(), ip_address, port)
        # 获取响应时间，超过2s的丢弃
        latency = tr.css('div.bar::attr(title)').re_first('(\d+\.\d+)')
        if float(latency) > 2:
            self.logger.info("跳过慢速代理：%s 响应时间：%s" % (proxy_ip, latency))
        else:
            self.logger.info("可用代理加入队列：%s 响应时间：%s" % (proxy_ip, latency))
```

运行后，控制台输出部分信息如下：
2018-10-12 18:09:40 [scrapy.core.engine] DEBUG: Crawled (200) <GET http://www.xicidaili.com/nn/> (referer: http://www.xicidaili.com/)
2018-10-12 18:09:41 [fetch_ip] INFO: 跳过慢速代理：http://175.155.138.50:1133 响应时间：3.121
2018-10-12 18:09:41 [fetch_ip] INFO: 可用代理加入队列：https://222.73.29.103:45686 响应时间：0.146
2018-10-12 18:09:41 [fetch_ip] INFO: 跳过慢速代理：https://106.75.226.36:808 响应时间：5.295
2018-10-12 18:09:41 [fetch_ip] INFO: 可用代理加入队列：http://118.190.95.35:9001 响应时间：0.052
2018-10-12 18:09:41 [fetch_ip] INFO: 可用代理加入队列：http://61.135.217.7:80 响应时间：0.324

这里爬取到的代理 IP 不一定就是能访问到的目标站点，我们需要另外写一个检验代理 IP 是否可用的方法。Scrapy 中使用代理需要设置一个下载中间件，有点烦琐，我们这里只想检测是否能访问。

另外，不使用 Request 库的原因是：Request 是一个同步请求库，当发出一个请求后，需要等网页加载完毕后才能继续执行下一个请求。而假设每个请求需要花费十几秒的时间，当要检测的代理 IP 很多时，可能需要等待非常长的时间，所以这里使用异步请求库 aiohttp 来提高代理检测效率，可以通过 pip 直接安装 aiohttp 库，命令如下：

```
pip install aiohttp
```

接着来编写一个检测代理 IP 是否可用的函数，代码如下：

```python
# 检测代理IP是否可用
async def check_ip(self, proxy_ip):
    conn = aiohttp.TCPConnector(verify_ssl=False)
    async with aiohttp.ClientSession(connector=conn) as session:
        try:
            async with session.get(test_url, proxy=proxy_ip.replace("https", "http")) as resp:
                if resp.status in [200]:
                    print("代理可用：", proxy_ip)
                else:
                    print("代理不可用：", proxy_ip)
        except (ClientError, ClientConnectionError, ClientHttpProxyError, ServerDisconnectedError, TimeoutError, AttributeError):
            print("代理请求失败：", proxy_ip)
```

这个有一个小细节要注意，aiohttp 是不支持 HTTPS 代理的，如果直接使用 https 开头的代理 IP，会报 Only http proxy supported 的错误，一个取巧的方法就是把 https 头替换为 http。编写完检测代理 IP 的函数，接着我们修改 parse_xici 解析函数，循环调用这个检测 IP 的方法，修改后的代码如下：

```python
def parse_xici(self, response):
    self.logger.debug("开始解析站点中所有的代理IP:")
```

```python
        loop = asyncio.get_event_loop()
        proxy_ips = []
        for tr in response.css('#ip_list tr'):
            td_list = tr.css('td::text')
            if len(td_list) < 3:
                continue
            ip_address = td_list[0].extract()   # IP
            port = td_list[1].extract()    # 端口
            if len(td_list) == 11:
                proto = td_list[4].extract()
            else:
                proto = td_list[5].extract()    # 协议类型
            proxy_ip = '%s://%s:%s' % (proto.lower(), ip_address, port)
            # 获取响应时间，超过2s的丢弃
            latency = tr.css('div.bar::attr(title)').re_first('(\d+\.\d+)')
            if float(latency) > 2:
                self.logger.info("跳过慢速代理：%s 响应时间：%s" % (proxy_ip, latency))
            else:
                self.logger.info("可用代理加入队列：%s 响应时间：%s" % (proxy_ip, latency))
                proxy_ips.append(proxy_ip)
        tasks = []
        for ip in proxy_ips:
            tasks.append(self.check_ip(ip))
        loop.run_until_complete(asyncio.wait(tasks))
```

执行后部分输出结果如下所示：

```
2018-10-13 14:16:29 [fetch_ip] INFO: 可用代理加入队列：https://36.110.14.5:41465 响应时间：0.039
2018-10-13 14:16:29 [fetch_ip] INFO: 跳过慢速代理：https://218.59.228.18:61976 响应时间：3.116
代理请求失败： https://117.21.191.154:32431
代理请求失败： http://61.135.217.7:80
代理请求失败： https://106.60.37.92:80
代理可用： http://221.220.67.246:8118
代理可用： http://60.24.142.126:8118
代理可用： https://116.3.79.214:8118
代理请求失败： http://218.14.114.231:56403
```

接下来，我们来完善 FetchIpSpider 类。在 __init__ 构造函数中完成 Redis 数据库的初始化，在 check_ip() 函数中把可用的代理 IP 写入 Redis 数据库。另外，由于可用的代理 IP 实在太少，改为爬取代理站点的前 5 页。修改后的完整代码如下：

```python
# 测试代理是否可用的站点，可以按需自行切换
test_url = 'https://www.baidu.com'
# 获取代理IP的爬虫
class FetchIpSpider(Spider):
    name = "fetch_ip"
```

```python
def __init__(self, **kwargs):
    super().__init__(**kwargs)
    self.redis_db = StrictRedis(
        host="127.0.0.1",
        port=6379,
        password="Jay12345",
        db=0
    )
def start_requests(self):
    for i in range(1, 6):
        yield Request(url="http://www.xicidaili.com/nn/"+str(i), callback=self.parse_xici, headers={
            'Host': 'www.xicidaili.com',
            'Referer': 'http://www.xicidaili.com/'
        })
def parse_xici(self, response):
    self.logger.debug("开始解析代理站点所有代理IP:")
    loop = asyncio.get_event_loop()
    proxy_ips = []
    for tr in response.css('#ip_list tr'):
        td_list = tr.css('td::text')
        if len(td_list) < 3:
            continue
        ip_address = td_list[0].extract()   # IP
        port = td_list[1].extract()   # 端口
        if len(td_list) == 11:
            proto = td_list[4].extract()
        else:
            proto = td_list[5].extract()   # 协议类型
        proxy_ip = '%s://%s:%s' % (proto.lower(), ip_address, port)
        # 获取响应时间，超过2s的丢弃
        latency = tr.css('div.bar::attr(title)').re_first('(\d+\.\d+)')
        if float(latency) > 2:
            self.logger.info("跳过慢速代理：%s 响应时间：%s" % (proxy_ip, latency))
        else:
            self.logger.info("可用代理加入队列：%s 响应时间：%s" % (proxy_ip, latency))
            proxy_ips.append(proxy_ip)
    tasks = []
    for ip in proxy_ips:
        tasks.append(self.check_ip(ip))
    loop.run_until_complete(asyncio.wait(tasks))
# 检测代理IP是否可用
async def check_ip(self, proxy_ip):
    conn = aiohttp.TCPConnector(verify_ssl=False)
    async with aiohttp.ClientSession(connector=conn) as session:
```

```
            try:
                async with session.get(test_url, proxy=proxy_ip.replace("https", "http")) as resp:
                    if resp.status in [200]:
                        print("代理可用：", proxy_ip)
                        self.redis_db.sadd('proxy_ips:proxy_poll', proxy_ip)
                    else:
                        print("代理不可用：", proxy_ip)
            except (ClientError, ClientConnectionError, ClientHttpProxyError, ServerDisconnected Error, TimeoutError, AttributeError):
                print("代理请求失败：", proxy_ip)
```

等待爬虫运行完毕，打开 Redis Desktop Manager 可以看到如图 8.3 所示的可用代理 IP。

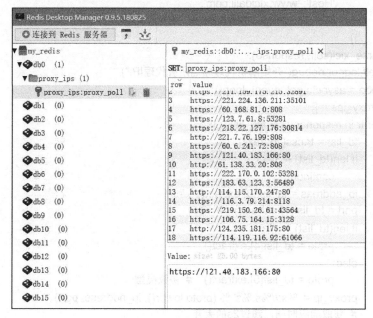

图 8.3 爬取到的可用的代理 IP

爬取了几百个免费的代理 IP，只有 18 个是能用的。至此，获取代理 IP 的爬虫基本完成，接下来我们编写检测 IP 的爬虫。

8.2.4 编写检测 IP 的爬虫

检测代理 IP 是否可用的程序功能比较简单，就是获取 Redis 数据库中的代理 IP，循环检测，及时把无效的代理 IP 移除。新建一个 proxy_ip_check.py 文件：

```
import asyncio
import aiohttp
from aiohttp import ClientError, ClientConnectionError, ClientHttpProxyError, ServerDisconnectedError
from redis import StrictRedis
```

```python
test_url = 'https://www.baidu.com'
class ProxyCheck:
    def __init__(self):
        self.redis_db = StrictRedis(
            host="127.0.0.1",
            port=6379,
            password="Jay12345",
            db=0
        )
    # 检测代理IP是否可用
    async def check_ip(self, proxy_ip):
        conn = aiohttp.TCPConnector(ssl=False)
        async with aiohttp.ClientSession(connector=conn) as session:
            try:
                async with session.get(test_url, proxy=proxy_ip.replace("https", "http")) as resp:
                    if resp.status in [200]:
                        print("代理可用：", proxy_ip)
                    else:
                        print("移除不可用代理IP：", proxy_ip)
                        self.redis_db.srem('proxy_ips:proxy_poll', proxy_ip)
            except (ClientError, ClientConnectionError, ClientHttpProxyError, ServerDisconnectedError, TimeoutError, AttributeError):
                print("代理请求失败移除代理IP：", proxy_ip)
                self.redis_db.srem('proxy_ips:proxy_poll', proxy_ip)
    def check_all_ip(self):
        loop = asyncio.get_event_loop()
        tasks = []
        for ip in self.redis_db.smembers('proxy_ips:proxy_poll'):
            tasks.append(self.check_ip(ip.decode()))
        loop.run_until_complete(asyncio.wait(tasks))
if __name__ == '__main__':
    ProxyCheck().check_all_ip()
```

代码还是比较简单的，当代理不可用或异常时，把对应的 IP 从 Redis 数据库中移除，运行后可以看到控制台输出部分信息如下：

```
代理可用：  https://116.3.79.214:8118
代理请求失败移除代理IP：  https://60.168.81.0:808
代理请求失败移除代理IP：  http://221.7.76.199:808
代理可用：  https://106.75.164.15:3128
代理可用：  https://183.45.88.109:61710
```

打开 Redis Desktop Manager 可以看到如图 8.4 所示的结果，18 个可用的代理 IP 只剩下 7 个，再次验证了免费代理 IP 的寿命很短暂。

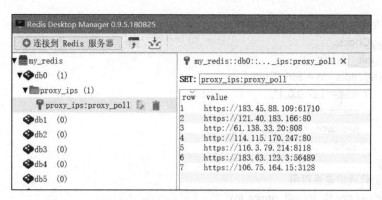

图 8.4　移除无效代理 IP 后的代理池

8.2.5　编写调度程序

爬取 IP 和验证 IP 是否可用的程序都已经编写完成了,最后我们还需要编写一个调度程序,每隔 20s 检测代理池中的 IP 是否可用。检测流程如图 8.5 所示。

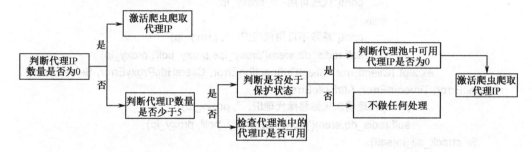

图 8.5　代理 IP 检测流程

这里的定时任务采用 apscheduler 库来实现,直接通过 pip 命令即可安装:

```
pip install apscheduler
```

按照流程编写完成的代码如下:

```python
import os
import time
from apscheduler.schedulers.blocking import BlockingScheduler
from redis import StrictRedis
fetch_ip_time = 0
redis_db = StrictRedis(
    host="127.0.0.1",
    port=6379,
    password="Jay12345",
    db=0
)
def check_ip():
    global fetch_ip_time
    proxy_poll = redis_db.smembers("proxy_ips:proxy_pool")
```

```
        if len(proxy_poll) == 0:
            print("可用代理IP数目为0,激活爬虫...")
            os.system("scrapy crawl fetch_ip")
            fetch_ip_time = int(time.time())
        else:
            if len(proxy_poll) < 5:
                if int(time.time() - fetch_ip_time) < 600:
                    if len(proxy_poll) == 0:
                        print("虽然处于保护状态,但是可用代理IP数目为0,激活爬虫...")
                        os.system("scrapy crawl fetch_ip")
                        fetch_ip_time = int(time.time())
                    else:
                        print("当前可用代理IP少于5,但是还处于保护状态,不激活爬虫")
                else:
                    print("当前可用代理IP少于5,且处于非保护状态,激活爬虫...")
                    os.system("scrapy crawl fetch_ip")
                    fetch_ip_time = int(time.time())
            else:
                print("日常自检...")
                os.system("python proxy_ip_check.py")
if __name__ == '__main__':
    check_ip()
    scheduler = BlockingScheduler()
    # 每隔20s执行一次
    scheduler.add_job(check_ip, 'interval', max_instances=10, seconds=20)
    scheduler.start()
```

运行后可以看到程序会定时抓取 IP 及自检,有效可用的代理 IP 都被放在 Redis 数据库中了,接下来利用 Flask 来编写一个获取代理 IP 的接口,当我们需要使用代理 IP 时,访问这个接口即可获取一个代理 IP。

8.2.6 编写获取代理 IP 的接口

Flask 是一个轻量级的 Python Web 库,安装非常简单,直接通过 pip 命令安装即可,命令如下:

```
pip install flask
```

安装后,我们在爬虫项目中新建一个 proxy_server.py 文件,创建一个最简单的 Flask 实例,代码如下:

```
# coding =utf-8
from flask import Flask
app = Flask(__name__)
@app.route("/")
def fetch_ip():
    return "返回一个代理IP"
if __name__ == '__main__':
```

```
    app.run()
```
运行后可以看到控制台输出如下信息：
```
 * Serving Flask app "proxy_server" (lazy loading)
 * Environment: production
   WARNING: Do not use the development server in a production environment.
   Use a production WSGI server instead.
 * Debug mode: off
 * Running on http://127.0.0.1:5000/ (Press CTRL+C to quit)
```
接着用浏览器访问 http://127.0.0.1:5000/，可以看到如图 8.6 所示的返回结果。

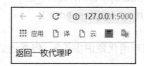

图 8.6　访问 Flask 接口返回的结果

所以，我们要做的工作就是：当访问这个接口时，从 Redis 数据库中随机取出一个代理 IP 返回。修改后的代码如下：

```
# coding =utf-8
from flask import Flask
from redis import StrictRedis
app = Flask(__name__)
@app.route("/")
def fetch_ip():
    ip_list = redis_db.smembers("proxy_ips:proxy_pool")
    ips = ''
    for ip in ip_list:
        ips += ip.decode()
        ips += '<br>'
    return ips
if __name__ == '__main__':
    redis_db = StrictRedis(
        host="127.0.0.1",
        port=6379,
        password="Jay12345",
        db=0
    )
    app.run()
```

运行后，用浏览器访问 http://127.0.0.1:5000/，可以看到如图 8.7 所示的返回结果。

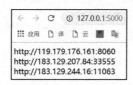

图 8.7　访问 Flask 后返回所有的代理 IP

上面成功拿到代理池里的代理 IP，接下来修改一下代码，改成从代理 IP 中随机取出一个，然后返回，修改后的代码如下：

```
@app.route("/")
def fetch_ip():
    ip_list = list(redis_db.smembers("proxy_ips:proxy_pool"))
    return random.choice(ip_list).decode()
```

8.2.7 使用代理

代理池接口也完成了，最后我们自定义一个代理下载中间件，想使用代理时，调用接口就可以了，代码如下：

```
class ProxyMiddleware(object):
    def process_request(self, request, spider):
        if request.meta.get('retry_times'):
            proxy_ip = requests.get('127.0.0.1:5000').text
            logging.debug("使用了代理：", proxy_ip)
            request.meta['proxy'] = proxy_ip
```

以上是搭建一个简单代理池的全部内容，读者可以自行扩展，可以添加更多的代理爬取站点，以及优化代理检测爬取的逻辑，抽取成一个单独的配置文件，把脚本部署到云服务器上。

8.3 用 Scrapyrt 调度 Scrapy

我们现在都是通过命令行输入"scrapy crawl 爬虫名字"来启动一个 Scrapy 爬虫，如果要使爬虫在云服务器上运行，每次都需要先用 SSH 连接服务器，然后启动爬虫，显得非常烦琐，有没有办法来简化这个步骤呢，比如只要通过一个 HTTP 接口就可以完成 Scrapy 的任务调度。

答案是肯定的，常用的 Scrapy HTTP 接口调度库有两个：Scrapyrt 和 Scrapyd。前者是轻量级的，如果不需要分布式多任务，可以直接使用 Scrapyrt 来实现 Scrapy 的远程调度。

8.3.1 相关文档与安装 Scrapyrt

相关文档如下。

- GitHub 仓库：https://github.com/scrapinghub/scrapyrt
- 官方文档：http://scrapyrt.readthedocs.io

Scrapyrt 的安装非常简单，直接使用 pip 命令即可安装，命令如下：

```
pip install scrapyrt
```

安装完成后，来到任意一个 Scrapy 目录下，输入 scrapyrt 命令即可开启 HTTP 服务。

```
scrapyrt
```

运行后，默认会在 9080 端口启动服务，控制台会输出如下内容：
2018-10-15 10:34:43+0800 [-] Log opened.
2018-10-15 10:34:43+0800 [-] Site starting on 9080
2018-10-15 10:34:43+0800 [-] Starting factory<twisted.web.server.Site object at 0x04F067D0>

当然，也可以指定运行的端口号，在启动的服务中添加 -p 参数，示例如下：
scrapyrt -p 10240

接着可以通过浏览器或终端，直接执行 curl 命令来访问当前正在运行的 Scrapy 项目了，可以通过 GET 请求拼接一些参数来访问。

8.3.2 Scrapyrt GET 请求相关参数

可以直接使用 GET 请求来调度 Scrapy 程序，可用参数如下。

- spider_name：想启动的爬虫的名称，如果爬虫名称不存在，会返回 404 错误，这个名称就是 Spider 里的 name 字段。
- url：要爬取的 URL，如果没有定义 start_requests() 函数，就必须传入这个参数，Scrapy 会直接用这个 URL 构造一个 Request 作为起始请求，而忽略 start_requests() 函数。
- start_request：是否要执行 start_requests() 函数，可选值，Scrapyrt 中默认不执行这个函数，如果要执行 start_requests() 函数，需要将 start_request 参数设置为 true。
- callback：回调函数，可选值，如果传入了这个参数会采用此回调函数处理，否则使用爬虫内定义的回调函数处理。
- max_requests：最大请求数量，即限制 Scrapy 最多只执行几次 Request 请求。

这里我们以第一个 Scrapy 项目——爬取 Bing 壁纸为例，用浏览器直接访问 http://localhost:9080/crawl.json?spider_name=BingWallpaper，网页返回内容如下：

```
{
    "status": "error",
    "message": "'url' is required if start_requests are disabled",
    "code": 400
}
```

因为没有传入 url 参数，代码里也没有 start_requests() 函数（之前写在 start_urls 属性中），所以我们把 star_urls 中的请求改到 start_requests() 函数中，修改后的代码如下：

```
def start_requests(self):
    yield Request('https://cn.bing.com/HPImageArchive.aspx?format=js&idx=1&n=7&nc={ts}&pid=hp'.format(ts=int(time.time())), callback=self.parse)
```

接着用浏览器访问 http://localhost:9080/crawl.json?spider_name=BingWallpaper&start_requests=true，网页返回的内容如下：

```
{
    "status": "ok",
    "items": [
        {
            "image_urls": [
```

```
            "https://cn.bing.com/az/hprichbg/rb/BodeBerlin_ZH-CN6982399462_1920x1080.jpg",
                    ...
                ],
                "images": [
                    {
                        "url": "https://cn.bing.com/az/hprichbg/rb/BodeBerlin_ZH-CN6982399462_1920x1080.jpg",
                        "path": "full/bca701f1923e317aa8a9be18125c2a894fc80780.jpg",
                        "checksum": "dc935f1115f39bf76b9f983e6affe29f"
                    },
                    ...
                ]
            }
        ],
        "items_dropped": [],
        "stats": {
            "downloader/request_bytes": 270,
            "downloader/request_count": 1,
            "downloader/request_method_count/GET": 1,
            "downloader/response_bytes": 2711,
            "downloader/response_count": 1,
            "downloader/response_status_count/200": 1,
            "file_count": 7,
            "file_status_count/uptodate": 7,
            "finish_reason": "finished",
            "finish_time": "2018-10-15 03:30:39",
            "item_scraped_count": 1,
            "log_count/DEBUG": 9,
            "log_count/INFO": 8,
            "response_received_count": 1,
            "scheduler/dequeued": 1,
            "scheduler/dequeued/memory": 1,
            "scheduler/enqueued": 1,
            "scheduler/enqueued/memory": 1,
            "start_time": "2018-10-15 03:30:39"
        },
        "spider_name": "BingWallpaper"
}
```

返回的结果分为几部分。

- status：爬取状态。
- items：Scrapy 项目的爬取结果。
- items_dropped：被忽略的 Item 列表。
- stats：爬取结果的统计情况。
- spider_name：爬虫名称。

8.3.3 Scrapyrt POST 请求相关参数

Scrapyrt 除了支持 GET 请求方式外，还支持 POST 请求方式，但是有一点要注意：Request Body 必须为一个合法的 JSON 字符串。相比 GET 方式，POST 方式支持更多的配置参数，如 Scrapy.Request 类中所有的属性，请求的 JSON 示例如下：

```
{
    "request":
{"url":"https://cn.bing.com/HPImageArchive.aspx?format=js&idx=1&n=7&nc=1539575848&pid=hp",
        "callback":"parse"
    },
    "spider_name":"BingWallpaper"
}
```

接着用 PostMan 模拟请求，返回的内容和 GET 请求的内容一致。以上就是 Scrapyrt 的基本用法，更多内容可到官方文档中查阅。

8.4 用 Docker 部署 Scrapy

在本地编写好了爬虫，测试通过后可以爬取到数据了，接着想把爬虫部署到云服务器上，这时就不得不面对一个令人头疼的问题了：环境配置。

修改系统设置，安装对应版本的库，只有这些步骤都正确完成了才能让程序运行起来。另外还有个问题是服务器上有不同的项目在运行，而不同的项目可能依赖不同版本的库，尽管 Python 有 VirtualEnv 可以解决版本冲突的问题，但是部署起来还是相对麻烦。一两台服务器还好，如果有多台云服务器主机呢？每台主机都要这样配置，会耗费很多时间。使用 Docker，就无须担心这些问题了，本节我们就来介绍 Docker 的基本使用方法。

8.4.1 Docker 简介

Docker 是基于 Linux 容器的封装，提供了简单易用的容器使用接口。而 Linux 容器是一种虚拟化技术，不是模拟一个完整的系统，而是对进程进行隔离（在进程外嵌套一层），使得进程访问到的各种资源都是虚拟的，从而达到与底层系统隔离的目的。可以简单地将它理解成更轻量级的虚拟机。另外，因为容器是进程级别的，相比虚拟机而言，启动速度更快，资源占用更少。

8.4.2 下载并安装 Docker

1. Windows 环境

直接从官方的 Docker 商店下载：https://store.docker.com/editions/community/docker-ce-desktop-windows，在下载前需要注册一个账号，注册并登录后，单击图 8.8 中的 Get Docker 进行下载。

图 8.8　下载

等待下载完成，双击打开安装包，按照提示步骤接受协议、授权安装器、执行安装。安装后可以在菜单栏单击 Docker for Windows 来启动 Docker，如图 8.9 所示。

图 8.9　启动 Docker

启动后可以在右侧状态栏中看到一个鲸鱼图标，说明 Docker 已经运行了，并可以通过终端进行访问，如图 8.10 所示。

图 8.10　状态栏中的 Docker 图标

2. Mac 环境

直接从官方的 Docker 商店下载：https://store.docker.com/editions/community/docker-ce-desktop-mac，单击右侧 Get Docker 进行下载。下载完，双击 Docker.dmg 打开安装器，将鲸鱼图标拖曳到 Applications 文件夹，即可完成安装。接着单击鲸鱼图标启动 Docker，会提示授权，输入系统密码即可。运行后可以看到系统顶部状态栏中有一个鲸鱼图标，如图 8.11 所示。

图 8.11　状态栏中的 Docker 图标

单击鲸鱼图标会显示 Docker 的偏好设置和其他选项，如图 8.12 所示。还可以单击 About Docker 来查看 Docker 信息，如图 8.13 所示。

图 8.12　Docker 的偏好设置和其他选项

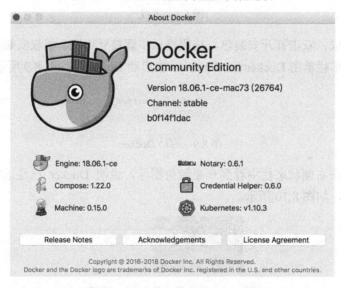

图 8.13　单击 About Docker 查看 Docker 信息

3. Ubuntu 环境

Docker 官方提供了一个一键安装脚本，直接使用下述命令等待安装完成即可：
wget -qO- https://get.docker.com/ | sh

官方脚本会比较慢，偶尔还会超时，可以选择国内镜像来安装，阿里云和 DaoCloud 安装脚本二选一即可。

阿里云镜像
curl -sSL http://acs-public-mirror.oss-cn-hangzhou.aliyuncs.com/docker-engine/internet | sh -

```
# DaoCloud镜像
curl -sSL https://get.daocloud.io/docker | sh
```
安装完成后可以输入下述命令测试 Docker 是否能正常使用：
```
docker run hello-docker
```
如果输出如下信息，代表 Docker 安装完成：
```
Unable to find image 'hello-world:latest' locally
latest: Pulling from library/hello-world
d1725b59e92d: Pull complete
Digest:
sha256:0add3ace90ecb4adbf7777e9aacf18357296e799f81cabc9fde470971e499788
Status: Downloaded newer image for hello-world:latest

Hello from Docker!
This message shows that your installation appears to be working correctly.
```

8.4.3 创建 Dockerfile

我们通过编写 Dockerfile 文件来定制我们的 Docker 镜像，流程如下。

1. 导出项目依赖的 Python 环境包

可以使用 pipreqs 库导出项目依赖的版本号，通过 pip 命令进行安装：
```
pip install pipreqs
```
安装后命令行在爬虫目录下，输入下述命令生成 requirements.txt 文件：
```
pipreqs ./
```
另外有一点要注意，Windows 系统执行上述操作会报编码错误（UnicodeDecodeError: 'gbk' codec can't decode byte 0xa8 in position 24: illegal multibyte sequence），在命令后指定编码格式即可：
```
pipreqs ./ --encoding=utf8
```
运行成功后稍等片刻，输出如下信息，代表导出完成：
```
INFO: Successfully saved requirements file in ./requirements.txt
```
比如我们之前写的爬取壁纸的项目，导出的依赖库如图 8.14 所示。

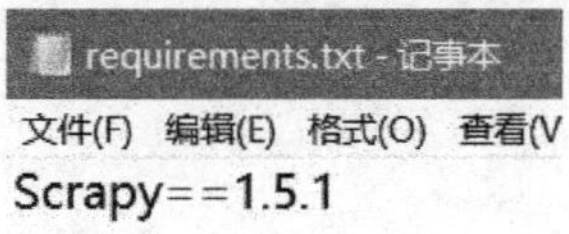

图 8.14　导出项目依赖库 requirements.txt

如果想导出整个系统的依赖库，可以使用下述命令：
```
pip freeze > requirements.txt
```

2. 编写 Dockerfile 文件

在项目根目录下创建 Dockerfile 文件,切记没有后缀,内容如下:

```
FROM python:3.6
ENV PATH /usr/local/bin:$PATH
ADD . /code
WORKDIR /code
RUN pip3 install -r requirements.txt
CMD scrapy crawl BingWallpaper
```

下面介绍这六行代码的作用。

- FROM:使用 Docker 基础镜像,在此基础上运行 Scrapy 项目。
- ENV:环境变量配置,将/usr/local/bin:$PATH 赋值给 PATH。
- ADD:将本地代码放置到虚拟容器中,第一个参数 "." 代表本地当前路径;第二个参数 "/code" 代表虚拟容器中的路径,就是把项目中的所有内容放到虚拟容器的/code 目录下。
- WORKDIR:指定工作目录。
- RUN:执行某些命令来做一些准备工作,如安装库。
- CMD:容器启动命令,当容器运行时,会执行此命令,这里我们通过命令来启动爬虫。

8.4.4 构建 Docker 镜像

配置完后,执行下述命令来构建 Docker 镜像:

```
docker build -t bing:latest .
```

执行过程中部分输出如下:

```
Sending build context to Docker daemon  5.979MB
Step 1/6 : FROM python:3.6
 ---> 7a35f2e8feff
Step 2/6 : ENV PATH /usr/local/bin:$PATH
 ---> Using cache
 ---> c5a031f0b181
Step 3/6 : ADD . /code
 ---> 1315d8135233
Step 4/6 : WORKDIR /code
 ---> Running in ef69980444b1
Removing intermediate container ef69980444b1
 ---> 735a489cd4e8
Step 5/6 : RUN pip3 install -r requirements.txt
 ---> Running in e81518234d70
...
Successfully built 24df73bf5460
Successfully tagged quotes:latest
```

至此 Docker 镜像构建完成，可以通过命令查看构建的镜像信息：

REPOSITORY	TAG	IMAGE ID	CREATED	SIZE
bing	latest	70b57b1cfcb9	12 seconds ago	1GB

我们可以试着本地运行这个 Docker 镜像，输入下述命令：

docker run quotes

我们利用这个镜像新建并运行了一个 Docker 容器，运行的结果和本地一致，如下所示：

2018-10-15 08:05:44 [scrapy.core.scraper] DEBUG: Scraped from <200 https://cn.bing.com/HPImageArchive.aspx?format=js&idx=1&n=7&nc=1539590743&pid=hp>
{'image_urls':
['https://cn.bing.com/az/hprichbg/rb/BodeBerlin_ZH-CN6982399462_1920x1080.jpg',
         ...],
 'images': [{'checksum': 'dc935f1115f39bf76b9f983e6affe29f', 'path': 'full/bca701f1923e317aa8a9be18125c2a894fc80780.jpg', 'url': 'https://cn.bing.com/az/hprichbg/rb/BodeBerlin_ZH-CN6982399462_1920x1080.jpg'},
         ...]}
2018-10-15 08:05:44 [scrapy.core.engine] INFO: Closing spider (finished)
2018-10-15 08:05:44 [scrapy.statscollectors] INFO: Dumping Scrapy stats:
{'downloader/request_bytes': 270,
 'downloader/request_count': 1,
 'downloader/request_method_count/GET': 1,
 'downloader/response_bytes': 2711,
 'downloader/response_count': 1,
 'downloader/response_status_count/200': 1,
 'file_count': 7,
 'file_status_count/uptodate': 7,
 'finish_reason': 'finished',
 'finish_time': datetime.datetime(2018, 10, 15, 8, 5, 44, 233072),
 'item_scraped_count': 1,
 'log_count/DEBUG': 10,
 'log_count/INFO': 7,
 'memusage/max': 54882304,
 'memusage/startup': 54882304,
 'response_received_count': 1,
 'scheduler/dequeued': 1,
 'scheduler/dequeued/memory': 1,
 'scheduler/enqueued': 1,
 'scheduler/enqueued/memory': 1,
 'start_time': datetime.datetime(2018, 10, 15, 8, 5, 43, 648446)}
2018-10-15 08:05:44 [scrapy.core.engine] INFO: Spider closed (finished)

8.4.5　把生成的 Docker 镜像推送到 Docker Hub

镜像构建完成后，我们可以把它推送到 Docker 镜像托管平台，镜像就可以在远程服务器上运行了，打开 Docker Hub 官网（https://hub.docker.com/），单击 Create Repository 创建一个镜像，命名为 bing，如图 8.15 所示。

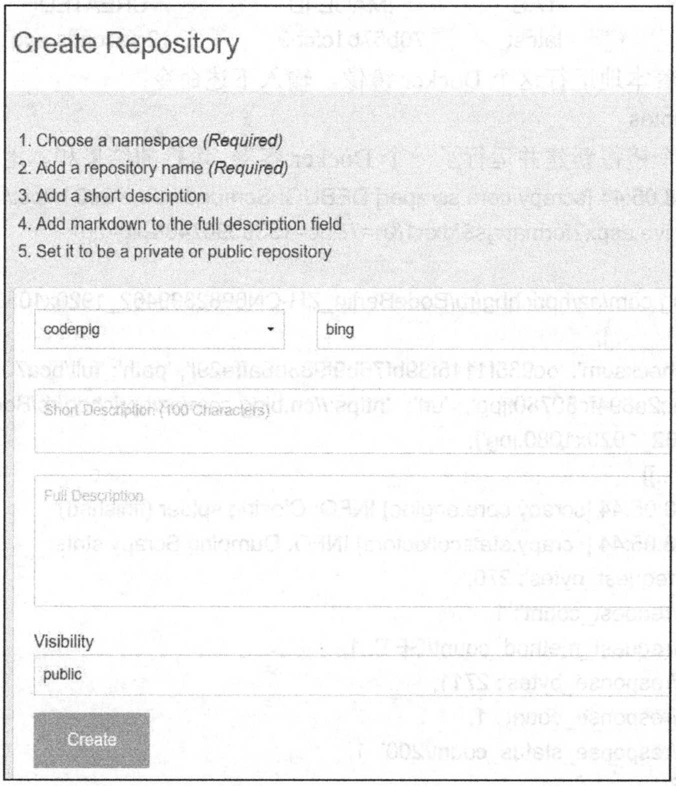

图 8.15 创建一个镜像

在本地为我们的镜像打一个标签，命令示例如下：
docker tag bing:latest coderpig/bing:latest
接着使用下述命令把镜像推送到 Docker Hub 上：
docker push coderpig/bing
等待推送完毕，单击 Tags 选项卡可以看到刚上传的镜像，如图 8.16 所示。

图 8.16 推送后的镜像

8.4.6 在云服务器上运行 Docker 镜像

镜像上传完了,接着我们在云服务器上下载这个镜像并启动,输入下述命令:

```
docker run coderpig/bing
```

运行后可以看到,不需要配置 Python 环境处理版本冲突等问题,下载完成后完成爬取。以上就是使用 Docker 部署 Scrapy 的基本方法。

第 9 章

数据分析案例：Python 岗位行情

相信经过前面的学习，读者已经能够熟练运用 Python 来编写爬虫，并可以完成绝大部分网站的数据爬取了。但是，Python 并不仅限于爬取爬虫，利用各种库还能做更多事情，如数据分析、Web 开发、微信机器人、图形化应用程序、自动化测试等。本章来学习一个实战案例——Python 爬虫+数据分析，对爬取到的数据进行数据可视化分析。

数据可视化分析是指把采集到的大量数据转换成图表的形式，更直观地向用户展示数据间的联系及变化情况，从而降低用户的阅读与时间成本，更快地得出结论。

本章涉及以下知识点：

- 编写爬虫爬取 Python 岗位相关数据。
- NumPy 库、pandas 库的简单使用。
- 用 Matplotlib 实现数据可视化。

9.1 数据爬取

（1）打开某招聘网站首页 https://www.lagou.com，选择"全国站"，在搜索栏输入 Python，单击"搜索"，如图 9.1 所示。

图 9.1 首页搜索

第 9 章 数据分析案例：Python 岗位行情

（2）滚动到底部可以看到只有 30 页，如图 9.2 所示。

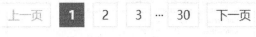

图 9.2 页数

（3）多次单击"下一页"，发现页面并没有全部刷新，猜测是 Ajax 动态加载数据，在 Chrome 浏览器中打开开发者工具进行抓包分析，使用 XHR 过滤，刷新网页，如图 9.3 所示。

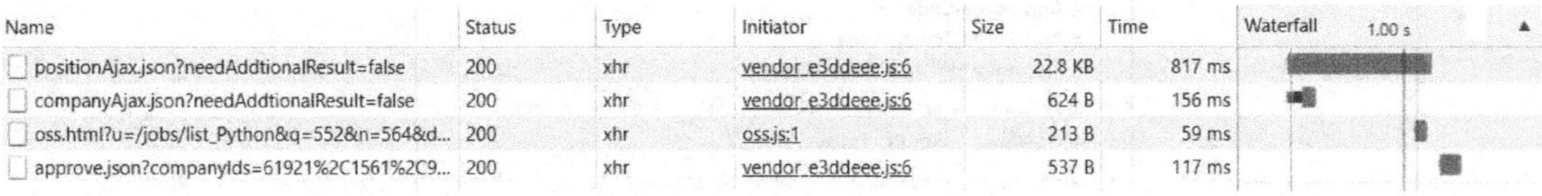

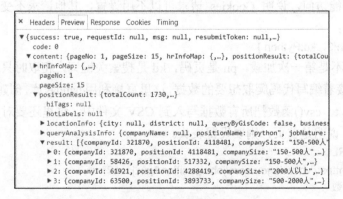

图 9.3 刷新网页

之后单击 Preview 选项卡查看具体的 JSON 内容，发现第一个就是所需要的数据，如图 9.4 所示。

图 9.4 需要的数据

接着打开列表中的一个，这些就是可以采集的字段，如图 9.5 所示。

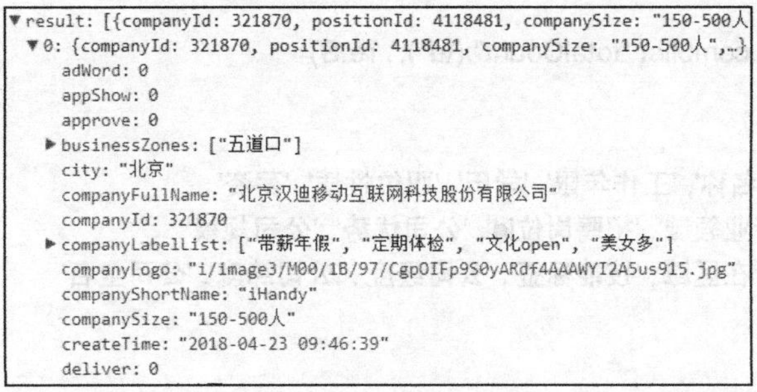

图 9.5 可以采集的字段

知道获取哪里的数据，接下来就是模拟请求了，单击 Headers 选项卡，如图 9.6 所示。

· 255 ·

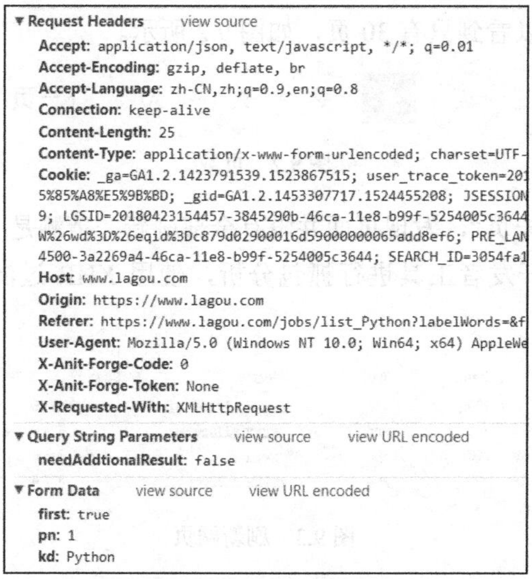

```
▼ Request Headers    view source
    Accept: application/json, text/javascript, */*; q=0.01
    Accept-Encoding: gzip, deflate, br
    Accept-Language: zh-CN,zh;q=0.9,en;q=0.8
    Connection: keep-alive
    Content-Length: 25
    Content-Type: application/x-www-form-urlencoded; charset=UTF-
    Cookie: _ga=GA1.2.1423791539.1523867515; user_trace_token=201
    5%85%A8%E5%9B%BD; _gid=GA1.2.1453307717.1524455208; JSESSION
    9; LGSID=20180423154457-3845290b-46ca-11e8-b99f-5254005c3644
    W%26wd%3D%26eqid%3Dc879d02900016d59000000065add8ef6; PRE_LAN
    4500-3a2269a4-46ca-11e8-b99f-5254005c3644; SEARCH_ID=3054fa1
    Host: www.lagou.com
    Origin: https://www.lagou.com
    Referer: https://www.lagou.com/jobs/list_Python?labelWords=&f
    User-Agent: Mozilla/5.0 (Windows NT 10.0; Win64; x64) AppleWe
    X-Anit-Forge-Code: 0
    X-Anit-Forge-Token: None
    X-Requested-With: XMLHttpRequest
▼ Query String Parameters    view source    view URL encoded
    needAddtionalResult: false
▼ Form Data    view source    view URL encoded
    first: true
    pn: 1
    kd: Python
```

图 9.6 模拟请求

没有登录也能访问，说明 Cookies 请求可以不用设置，其他请求不变，接着是 POST 提交的表单数据：

{ first:true，pn:2，kd:Python }

first 表示是不是第一次加载，pn 是页码，kd 是搜索关键词，爬取时只修改页码，其他两个参数不变。接着编写代码爬取想要的数据，这里直接利用 pandas 库，创建一个 DataFrame 对象，然后调用 to_csv() 函数把所有数据写入到 CSV 文件中。这里还要对页数进行判断，如果代码是"1"说明是首页，则要设置表头。

```
# Ajax加载URL
ajax_URL= "https://www.lagou.com/jobs/positionAjax.json?"
# URL拼接参数
request_params = {'px': 'default', 'city': '深圳', 'needAddtionalResult': 'false', 'isSchoolJob': '0'}
# POST提交参数
form_data = {'first': 'false', 'pn': '1', 'kd': 'android'}
#  获得页数的正则
page_pattern = re.compile('"totalCount":(\d*),', re.S)
# CSV表头
csv_headers = [
    '公司id', '职位名称', '工作年限', '学历', '职位性质', '薪资',
    '融资状态', '行业领域', '招聘岗位id', '公司优势', '公司规模',
    '公司标签', '所在区域', '技能标签', '公司经度', '公司纬度', '公司全名'
]

# 模拟请求头
ajax_headers = {
    'Accept': 'application/json, text/javascript, */*; q=0.01',
    'Accept-Encoding': 'gzip, deflate, br',
    'Accept-Language': 'zh-CN,zh;q=0.9,en;q=0.8',
```

```python
    'Connection': 'keep-alive',
    'Content-Type': 'application/x-www-form-urlencoded; charset=UTF-8',
    'Host': 'www.lagou.com',
    'Origin': 'https://www.lagou.com',
    'User-Agent': 'Mozilla/5.0 (X11; Linux x86_64) AppleWebKit/537.36 (KHTML, like Gecko) '
                  'Chrome/65.0.3325.146 Safari/537.36',
    'X-Anit-Forge-Code': '0',
    'X-Anit-Forge-Token': 'None',
    'X-Requested-With': 'XMLHttpRequest',
    'Referer':
'https://www.lagou.com/jobs/list_android?labelWords=&fromSearch=true&suginput='
}

# 获取每页招聘信息
def fetch_data(page):
    fetch_url = ajax_url + urllib.parse.urlencode(request_params)
    # 定义最大页数
    global max_page
    while True:
        try:
            form_data['pn'] = page
            print("抓取第：" + str(page) + "页!")
            resp = requests.post(url=fetch_url, data=form_data, headers=ajax_headers)
            if resp.status_code == 200:
                if page == 1:
                    max_page = int(int(page_pattern.search(resp.text).group(1)) / 15)
                    print("总共有：" + str(max_page) + "页")
                # 获取返回结果集里的职位信息
                data_json = resp.json()['content']['positionResult']['result']
                data_list = []
                # 遍历所需字段添加到列表中
                for data in data_json:
                    data_list.append((data['companyId'],
                                      html.unescape(data['positionName']),
                                      data['workYear'],
                                      data['education'],
                                      data['jobNature'],
                                      data['salary'],
                                      data['financeStage'],
                                      data['industryField'],
                                      data['positionId'],
                                      html.unescape(data['positionAdvantage']),
                                      data['companySize'],
                                      data['companyLabelList'],
                                      data['district'],
                                      html.unescape(data['positionLables']),
```

```
                            data['longitude'],
                            data['latitude'],
                            html.unescape(data['companyFullName'])))
        # 用列表生成一个DataFrame对象
            result = pd.DataFrame(data_list)
        # 如果是第一页需要添加表头
            if page == 1:
                result.to_csv(result_save_file, header=csv_headers, index=False, mode= 'a+')
            else:
                result.to_csv(result_save_file, header=False, index=False, mode='a+')
            return None
    except Exception as e:
        print(e)
```

注意：在爬取文本信息时会遇到 HTML 中的转义字符（如 和&amp），需要调用 HTML 模块的 unescape()函数对此进行转义，对应函数为 escape()。比如上面爬取的文本有些如果不进行转义的话，会出现写入结果错位的情况。

接着运行程序把数据写入 CSV 文件，部分数据如表 9.1 所示。

表 9.1 写入数据

公司 ID	城 市	职位名称	工作年限	学 历	职位性质	薪资（单位：元）	融资状态
62	深圳	前端开发工程师	1 年以下	本科	全职	18～22k	C 轮
45668	深圳	前端开发工程师	3～5 年	本科	全职	15～30k	不需要融资
16831	深圳	前端开发工程师	3～5 年	大专	全职	8～16k	不需要融资
309113	深圳	前端开发工程师	1～3 年	本科	全职	15～20k	不需要融资

打开 CSV 文件可以看到总共爬取到了 1746 条数据。数据有了，接下来就是准备开始数据可视化分析。在此之前，我们先要简单介绍数据分析的两个常用库 NumPy 与 pandas。

9.2 NumPy 库和 pandas 库

NumPy 库是科学计算的基础库，提供了一个多维数组对象（ndarray）和各种派生对象（如 Masked、arrays 和矩阵），以及各种加速数组操作的例程，包括数学、逻辑、图形变换、排序、选择、io、离散傅里叶变换、基础线性代数、基础统计、随机模拟等。

概念看上去很复杂，目前我们只了解 ndarray 常用的基本函数就够了，如果有兴趣了解更多内容，可以访问 https://docs.scipy.org/doc/numpy-dev/user/index.html 进行更深入的学习。

安装 NumPy 库可以通过 pip 命令（pip install numpy）或 Anaconda 库（conda install numpy）完成。

安装后可以进入 Python 测试（import numpy），没有报错说明安装成功。

9.2.1 ndarray 数组

ndarray 是一个多维的数组对象，和 Python 自带的列表、元组等元素最大的区别就是后者元素的数据类型可以是不一样的，比如一个列表里可能存放着整型、字符串，而 ndarray 中元素的数据类型必须是相同的。可以通过 NumPy 库提供的 array 函数来生成一个 ndarray 数组，传入一个列表或元组即可创建。下面演示生成 ndarray 的多种方法，以及几个常用属性。

```
import numpy as np
print("1.生成一个一维数组:\n %s" % np.array([1, 2]))
print("2.生成一个二维数组:\n %s" % np.array([[1, 2], [3, 4]]))
print("3.生成一个元素初始值都为0的4行3列矩阵:\n %s" % np.zeros((4, 3)))
print("4.生成一个元素初始值都为1的3行4列矩阵:\n %s" % np.ones((3, 4)))
print("5.创建一个空数组，元素为随机值：\n %s" % np.empty([2, 3], dtype=int))
a1 = np.arange(0, 30, 2)
print("6.生成一个等间隔数字的数组:\n %s" % a1)
a2 = a1.reshape(3, 5)
print("7.转换数组的维度，比如把一维的转换为3行5列的数组:\n %s" % a2)

# ndarray常用属性
print("8.a1的维度：%d \t a2的维度：%d" % (a1.ndim, a2.ndim))
print("9.a1的行列数：%s \t a2的行列数：%s" % (a1.shape, a2.shape))
print("10.a1的元素个数：%d \t a2的元素个数：%d" % (a1.size, a2.size))
print("11.a1的元素数据类型：%s 数据类型大小：%s" % (a1.dtype, a1.itemsize))
```

运行代码，结果如下：
1.生成一个一维数组:
 [1 2]
2.生成一个二维数组:
 [[1 2]
 [3 4]]
3.生成一个元素初始值都为0的4行3列矩阵:
 [[0. 0. 0.]
 [0. 0. 0.]
 [0. 0. 0.]
 [0. 0. 0.]]
4.生成一个元素初始值都为1的3行4列矩阵:
 [[1. 1. 1. 1.]
 [1. 1. 1. 1.]
 [1. 1. 1. 1.]]
5.创建一个空数组，元素为随机值：
 [[0 1072693248   0]
 [1072693248   0 1072693248]]
6.生成一个等间隔数字的数组:

```
[ 0  2  4  6  8 10 12 14 16 18 20 22 24 26 28]
```
7.转换数组的维度，比如把一维的转换为3行5列的数组，和元数组是内存共享的：
```
[[ 0  2  4  6  8]
 [10 12 14 16 18]
 [20 22 24 26 28]]
```
8.a1的维度：1   a2的维度：2
9.a1的行列数：(15,)   a2的行列数：(3, 5)
10.a1的元素个数：15   a2的元素个数：15
11.a1的元素数据类型：int32 数据类型大小：4

9.2.2 ndarray 数组的常用操作

下面介绍 ndarray 的常用操作，和 Python 中的列表类似，方法较多不用去记，使用时查询即可。

```python
import numpy as np

# 1.访问数组
a1 = np.array([[1, 2, 3], [4, 5, 6], [7, 8, 9]])
print("访问第一行: %s" % a1[0])
a1[0] = 2   # 修改数组中元素的值
print("访问第一列: %s" % a1[:, 0])
print("访问前两行:\n {}".format(a1[:2]))
print("访问前两列:\n {}".format(a1[:, :2]))
print("访问第二行第三列: {}".format(a1[1][9]))

# 2.通过take函数访问数组(axis参数代表轴)，put函数快速修改元素值
a2 = np.array([1, 2, 3, 4, 5])
print("take函数访问第二个元素：%s" % a2.take(1))
a3 = np.array([0, 2, 4])
print("take函数参数列表索引元素：%s" % a2.take(a3))
print("take函数访问某个轴的元素：%s" % a1.take(1, axis=1))
a4 = np.array([6, 8, 9])
a2.put([0, 2, 4], a4)
print("put函数快速修改特定索引元素的值：%s" % a2)

# 3.通过比较符访问元素
print("通过比较符索引满足条件的元素：%s" % a1[a1 > 3])

# 4.遍历数组
print("一维数组遍历：")
for i in a2:
    print(i, end=" ")
print("\n二维数组遍历：")
for i in a1:
    print(i, end=" ")
```

```python
print("\n还可以这样遍历：")
for (i, j, k) in a1:
    print("%s - %s - %s" % (i, j, k))

# 5.insert插入元素(参数依次为数组，插入轴的标号，插入值，axis=0插入行，=1插入列)
a5 = np.array([[1, 2, 3], [4, 5, 6], [7, 8, 9]])
a5 = np.insert(a5, 0, [6, 6, 6], axis=0)
print("insert函数插入元素到第一行：\n %s " % a5)

# 6.delete删除元素(参数依次为数组，删除轴的标号，axis同上)
a5 = np.delete(a5, 0, axis=1)
print("delete函数删除第一列元素：\n %s" % a5)

# 7.copy深拷贝一个数组，直接赋值是浅拷贝
a6 = a5.copy()
a7 = a5
print("copy后的数组是否与原数组指向同一对象：%s" % (a6 is a5))
print("赋值的数组是否与原数组指向同一对象：%s" % (a7 is a5))

# 8.二维数组转一维数组，二维数组间数组合并
a8 = np.array([[1, 2, 3], [4, 5, 6], [7, 8, 9]])
print("二维数组 => 一维数组：%s" % a8.flatten())
a9 = np.array([[1, 2, 3], [4, 5, 6]])
a10 = np.array([[7, 8], [9, 10]])
print("两个二维数组合并 => 一个二维数组：\n{}".format(np.concatenate((a9, a10), axis=1)))

# 9.数学计算(乘法是对应元素相乘，叉乘用.dot()函数)
a11 = np.array([[1, 2], [3, 4]])
a12 = np.array([[5, 6], [7, 8]])
print("数组相加：\n%s" % (a11 + a12))
print("数组相减：\n%s" % (a11 - a12))
print("数组相乘：\n%s" % (a11 * a12))
print("数组相除：\n%s" % (a11 / a12))
print("数组叉乘:\n%s" % (a11.dot(a12)))

# 10.其他
a12 = np.array([1, 2, 3, 4])
print("newaxis增加维度：\n %s" % a12[:, np.newaxis])
print("tile函数重复数组(重复列数，重复次数)：\n %s" % np.tile(a12, [2, 2]))
print("vstack函数按列堆叠：\n %s" % np.vstack([a12, a12]))
print("hstack函数按行堆叠：\n %s" % np.hstack([a12, a12]))
a13 = np.array([1, 4, 8, 2, 44, 77, -2, 1, 4])
a13.sort()
print("sort函数排序：\n %s" % a13)
print("unique函数去重：\n {}".format(np.unique(a13)))
```

运行代码，结果如下：

访问第一行: [1 2 3]
访问第一列: [2 4 7]
访问前两行:
 [[2 2 2]
 [4 5 6]]
访问前两列:
 [[2 2]
 [4 5]
 [7 8]]
访问第二行第三列：6
take函数访问第二个元素：2
take函数参数列表索引元素：[1 3 5]
take函数访问某个轴的元素：[2 5 8]
put函数快速修改特定索引元素的值：[6 2 8 4 9]
通过比较符索引满足条件的元素：[4 5 6 7 8 9]
一维数组遍历:
6 2 8 4 9
二维数组遍历：
[2 2 2] [4 5 6] [7 8 9]
还可以这样遍历：
2 - 2 - 2
4 - 5 - 6
7 - 8 - 9
insert函数插入元素到第一行：
 [[6 6 6]
 [1 2 3]
 [4 5 6]
 [7 8 9]]
delete函数删除第一列元素：
 [[6 6]
 [2 3]
 [5 6]
 [8 9]]
copy后的数组是否与原数组指向同一对象：False
赋值的数组是否与原数组指向同一对象：True
二维数组 => 一维数组：[1 2 3 4 5 6 7 8 9]
两个二维数组合并 => 一个二维数组：
[[1 2 3 7 8]
 [4 5 6 9 10]]
数组相加：
[[6 8]
 [10 12]]
数组相减：
[[-4 -4]
 [-4 -4]]
数组相乘：

[[5 12]
 [21 32]]
数组相除：
[[0.2   0.33333333]
 [0.42857143 0.5   ]]
数组叉乘：
[[19 22]
 [43 50]]
newaxis增加维度：
 [[1]
 [10]
 [3]
 [11]]
tile函数重复数组(重复列数，重复次数)：
[[1 2 3 4 1 2 3 4]
 [1 2 3 4 1 2 3 4]]
vstack函数按列堆叠：
[[1 2 3 4]
 [1 2 3 4]]
hstack函数按行堆叠：
[1 2 3 4 1 2 3 4]
sort函数排序：
[-2 1 1 2 4 4 8 44 77]
unique函数去重：
[-2 1 2 4 8 44 77]

9.2.3 pandas 库

pandas 库提供了快速处理结构化数据的大量数据结构和函数，有两种常见的数据结构，分别为 Series（一维的标签化数组对象）和 DataFrame（面向列的二维表结构）。

想深入了解 pandas 库可以访问官网：

- http://pandas.pydata.org/pandas-docs/stable/10min.html
- http://pandas.pydata.org/pandas-docs/stable/cookbook.html#cookbook

pandas 库安装：

pip install pandas

Series 是一维的标签化数组对象，和 Python 自带的列表类似，每个元素由索引与值构成，数组中的值为相同的数据类型。

注意：np.nan 用来标识空缺数据。

Series 代码如下：

```
import pandas as pd
import numpy as np

s1 = pd.Series([1, 2, 3, np.nan, 5])
```

```
print("1.通过列表创建Series对象：\n%s" % s1)
s2 = pd.Series([1, 2, 3, np.nan, 5], index=['a', 'b', 'c', 'd', 'e'])
print("2.通过列表创建Series对象(自定义索引)：\n%s" % s2)
print("3.通过索引获取元素：%s" % s2['a'])
print("4.获得索引：%s" % s2.index)
print("5.获得值：%s" % s2.values)
print("6.和列表一样只支持分片的：\n{}".format(s2[0:2]))
s3 = pd.Series(pd.date_range('2018.3.17', periods=6))
print("7.利用date_range生成日期列表:\n%s" % s3)
```

运行代码，结果如下：

```
1.通过列表创建Series对象：
0    1.0
1    2.0
2    3.0
3    NaN
4    5.0
dtype: float64
2.通过列表创建Series对象(自定义索引)：
a    1.0
b    2.0
c    3.0
d    NaN
e    5.0
dtype: float64
3.通过索引获取元素：1.0
4.获得索引：Index(['a', 'b', 'c', 'd', 'e'], dtype='object')
5.获得值：[ 1.  2.  3. nan  5.]
6.和列表一样只支持分片的：
a    1.0
b    2.0
dtype: float64
7.利用date_range生成日期列表：
0   2018-03-17
1   2018-03-18
2   2018-03-19
3   2018-03-20
4   2018-03-21
5   2018-03-22
dtype: datetime64[ns]
```

DataFrame 具有面向列的二维表结构，类似于 Excel 表格，由行标签、列表索引与值三部分组成，代码如下：

```
# 1.创建DataFrame对象
dict1 = {
    '学生': ["小红", "小绿", "小蓝", "小黄", "小黑", "小灰"],
    '性别': ["女", "男", "女", "男", "男", "女"],
```

```python
    '年龄': np.random.randint(low=10, high=15, size=6),
}
d1 = pd.DataFrame(dict1)
print("1.用相等长度的列表组成的字典对象生成：\n %s" % d1)


d2 = pd.DataFrame(np.random.randint(low=60, high=100, size=(6, 3)),
                  index=["小红", "小绿", "小蓝", "小黄", "小黑", "小灰"],
                  columns=["语文", "数学", "英语"])
print("2.通过二维数组生成DataFrame: \n %s" % d2)

# 2.数据查看
print("3.head函数查看顶部多行(默认5行)：\n%s" % d2.head(3))
print("4.tail函数查看底部多行(默认5行)：\n%s" % d2.tail(2))
print("5.index查看所有索引：%s" % d2.index)
print("6.columns查看所有行标签：%s" % d2.columns)
print("7.values查看所有值:\n%s" % d2.values)

# 3.数据排序
print("8.按索引排序(axis=0行索引，=1列索引排序，ascending=False降序排列):\n%s"
      % (d2.sort_index(axis=0, ascending=False)))
print("9.按值进行排序：\n%s" % d2.sort_values(by="语文", ascending=False))

# 4.数据选择
print("9.选择一列或多列:\n{} {} ".format(d2['语文'], d2[['数学', '英语']]))
print("10.数据切片:\n{}".format(d2[0:1]))
print("11.条件过滤(过滤语文分数高于90的数据):\n{}".format(d2[d2.语文 > 90]))
print("12.loc函数行索引切片获得指定列数据：\n{}".format(d2.loc['小红':'小蓝', ['数学', '英语']]))
print("13.iloc函数行号切片获得指定列数据：\n{}".format(d2.iloc[4:6, 1:2]))

# 5.求和，最大/小值，平均值，分组
print("14.语文总分：{}".format(d2['语文'].sum()))
print("15.语文平均分：{}".format(d2['语文'].mean()))
print("16.数学最高分：{}".format(d2['数学'].max()))
print("17.英语最低分：{}".format(d2['英语'].min()))

# 6.数据输入输出(可以把数据保存到CSV或Excel中，也可以读取文件)
d1.to_csv('student_1.csv')
d3 = pd.read_csv('student_1.csv')
print("18.读取CSV文件中的数据：\n{}".format(d3))
d2.to_excel('student_2.xlsx', sheet_name="Sheet1")
d4 = pd.read_excel('student_2.xlsx', sheet_name="Sheet1")
print(("19.读取Excel文件中的数据：\n{}".format(d4)))
```

运行代码，结果如下：
1.用相等长度的列表组成的字典对象生成：
    学生 年龄 性别

```
     0  小红  10  女
     1  小绿  10  男
     2  小蓝  10  女
     3  小黄  12  男
     4  小黑  10  男
     5  小灰  11  女
```
2.通过二维数组生成DataFrame：
```
        语文   数学   英语
小红     96    96    77
小绿     95    67    93
小蓝     98    69    98
小黄     65    81    94
小黑     74    98    64
小灰     96    72    96
```
3.head函数查看顶部多行(默认5行)：
```
        语文   数学   英语
小红     96    96    77
小绿     95    67    93
小蓝     98    69    98
```
4.tail函数查看底部多行(默认5行)：
```
        语文   数学   英语
小黑     74    98    64
小灰     96    72    96
```
5.index查看所有索引：Index(['小红', '小绿', '小蓝', '小黄', '小黑', '小灰'], dtype='object')
6.columns查看所有行标签：Index(['语文', '数学', '英语'], dtype='object')
7.values查看所有值：
```
[[96 96 77]
 [95 67 93]
 [98 69 98]
 [65 81 94]
 [74 98 64]
 [96 72 96]]
```
8.按索引排序(axis=0行索引，=1列索引排序，ascending=False降序排列)：
```
        语文   数学   英语
小黑     74    98    64
小黄     65    81    94
小蓝     98    69    98
小绿     95    67    93
小红     96    96    77
小灰     96    72    96
```
9.按值进行排序：
```
        语文   数学   英语
小蓝     98    69    98
小红     96    96    77
小灰     96    72    96
小绿     95    67    93
```

| 小黑 | 74 | 98 | 64 |
| 小黄 | 65 | 81 | 94 |

9.选择一列或多列:
小红　96
小绿　95
小蓝　98
小黄　65
小黑　74
小灰　96
Name: 语文, dtype: int64

	数学	英语
小红	96	77
小绿	67	93
小蓝	69	98
小黄	81	94
小黑	98	64
小灰	72	96

10.数据切片:

	语文	数学	英语
小红	96	96	77

11.条件过滤(过滤语文分数高于90的数据):

	语文	数学	英语
小红	96	96	77
小绿	95	67	93
小蓝	98	69	98
小灰	96	72	96

12.loc函数行索引切片获得指定列数据:

	数学	英语
小红	96	77
小绿	67	93
小蓝	69	98

13.iloc函数行号切片获得指定列数据:

	数学
小黑	98
小灰	72

14.语文总分：524
15.语文平均分：87.33333333333333
16.数学最高分：98
17.英语最低分：64
18.读取CSV文件中的数据:

	Unnamed: 0	学生	年龄	性别
0	0	小红	10	女
1	1	小绿	10	男
2	2	小蓝	10	女
3	3	小黄	12	男
4	4	小黑	10	男
5	5	小灰	11	女

19.读取Excel文件中的数据：

	语文	数学	英语
小红	96	96	77
小绿	95	67	93
小蓝	98	69	98
小黄	65	81	94
小黑	74	98	64
小灰	96	72	96

9.3 用 Matplotlib 实现数据可视化

Matplotlib 是一个用于 2D 图表绘制的 Python 库，用法也很简单，可以轻易地绘制出各种图表。本节会用到几个常用的图形：直方图、饼图和条形图。官方文档中还有各种各样的图及 Demo 示例，如图 9.7 所示。

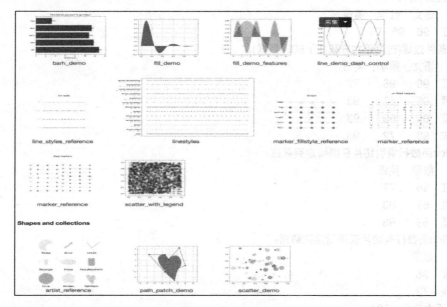

图 9.7 Demo 示例

有兴趣的读者可以访问 Matplotlib 入门教程网站：https://pythonprogramming.net/matplotlib-intro-tutorial/。

Matplotlib 绘制各种图形 Demo 示例：https://matplotlib.org/gallery.html#lines_bars_and_markers。

推荐通过 pip 命令行进行安装：

pip install matplotlib

9.3.1 Matplotlib 中文乱码问题

使用 Matplotlib 进行图表绘制，第一个遇到的问题就是中文乱码问题，如图 9.8 所示。

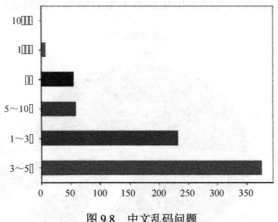

图 9.8 中文乱码问题

解决方法如下：

（1）编写代码获得 Matplotlib 配置相关的路径，比如：

/usr/local/lib/python3.4/dist-packages/matplotlib/mpl-data/matplotlibrc

（2）下载一个文中的 TTF 字体文件（任意），然后把文件复制到这个路径下，双击安装。

（3）接着修改 matplotlibrc 配置文件，找到如下三行，去掉注释，进行修改：

199行：font.family   : sans-serif
210行：font.serif   : 中文字体名称, DejaVu Serif, Bitstream
330行：axes.unicode_minus   : False

（4）删除 .cache/matplotlib 缓存文件，重新运行即可，如图 9.9 所示。

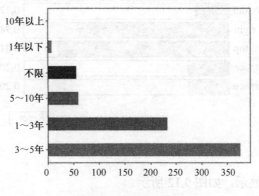

图 9.9 重新运行展示

9.3.2 Matplotlib 绘制显示不全

如图 9.10 所示，在绘制时可能会出现显示不全的情况，需要进行设置。

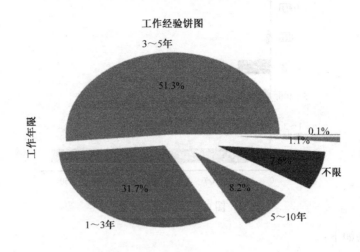

图 9.10 显示不全的情况

图 9.10 下方有 7 个按钮，依次是重置回主视图、上一步视图、下一步视图、拖曳页面、局部放大、设置、保存为图片，单击设置按钮会出现如图 9.11 所示的对话框。

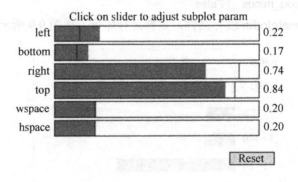

图 9.11 设置对话框

适当调整直到完全显示，如图 9.12 所示。

记录这些参数，在绘制图形之前需要进行代码设置：

plt.subplots_adjust(left=0.22, right=0.74, wspace=0.20, hspace=0.20, bottom=0.17, top=0.84)

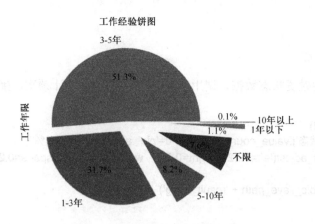

图 9.12　调整后的工作经验饼图

9.3.3　用 Matplotlib 生成图表并进行分析

先调用 pd.read_csv()函数读取存放爬取数据的 CSV 文件，接着针对不同的列进行数据分析。

1. 公司规模

获取 data 里的公司规模数据，调用 value_counts()函数统计频次，接着绘制饼图，结果如图 9.13 所示。

```
plt.figure(1)
data['公司规模'].value_counts().plot(kind='pie', autopct='%1.1f%%',explode= np.linspace(0, 0.5, 6))
plt.subplots_adjust(left=0.22, right=0.74, wspace=0.20, hspace=0.20,bottom=0.17, top=0.84)
plt.savefig(pic_save_path + 'result_1.jpg')
plt.close(1)
```

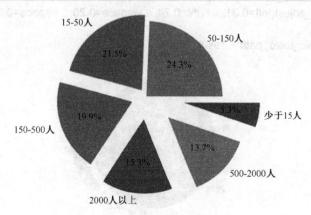

图 9.13　公司规模

根据图 9.13 分析，招聘 Python 程序员的公司的规模都不大，中小型公司（15～500 人）

占比达 71%。

2. 公司融资状态

获取 data 里的融资状态数据，调用 value_counts()函数统计频次，接着绘制饼图，结果如图 9.14 所示。

```
plt.figure(2)
data['融资状态'].value_counts().plot(kind='pie', autopct='%1.1f%%')
plt.subplots_adjust(left=0.22, right=0.74, wspace=0.20, hspace=0.20,bottom=0.17, top=0.84)
plt.savefig(pic_save_path + 'result_2.jpg')
plt.close(2)
```

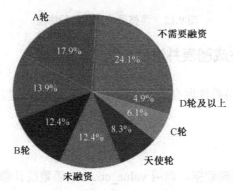

图 9.14 公司融资状态

3. 公司城市分布

获取 data 里的城市数据，调用 value_counts()函数统计频次，接着绘制饼图，结果如图 9.15 所示。

```
plt.figure(3)
data['城市'].value_counts().plot(kind='pie', autopct='%1.1f%%')
plt.subplots_adjust(left=0.31, right=0.74, wspace=0.20, hspace=0.20,bottom=0.26, top=0.84)
plt.savefig(pic_save_path + 'result_3.jpg')
plt.close(3)
```

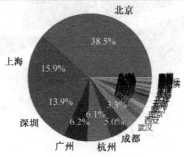

图 9.15 公司城市分布

根据图 9.15 分析，排名靠前的城市依次为北京、上海、深圳、广州、杭州、成都、武汉、西安、南京、厦门。

4. 工作经验

获取 data 里的工作经验数据，调用 value_counts()函数统计频次，接着分别绘制直方图和饼图，结果如图 9.16、图 9.17 所示。

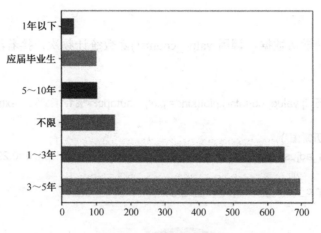

图 9.16　工作经验直方图

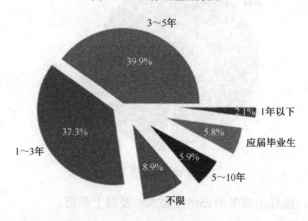

图 9.17　工作经验（工作年限）饼图

```
 plt.figure(4)
data['工作年限'].value_counts().plot(kind='barh', rot=0)
plt.title("工作经验直方图")
plt.xlabel("年限/年")
plt.ylabel("公司/个")
plt.savefig(pic_save_path + 'result_4.jpg')
plt.close(4)
# 饼图
plt.figure(5)
data['工作年限'].value_counts().plot(kind='pie', autopct='%1.1f%%', explode=np.linspace
```

```
(0, 0.75, 6))
    plt.title("工作经验饼图")
    plt.subplots_adjust(left=0.22, right=0.74, wspace=0.20, hspace=0.20,bottom=0.17, top=0.84)
    plt.savefig(pic_save_path + 'result_5.jpg')
    plt.close(5)
```

根据图 9.16 和图 9.17 分析，工作 1～3 年与 3～5 年的 Python 程序员依旧比较抢手。

5. 学历要求

获取 data 里的学历数据，调用 value_counts()函数统计频次，接着绘制饼图，结果如图 9.18 所示。

```
plt.figure(6)
    data['学 历'].value_counts().plot(kind='pie', autopct='%1.1f%%', explode=(0, 0.1, 0.2,0.3))
    plt.title("学历饼图")
    plt.subplots_adjust(left=0.22, right=0.74, wspace=0.20, hspace=0.20,bottom=0.17, top=0.84)
    plt.savefig(pic_save_path + 'result_6.jpg')
plt.close(6)
```

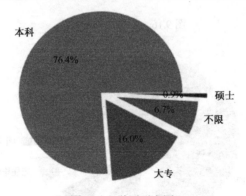

图 9.18　学历要求图

由图 9.18 可知，接近七成半的公司需要本科及以上学历。

6. 薪资

获取 data 里的薪资数据，调用 value_counts()函数统计频次，接着绘制条形图，结果如图 9.19 所示。

```
plt.figure(7)
salary = data['薪资'].str.split('-').str.get(0).str.replace('k|K|以上', "").value_counts()
salary_index = list(salary.index)
salary_index.sort(key=lambda x: int(x))
final_salary = salary.reindex(salary_index)
plt.title("薪资条形图")
final_salary.plot(kind='bar', rot=0)
```

```
plt.xlabel("薪资/k")
plt.ylabel("公司/个")
plt.savefig(pic_save_path + 'result_7.jpg')
plt.close(7)
```

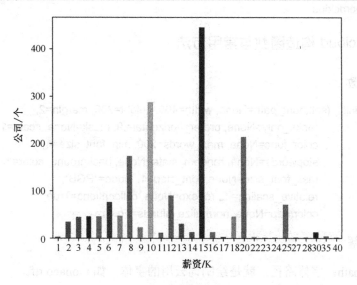

图 9.19 薪资图

结合工作经验饼图分析，猜测 1～3 年工作经验的初级 Python 程序员的薪资范围为 8000～10 000 元，而 3～5 年工作经验的中级 Python 程序员的薪资范围为 10 000～15 000 元。

9.4 用 Wordcloud 库进行词云绘制

词云以词语为基本单位，用于更直观和艺术地展示文本，在 Python 中我们可以使用 Wordcloud 库来实现精美的词云图。

9.4.1 Wordcloud 简介

在上一节中，有具体数值的数据可以通过图表形式来展示，而除了这类数据外，还有一类数据，比如公司标签，如表 9.2 所示。

表 9.2 公司标签

['年底双薪', '节日礼物', '绩效奖金', '岗位晋升']
['科技大牛公司', '自助三餐', '年终多薪', '超长带薪假期']

我们可以进行词频统计，即统计每个词语出现的次数，然后按照比例生成词云。而生成词云可以利用 Wordcloud 库，更多内容可以访问下述网站。

- GitHub 仓库：https://github.com/amueller/word_cloud
- 官方博客：https://amueller.github.io/word_cloud/

推荐通过 pip 命令进行安装：

pip install wordcloud

9.4.2 Wordcloud 构造函数与常用方法

1. 构造函数

```
def __init__(self, font_path=None, width=400, height=200, margin=2,
             ranks_only=None, prefer_horizontal=.9, mask=None, scale=1,
             color_func=None, max_words=200, min_font_size=4,
             stopwords=None, random_state=None, background_color='black',
             max_font_size=None, font_step=1, mode="RGB",
             relative_scaling=.5, regexp=None, collocations=True,
             colormap=None, normalize_plurals=True):
```

2. 参数详解

- font_path：字体路径，就是绘制词云用的字体，如 monaco.ttf。
- width：输出的画布宽度，默认为 400 像素。
- height：输出的画布高度，默认为 200 像素。
- margin：画布偏移，默认为 2 像素。
- prefer_horizontal：词语水平方向排版出现的概率，默认为 0.9，垂直方向出现的概率为 0.1。
- mask：如果参数为空，则使用二维遮罩绘制词云。如果 mask 非空，设置的宽高值将被忽略，遮罩形状被 mask，全白（#FFFFFF）的部分将不会绘制，其余部分会用于绘制词云。比如 bg_pic = imread('读取一张图片.png')，背景图片的画布一定要设置为白色（#FFFFFF），图片形状显示为其他颜色。可以用绘图工具将要显示的形状复制到一个纯白色的画布上再保存。
- scale：按照比例放大画布，比如设置为 1.5，则长和宽都是原画布的 1.5 倍。
- color_func：生成新颜色的函数，如果为空，则使用 self.color_func。
- max_words：显示的词的最大个数。
- min_font_size：显示的最小字体的大小。
- stopwords：需要屏蔽的词（字符串集合），为空则使用内置 stopwords。
- random_state：如果给出了一个随机对象，则生成一个随机数。
- background_color：背景颜色，默认为黑色。
- max_font_size：显示的最大字体的大小。
- font_step：字体步长，如果步长大于 1，会加快运算，但是可能导致结果出现较大的误差。

- mode：当参数为"RGBA"，并且 background_color 不为空时，背景为透明，默认为 RGB。
- relative_scaling：词频和字体大小的关联性，默认为 5。
- regexp：使用正则表达式分隔输入的文本。
- collocations：是否包括两个词的搭配。
- colormap：给每个单词随机分配颜色，若指定 color_func，则忽略该方法。
- normalize_plurals：是否删除尾随的词语。

3. 常见的几个函数

- fit_words(frequencies)：根据词频生成词云。
- generate(text)：根据文本生成词云。
- generate_from_frequencies(frequencies[, ...])：根据词频生成词云。
- generate_from_text(text)：根据文本生成词云。
- process_text(text)：将长文本分词并去除屏蔽词（此处指英语，中文分词还需要用其他库先实现，如 fit_words(frequencies)）。
- recolor([random_state, color_func, colormap])：对现有输出重新上色。重新上色会比重新生成整个词云快很多。
- to_array()：转化为 numpy array。
- to_file(filename)：输出到文件。

9.4.3 词云绘制

上述字段和函数那么多，让人感觉 Wordcloud 库很难使用，其实并不难，笔者编写了一个最简单的绘制方法，读者按需进行扩展就可以了。

```
# 生成词云文件（参数为词云字符串与文件名，default_font是一个TTF字体文件）
def make_wc(content, file_name):
    wc  =  WordCloud(font_path=default_font,  background_color='white',  margin=2,
max_font_size=250,width=2000, height=2000, min_font_size=30, max_words=1000)
    wc.generate_from_frequencies(content)
wc.to_file(file_name)
```

在需要绘制词云的地方调用该函数即可，如生成行业领域词云。

1. 行业领域词云

获取 data 里的相关数据，过滤掉无关字符，并添加到列表中，利用 counter 类统计词频，过滤掉空字符串，接着绘制词云，保存为 wc_1.jpg 文件。

```
industry_field_list = []
for industry_field in data['行业领域']:
    for field in str(industry_field).strip().replace(" ",",").replace("、", ",").split(','):
        industry_field_list.append(field)
counter = dict(Counter(industry_field_list))
```

```
        counter.pop('')
        make_wc(counter, pic_save_path + "wc_1.jpg")
```

运行结果如图9.20所示。可以看出招聘Python程序员的公司大部分是移动互联网公司，其次是数据服务公司。

图 9.20 行业领域词云

2. 公司标签词云

获取 data 中的公司标签数据，过滤掉无关字符，并添加到列表中，利用 counter 类统计词频，过滤掉空字符串，接着绘制词云，保存为 wc_2.jpg 文件。

```
tags_list = []
    for tags in data['公司标签']:
        for tag in tags.strip().replace("[", "").replace("]", "").replace("'", "").split(','):
            tags_list.append(tag)
counter = dict(Counter(tags_list))
counter.pop('')
make_wc(counter, pic_save_path + "wc_2.jpg")
```

运行结果如图 9.21 所示。

图 9.21 公司标签词云

3. 公司优势词云

获取 data 中的公司优势数据，过滤掉无关字符，并添加到列表中，利用 counter 类统计词频，过滤掉空字符串和移动互联网，接着绘制词云，保存为 wc_3.jpg 文件。

```
for advantage_field in data['公司优势']:
    for field in advantage_field.strip().replace(" ", ",").replace("、", ",").replace(", ", ",").replace("+", ",").split(','):
        industry_field_list.append(field)
counter = dict(Counter(industry_field_list))
counter.pop("")
counter.pop('移动互联网')
make_wc(counter, pic_save_path + "wc_3.jpg")
```

运行结果如图 9.22 所示。

图 9.22 公司优势词云

4. 技能标签词云

获取 data 中的技能标签数据，过滤掉无关字符并添加到列表中，利用 counter 类统计词频，过滤掉空字符串，接着绘制词云，保存为 wc_4.jpg 文件。

```
    skill_list = []
    for skills in data['技能标签']:
        for skill in skills.strip().replace("[", "").replace("]", "").replace("'", "").split(','):
            skill_list.append(skill)
    counter = dict(Counter(skill_list))
    counter.pop("")
make_wc(counter, pic_save_path + "wc_4.jpg")
```

运行结果如图 9.23 所示。

图 9.23 技能标签词云

9.5 小结

本章讲解了 Python 数据分析基础三件套——NumPy、pandas 和 Matplotlib 的基本使用方法,并对爬取到的岗位信息进行了数据可视化展示,最后还利用 Wordcloud 库根据词频绘制了词云图片,更直观地显示了用人单位的概况和招聘相关的技能要求。有了这些图表之后,就可以自行编写数据报告了。可能你觉得图表不够好看,或者另外编写数据报告有些麻烦,那么可以学习下一章,了解图表库 pyecharts 和数据分析工具 Jupyter Notebook。

第10章 数据分析案例：某婚恋网站交友情况分析

在上一章中，通过编写爬虫爬取到 Python 岗位相关的数据，接着利用数据分析基础三件套 NumPy、pandas、Matplotlib 对数据进行了可视化处理，分析了 Python 程序员的一些招聘要求，但是并没有得到特别有用的结论。本章我们继续进行数据分析，主要使用 Jupyter Notebook 和 pyecharts，爬取某婚恋网站，分析女性的交友信息。

本章主要学习内容：
- 编写爬虫爬取女性交友信息的相关数据。
- 安装 Jupyter Notebook 与 pyecharts。
- 分析数据。

10.1 数据爬取

打开网站首页 http://www.lovewzly.com/jiaoyou.html，性别选择"女"，勾选"未婚"，然后单击"搜缘分"，如图 10.1 所示。

图 10.1 网站首页

把网页滚动到底部，发现数据会自动加载，明显是 Ajax 数据动态加载技术，然后在 Chrome 浏览器中打开开发者工具，打开 Network 选项，勾选 XHR 标签过滤，然后刷新网页，如图 10.2 所示。

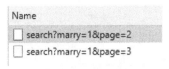

图 10.2　网页下拉加载接口

之后单击其中一个，再单击 Preview 选项查看具体的 JSON 内容，部分内容如下所示。

```
{
    "error_code": 0,
    "data": {
        "num": 20,
        "list": [
            {
                "userid": "1203612",
                "province": "上海",
                "city": "上海",
                "height": "170",
                "education": "初中",
                "username": "吾寻你千年",
                "monolog": "我找你很久了，你在哪儿",
                "birthdayyear": "2001",
                "avatar":http://img.7799520.com/2e707c3c-6c97-471e-83e4-885b19192296 ,
                "gender": "1"
            },
            {
                "userid": "1203532",
                "province": "广东",
                "city": "东莞",
                "height": "168",
                "education": "高中",
                "username": "张小虎",
                "monolog": "茫茫人海，感谢你看到我",
                "birthdayyear": "1990",
                "avatar": "http://img.7799520.com/2018-07-26-1532589033-xTUxVzxd.png",
                "gender": "2"
            },
            …
        ],
        "page": 1
    }
}
```

第 10 章 数据分析案例：某婚恋网站交友情况分析

上面就是想获取的数据，接下来我们来看如何模拟请求，有哪些可选参数。勾选所有筛选条件，获取所有的参数，然后自行搭配，如图 10.3 所示。

图 10.3　勾选所有筛选条件

抓包排查后，把条件对应的字段都筛选出来进行整理，如表 10.1 所示。

表 10.1　可选参数表

字　段	值	含　义
startage	21	起始年龄
endage	30	截止年龄
gender	2	性别，1 代表男，2 代表女
cityid	52	城市 id，通过查看页面结构可以获取热门的几个城市 id
startheight	161	起始身高
endheight	170	截止身高
marry	1	婚姻状态，1 代表未婚，3 代表离异，4 代表丧偶
astro	2	星座
lunar	2	生肖
education	40	教育水平
salary	2	收入
page	1	页数，一页 20 条数据

通过查找网页结构可以知道对应的可选值如下：

```
# 城市
<li value="0" class="">不限</li>
<li value="52" class="">北京</li>
<li value="77" class="">深圳</li>
<li value="76">广州</li>
<li value="53">福州</li>
<li value="60">厦门</li>
<li value="383">杭州</li>
<li value="284">青岛</li>
<li value="197">长沙</li>
<li value="283">济南</li>
<li value="220">南京</li>
<li value="395">香港</li>
<li value="321">上海</li>
<li value="322">成都</li>
<li value="180">武汉</li>
```

```
<li value="221">苏州</li>

# 星座
<li value="0" class="">不限</li>
<li value="1" class="">水瓶座</li>
<li value="2" class="">双鱼座</li>
<li value="3">白羊座</li>
<li value="4">金牛座</li>
<li value="5">双子座</li>
<li value="6">巨蟹座</li>
<li value="7">狮子座</li>
<li value="8">处女座</li>
<li value="9">天秤座</li>
<li value="10">天蝎座</li>
<li value="11">射手座</li>
<li value="12">摩羯座</li>

# 生肖
<li value="0" class="">不限</li>
<li value="1" class="">鼠</li>
<li value="2" class="">牛</li>
<li value="3">虎</li>
<li value="4">兔</li>
<li value="5">龙</li>
<li value="6">蛇</li>
<li value="7">马</li>
<li value="8">羊</li>
<li value="9">猴</li>
<li value="10">鸡</li>
<li value="11">狗</li>
<li value="12">猪</li>

# 学历
<li value="0" class="">不限</li>
<li value="10" class="">初中</li>
<li value="20" class="">高中</li>
<li value="25" class="">中专</li>
<li value="30" class="">大专</li>
<li value="40" class="">本科</li>
<li value="50">硕士</li>
<li value="60">博士</li>
<li value="70">院士</li>

# 收入
<li value="0" class="">不限</li>
<li value="2" cl ass="">2000以上</li>
```

```html
<li value="3">5000以上</li>
<li value="4">10000以上</li>
<li value="5">20000以上</li>
```

抓取的链接是 http://www.lovewzly.com/api/user/pc/list/search?,接着要做的就是模拟请求头了,参数如下:

```python
# 模拟请求头
ajax_headers = {
    'Accept': 'application/json, text/javascript, */*; q=0.01',
    'Accept-Encoding': 'gzip, deflate, br',
    'Accept-Language': 'zh-CN,zh;q=0.9,en;q=0.8',
    'Connection': 'keep-alive',
    'Host': 'www.lovewzly.com',
    'Referer': 'http://www.lovewzly.com/jiaoyou.html',
    'User-Agent': 'Mozilla/5.0 (X11; Linux x86_64) AppleWebKit/537.36 (KHTML, like Gecko) Chrome/65.0.3325.146 '
                  'Safari/537.36',
    'X-Requested-With': 'XMLHttpRequest',
}
```

想抓取的是所有未婚女性的信息,查询参数如下:

```python
form_data = {'gender': '2', 'marry': '1', 'page': '1'}
```

我们能获取到的数据字段有:头像、出生年份、省份、性别、学历、身高、交友宣言、城市、用户 id 和昵称。接口返回的数据如下:

```json
{
    "userid": "1199128",
    "province": "广东",
    "city": "广州",
    "height": "165",
    "education": "大专",
    "username": "依依菲",
    "monolog": "我来自广东河源,客家人,在广州天河做招商销售工作",
    "birthdayyear": "1987",
    "avatar": "http://img.7799520.com/4ce2083a-304a-474c-94d3-93eb2138da1c",
    "gender": "2"
}
```

模拟请求和想获取的参数都有了,接下来就是编写程序,把抓取到的数据写入 CSV 文件,这里会用到 pandas 库,完整的代码如下:

```python
import requests as rq
import pandas as pd
import time
import random
import os

# 结果写入文件
result_save_file = 'wzly.csv'
```

```python
# Ajax加载URL
ajax_url = "http://www.lovewzly.com/api/user/pc/list/search?"
# 模拟请求头
ajax_headers = {
    'Accept': 'application/json, text/javascript, */*; q=0.01',
    'Accept-Encoding': 'gzip, deflate, br',
    'Accept-Language': 'zh-CN,zh;q=0.9,en;q=0.8',
    'Connection': 'keep-alive',
    'Host': 'www.lovewzly.com',
    'Referer': 'http://www.lovewzly.com/jiaoyou.html',
    'User-Agent': 'Mozilla/5.0 (X11; Linux x86_64) AppleWebKit/537.36 (KHTML, like Gecko) Chrome/65.0.3325.146 '
                  'Safari/537.36',
    'X-Requested-With': 'XMLHttpRequest',
}
# post请求参数
form_data = {'gender': '2', 'marry': '1', 'page': '1'}
# csv表头
csv_headers = [
    '昵称', '用户id', '头像', '身高', '学历', '省份',
    '城市', '出生年份', '性别', '交友宣言'
]

# 获取每页交友信息
def fetch_data(page):
    while True:
        try:
            form_data['page'] = page
            print("抓取第：" + str(page) + "页!")
            resp = rq.get(url=ajax_url, params=form_data, headers=ajax_headers)
            if resp.status_code == 200:
                data_json = resp.json()['data']['list']
                if len(data_json) > 0:
                    data_list = []
                    for data in data_json:
                        data_list.append((
                            data['username'], data['userid'], data['avatar'],
                            data['height'], data['education'], data['province'],
                            data['city'], data['birthdayyear'], data['gender'], data['monolog']))
                    result = pd.DataFrame(data_list)
                    if page == 1:
                        result.to_csv(result_save_file, header=csv_headers, index=False, mode='a+', encoding='utf-8')
                    else:
                        result.to_csv(result_save_file, header=False, index=False, mode='a+', encoding='utf-8')
```

```
                return None
            except Exception as e:
print(e)

if __name__ == '__main__':
    if not os.path.exists(result_save_file):
        for i in range(1, 718):
            time.sleep(random.randint(2, 10))
            fetch_data(i)
```

需要一个小时左右的时间等待数据抓取完成，这里并没有使用代理 IP 来抓取，只是通过简单的随机休眠时间来规避网站的反爬虫检测机制，读者可以按需进行修改，部分爬取结果如表 10.2 所示。在开始分析数据之前先安装 Jupyter Notebook 和 pyecharts。

表 10.2 部分爬取结果

id	昵称	用户 id	头像	身高（cm）	学历	省份	市	出生年	性别	自我介绍
14338	青青的	352094	http://img.7799520.com/2a612b94-b201-4f1b-b4fc-833ef3b7c45c	158	本科	北京	北京	1992	2	东北农村姑娘，希望你靠谱踏实，仅限黑龙江或北京小伙，非诚勿扰！
14339	牛仔很忙	352048	http://img.7799520.com/data/attachment/avatar/201610/07/352048/avatar_big.jpg	165	大专	北京	北京	1990	2	我希望我是一个让你心动的人！
14340	逆向飞舞的蝶	351751	http://img.7799520.com/9ed76f21-fa23-4a33-a361-ed745b83d097	164	大专	湖南	长沙	1984	2	希望上天赐我一个有缘人
14341	PINK 小宝	351498	http://img.7799520.com/data/attachment/avatar/201709/07/351498/59b0c7053368b.jpg.thump.jpg	158	本科	湖南	长沙	1990	2	浏阳妹子找浏阳伢子

10.2 安装 Jupyter Notebook

Jupyter Notebook 是一个非常适合进行数据分析的工具，可以在上面编写 Python 代码、执行代码、写文档、进行数据可视化展示等。例如，我们之前实现数据可视化是在 Pycharm 上编写代码，Matplotlib 绘制的图形要么通过 plt.show()展示出来，要么另存为一个图片文件，查看时再把图片文件打开。而使用 Jupyter Notebook 直接看到绘制的图形，还支持配置支持文档编写，可以直接使用 Jupyter Notebook 来编写报告，而不需要另外新建一个 Word 文件进行编写。因为 Jupyter Notebook 有直接运行的特点，很多开发者也用它来直接编写

Python文档。安装也很简单，直接通过pip命令安装即可：
pip install jupyter notebook

安装完成后，在命令行输入Notebook会自动打开一个网页，如图10.4所示。

图10.4 自动打开的网页

单击New按钮，选择一个内核（如Python 3），然后新建一个ipynb后缀的文件，如图10.5所示。

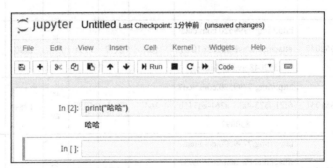

图10.5 创建一个ipynb后缀的文件

页面比较简单，左侧的图标依次是保存、新建单元格、删除单元格、复制单元格、粘贴单元格、单元格上移、单元格下移、运行、终止。Code选项中可以选择单元格编写的内容，运行的快捷键是Shift + Enter，其他操作可以自行摸索。

10.3 安装pyecharts

pyecharts是一个用于生成Echarts图表的类库，Echarts是百度开源的一个数据可视化JS库。用Echarts生成的图可视化效果非常好，pyecharts可以与Python进行对接，方便在Python中直接使用数据生成图，生成结果是一个HTML文件，用浏览器打开即可看到效果。

相关文档如下。
- pyecharts 官方中文文档：http://pyecharts.org/#/zh-cn/
- pyecharts GitHub 仓库：https://github.com/pyecharts/pyecharts
- ECharts 官方中文文档：http://echarts.baidu.com/tutorial.html
- ECharts GitHub 仓库：https://github.com/ecomfe/echarts

安装方法非常简单，直接通过 pip 命令安装即可：

```
pip install pyecharts
```

安装完成后，直接编写代码绘制地图，地图区域是无法显示的，需要另外安装地图文件，官方对此的描述如图 10.6 所示。

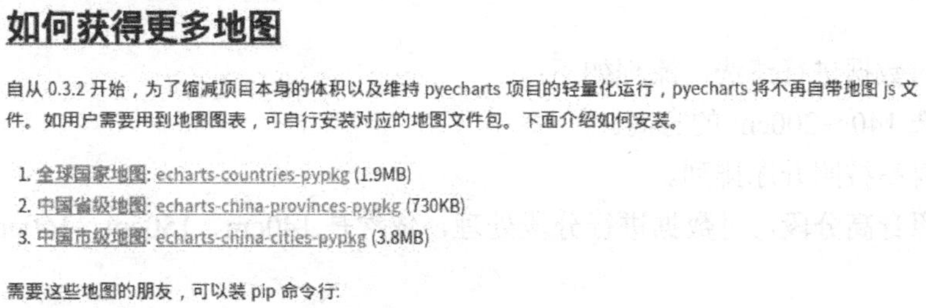

如何获得更多地图

自从 0.3.2 开始，为了缩减项目本身的体积以及维持 pyecharts 项目的轻量化运行，pyecharts 将不再自带地图 js 文件。如用户需要用到地图图表，可自行安装对应的地图文件包。下面介绍如何安装。

1. 全球国家地图：echarts-countries-pypkg (1.9MB)
2. 中国省级地图：echarts-china-provinces-pypkg (730KB)
3. 中国市级地图：echarts-china-cities-pypkg (3.8MB)

需要这些地图的朋友，可以装 pip 命令行：

图 10.6　如何获得更多地图

这些地图也可以通过 pip 命令进行安装：

```
pip install echarts-countries-pypkg
pip install echarts-china-provinces-pypkg
pip install echarts-china-cities-pypkg
```

中国地图在 echarts-countries-pypkg 中，一般安装第一个就够了，其他按需安装即可。

10.4　数据分析

我们直接在 Jupyter Notebook 中编写代码进行数据分析，在命令行输入 jupyter notebook，来到工程目录下，新建一个 wzly.ipynb 文件，然后就可以开始编写代码了。

10.4.1　读取 CSV 文件里的数据

这里要注意一点，如果你的代码依赖自定义模块，需要使用 sys.path.append 添加项目根路径，且 syspath append 必须写在 import 之前，否则 Python 执行会找不到自定义模块。具体代码如下：

```
import sys
import os
import pandas as pd
import numpy as np
sys.path.append(os.path.abspath(os.path.join(os.getcwd(),"../../")))
```

```
result_save_file = 'wzly.csv'
raw_data = pd.read_csv(result_save_file)
print(raw_data)
```

部分代码执行结果如下：

```
          昵称        用户id  \
0      RainChen     1201575
1        笛声旧     1200994
2      繁花盛影     1200740
3      小小小凌     1200653
4      孝顺天空     1200490
```

10.4.2 分析身高

这里要对数据进行清洗，流程如下：

（1）筛选 140~200cm 的身高。

（2）将身高按照升序排列。

（3）按照身高分段，对数据进行分段处理，依次是 140cm、150cm、160cm、170cm 和 180cm。

具体实现代码如下：

```
from pyecharts import Bar

# 身高范围
height_interval = ['140', '150', '160', '170', '180']
# 分析身高
def analysis_height(data):
    height_data = data['身高']
    height = (height_data.loc[(height_data > 140) & (height_data < 200)]).value_counts().sort_index()
    height_count = [0, 0, 0, 0, 0]
    for h in range(0, len(height)):
        if 140 <= height.index[h] < 150:
            height_count[0] += height.values[h]
        elif 150 <= height.index[h] < 160:
            height_count[1] += height.values[h]
        elif 160 <= height.index[h] < 170:
            height_count[2] += height.values[h]
        elif 170 <= height.index[h] < 180:
            height_count[3] += height.values[h]
        elif 180 <= height.index[h] < 190:
            height_count[4] += height.values[h]
    return height_count

# 绘制身高分布柱状图
def draw_height_bar(data):
    bar = Bar("女性身高分布柱状图")
    bar.add("女性身高", height_interval, data, bar_category_gap=0, is_random=True, )
```

```
    return bar

draw_height_bar(analysis_height(raw_data))
```
代码执行结果如图 10.7 所示。

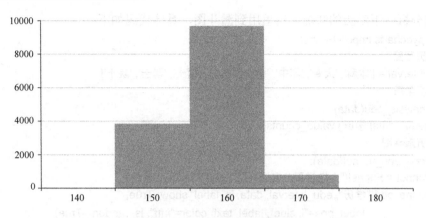

图 10.7　女性身高分布柱状图

饼图会更加容易得出结论，绘制饼图的代码如下：
```
from pyecharts import Pie

# 绘制身高分布饼图
def draw_height_pie(data):
    pie = Pie("女性身高分布饼图—圆环图", title_pos='center')
    pie.add("", height_interval, data, radius=[40, 75], label_text_color=None,
            is_label_show=True, legend_orient='vertical', is_random=True,
            legend_pos='left')
    return pie

draw_height_pie(analysis_height(raw_data))
```
代码执行结果如图 10.8 所示。

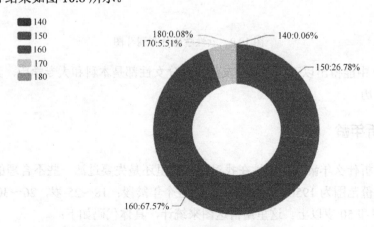

图 10.8　女性身高分布饼图—圆环图

从图 10.7 和图 10.8 中可以看出，占比最高的身高分段是 160～170cm，占比为 67.57%；

其次是150～160cm，占比为26.78%；170～180cm的占比为5.51%。

10.4.3 分析学历

接着分析一下学历的情况，这里用到漏斗图，具体代码如下：

```
from pyecharts import Funnel
# 学历范围
edu_interval = ['本科', '大专', '高中', '中专', '初中', '硕士', '博士', '院士']
# 分析学历
def analysis_edu(data):
    return data['学历'].value_counts()
# 学历漏斗图
def draw_edu_funnel(data):
    funnel = Funnel("女性学历分布漏斗图",title_top='center')
    funnel.add("学历", edu_interval, data, is_label_show=True,
               label_pos="inside", label_text_color="#fff", is_random=True)
    return funnel
draw_edu_funnel(analysis_edu(raw_data))
```

代码执行结果如图10.9所示。

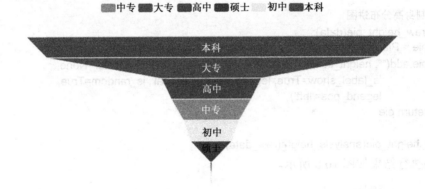

图10.9　女性学历分布漏斗图

从图10.9中能得出以下信息：交友的大部分女性都是本科和大专学历，其次是高中、中专和初中学历。

10.4.4 分析年龄

接下来分析什么年龄段的女性在找对象，这里还是先要过滤一些不合理的数据，筛选的合理出生年份范围为1956—2000年，分为五个年龄段：18～25岁，26～30岁，31～40岁，41～50岁和50岁以上。这里用雷达图来统计，具体代码如下：

```
from pyecharts import Radar
# 年龄范围
age_interval = [
```

```
        ('18-25', 8000), ('26-30', 8000), ('31-40', 8000),
        ('41-50', 8000), ('50以上', 8000),
]
# 分析年龄
def analysis_age(data):
    age_data = data['出生年份']
    age = (age_data.loc[(age_data >= 1956) & (age_data <= 2000)]).value_counts().sort_index()
    age_count = [[0, 0, 0, 0, 0]]
    for h in range(0, len(age)):
        if 1993 <= age.index[h] <= 2000:
            age_count[0][0] += age.values[h]
        elif 1988 <= age.index[h] <= 1992:
            age_count[0][17] += age.values[h]
        elif 1978 <= age.index[h] <= 1987:
            age_count[0][18] += age.values[h]
        elif 1968 <= age.index[h] <= 1977:
            age_count[0][19] += age.values[h]
        elif age.index[h] < 1968:
            age_count[0][20] += age.values[h]
    return age_count
# 年龄雷达图
def draw_age_radar(data):
    radar = Radar("女性年龄分布雷达图")
    radar.config(age_interval)
    radar.add("年龄段", data, is_area_show=False, is_splitline_show='single')
    return radar
draw_age_radar(analysis_age(raw_data))
```

代码执行结果如图 10.10 所示。

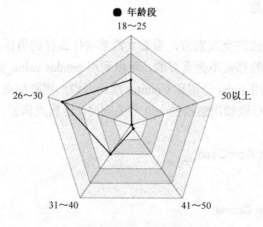

图 10.10 女性年龄分布雷达图

通过图 10.10 可以直观地看到分布趋势，还可以看到具体人数，把鼠标移动到雷达图上即可查看。

10.4.5 分析城市

接下来我们来分析找对象女性的城市分布，这里用到了分布地图，具体代码如下：

```
from pyecharts import Geo
# 分析城市分布
def analysis_city(data):
    city_data = data['城市'].value_counts()
    city_list = []
    for city in range(0, len(city_data)):
        if city_data.values[city] > 10 and city_data.index[city] != '国外':
            city_list.append((city_data.index[city], city_data.values[city]))
    return city_list
# 城市分布地图
def draw_city_geo(data):
    geo = Geo("全国女性分布城市", "制作人：CoderPig", title_color="#fff",
              title_pos="left", width=1200,
              height=600, background_color='#404a59')
    attr, value = geo.cast(data)
    geo.add("", attr, value, visual_range=[10, 2500], visual_text_color="#fff",
            symbol_size=15, is_visualmap=True)
    return geo
draw_city_geo(analysis_city(raw_data))
```

可以得出这样的结论：大部分单身女性还是集中在北京、上海、广州和深圳，第二梯队是长沙、杭州、南京、厦门、福州和成都。

10.4.6 分析交友宣言

下面我们来分析女性的交友宣言，看看女性喜欢什么样的男性。需要过滤网站默认的交友宣言，一般自己写的都是不会重复的，可以利用 pandas.value_counts()，只保留出现一次的交友宣言，然后使用 Jieba 分词和 Counter 统计词频，剔除标点和特殊符号，同时过滤掉一些无意义的词，最后取频次最高的 100 个关键词，绘制成词云，以此了解女性的喜好。具体代码如下：

```
from pyecharts import WordCloud
import re
import jieba as jb
from collections import Counter

# 过滤标点的正则
word_pattern = re.compile('[\s+\.\!\/_,$%^*(+\"\']+|[+——！，。？、~@#￥%……&*() (\d+)]+')
```

```python
# 过滤无用词
exclude_words = [
            '一辈子', '不相离', '另一半', '业余时间', '性格特点', '茫茫人海', '男朋友', '找对象',
            '谈恋爱', '有时候', '女孩子', '哈哈哈', '加微信', '兴趣爱好',
        ]

# 词频分布
def analysis_word(data):
    word_data = data['交友宣言'].value_counts()
    word_list = []
    for word in range(0, len(word_data)):
        if word_data.values[word] == 1:
            word_list.append(word_data.index[word])
    return word_list


# 绘制交友宣言词云
def draw_word_wc(name, count):
    wc = WordCloud(width=900, height=720)
    wc.add("", name, count, word_size_range=[20, 100], shape='circle')
    return wc

word_result = word_pattern.sub("", ''.join(analysis_word(raw_data)))
words = [word for word in jb.cut(word_result, cut_all=False) if len(word) >= 3]
# 遍历过滤掉无用词
for i in range(0, len(words)):
    if words[i] in exclude_words:
        words[i] = None
filter_list = list(filter(lambda t: t is not None, words))
data = r' '.join(filter_list)
# 词频统计
c = Counter(filter_list)
word_name = []   # 词
word_count = []  # 词频
for word_freq in c.most_common(100):
    word, freq = word_freq
    word_name.append(word)
    word_count.append(freq)


draw_word_wc(word_name, word_count)
```

代码执行结果如图 10.11 所示。

图 10.11　女性交友宣言词云图

排名前 8 的关键词：责任心、上进心、事业心、热爱生活、性格开朗、脾气好、孝顺父母和安全感。

10.5　小结

本章编写爬虫采集了某婚恋网站上女性的交友信息，然后利用 Jupyter Notebook 和 pyechars 进行可视化和数据分析，汇总得到的信息如下。

- 女性身高：集中在 150～170cm。
- 女性学历：本科和大专是主力军。
- 女性年龄：26～30 岁的最多，18～25 岁的次之。
- 女性城市分布：大部分集中在北京、深圳、上海、广州，其次是长沙、杭州、南京、厦门、福州和成都。
- 女性心仪的对象特点：前 8 位依次是责任心、上进心、事业心、热爱生活、性格开朗、脾气好、孝顺父母和安全感。

关于 Python 数据分析就介绍到这里，数据分析也是 Python 的一个大方向，有兴趣的读者可自行搜索相关资料进行更深一步的学习。

反侵权盗版声明

电子工业出版社依法对本作品享有专有出版权。任何未经权利人书面许可，复制、销售或通过信息网络传播本作品的行为；歪曲、篡改、剽窃本作品的行为，均违反《中华人民共和国著作权法》，其行为人应承担相应的民事责任和行政责任，构成犯罪的，将被依法追究刑事责任。

为了维护市场秩序，保护权利人的合法权益，我社将依法查处和打击侵权盗版的单位和个人。欢迎社会各界人士积极举报侵权盗版行为，本社将奖励举报有功人员，并保证举报人的信息不被泄露。

举报电话：（010）88254396；（010）88258888
传　　真：（010）88254397
E-mail：　dbqq@phei.com.cn
通信地址：北京市万寿路173信箱
　　　　　电子工业出版社总编办公室
邮　　编：100036